Nicolini
Fachassistent für Rechnungswesen und Controlling

D1919826

Zusätzliche digitale Inhalte für Sie!

Zu diesem Buch stehen Ihnen kostenlos folgende digitale Inhalte zur Verfügung:

- Online-Buch ✓
- Buch als PDF
- Online-Training
- Zusatz-Downloads
- App
- Digitale Lernkarten

Schalten Sie sich das Buch inklusive Mehrwert direkt frei.

Scannen Sie den QR-Code oder rufen Sie die Seite **www.kiehl.de** auf. Geben Sie den Freischaltcode ein und folgen Sie dem Anmeldedialog. Fertig!

Ihr Freischaltcode

CJYV-IOXN-ZZXR-LPKI-BTSI-YY

www.kiehl.de

Fachassistent für Rechnungswesen und Controlling

Von
Dr. Hans J. Nicolini

kiehl

ISBN 978-3-470-**10361**-7

Kiehl ist eine Marke des NWB Verlags

Satz: SATZ-ART Prepress & Publishing GmbH, Bochum
Druck: Elanders GmbH, Waiblingen

Vorwort

Weil Mandanten von ihrem Steuerberater zunehmend – neben der selbstverständlichen Steuerberatung – zusätzlich eine vertiefte betriebswirtschaftliche Beratung erwarten, ist der Bedarf an betriebswirtschaftlicher Qualifikation kontinuierlich stark gestiegen. Wegen der engen Verknüpfung zwischen betriebswirtschaftlichen und steuerlichen Problemstellungen ist eine steuerliche Optimierung ohne betriebswirtschaftliche Beratung kaum noch denkbar. Von den Mandanten werden eine professionelle und umfassende Unterstützung sowie Hilfestellung bei der Führung der Unternehmen erwartet.

Damit die steuerberatenden Berufe das erwartete Leistungsspektrum bedarfsgerecht erweitern können, sind sie auf entsprechend qualifizierte Mitarbeiter angewiesen, die Beratungsvorgänge vor- und nachbereiten. Die Mitarbeiter dürfen jedoch nicht spezialisiert sein, sondern sollten alle Beratungsbereiche gleichmäßig abdecken können. Aus diesem Grunde hat die Bundessteuerberaterkammer für die Mitarbeiterinnen und Mitarbeiter ihrer Mitglieder die Fortbildungsprüfung „Fachwirt für Rechnungswesen und Controlling“ entwickelt. Sie richtet sich an ausgebildete Steuerfachangestellte und Auszubildende mit gleichwertiger Berufsausbildung (z. B. Bankkaufmann, Industriekaufmann, Groß- und Außenhandelskaufmann), aber auch Akademiker mit einem dreijährigen Hochschulstudium können sich durch diese neue Prüfung weiter qualifizieren.

Das vorliegende Lehr- und Nachschlagewerk deckt in Umfang und Tiefe der Darstellungen die Inhalte des Anforderungskatalogs und der Prüfungsordnung vollständig ab. Deshalb kann das Arbeitsbuch zur unmittelbaren Vorbereitung auf die Prüfung dienen. Behandelt werden im Wesentlichen die Grundlagen, auf Besonderheiten (z. B. für bestimmte Rechtsformen oder Branchen) wird nicht ausführlich eingegangen. Wenn Themen für mehrere Themengebiete von Bedeutung sind, werden sie zusammenfassend dargestellt, um den Zusammenhang und die Logik darzulegen, denn die Qualifikationsinhalte dürfen nicht isoliert betrachtet werden. Die Vorbereitung auf die Prüfung ist dadurch besonders konzentriert und zielorientiert möglich.

Weil der Anforderungskatalog nichts Anderes vorsieht, beschränkt sich die Darstellung auf die nationalen Vorschriften, insbesondere wird auf internationale Rechnungslegungsvorschriften nicht eingegangen.

Die konzentrierte Prüfungsvorbereitung wird durch ausgewählte methodische Elemente unterstützt:

- Bezeichnungen werden reduziert und sprachlich angepasst
- Juristische Formulierungen werden – wenn vertretbar – allgemeinverständlich umformuliert. Vereinfachungen sind dabei gewollt
- Kernaussagen sind in Merksätzen prägnant verdeutlicht
- Zahlreiche Abbildungen machen die Ausführungen leichter zugänglich
- Beispiele erleichtern den Transfer für die Prüfung
- Gegenüberstellungen verdeutlichen die Unterschiede bei Sachverhalten, die typisch gegeneinander abgegrenzt werden müssen
- Aufzählungen lassen Gesichtspunkte eines Themenfeldes übersichtlich erkennen
- Die Nennung von Paragrafen vereinfacht die Nutzung der relevanten Gesetzestexte
- Übungsaufgaben mit Lösungen ermöglichen eine Selbstkontrolle
- Durch das umfangreiche Stichwortverzeichnis lassen sich auch Details komfortabel recherchieren.

Verlag und Autor wünschen allen Prüfungsteilnehmern viel Erfolg!

Hans J. Nicolini
Köln, im Juni 2019

Benutzungshinweise

Diese Symbole erleichtern Ihnen die Arbeit mit diesem Buch:

TIPP

Hier finden Sie nützliche Hinweise zum Thema.

MERKE

Das X macht auf wichtige Merksätze oder Definitionen aufmerksam.

ACHTUNG

Das Ausrufezeichen steht für Beachtenswertes, wie z. B. Fehler, die immer wieder vorkommen, typische Stolpersteine oder wichtige Ausnahmen.

INFO

Hier erhalten Sie nützliche Zusatz- und Hintergrundinformationen zum Thema.

RECHTSGRUNDLAGEN

Das Paragrafenzeichen verweist auf rechtliche Grundlagen, wie z. B. Gesetzestexte.

MEDIEN

Das Maus-Symbol weist Sie auf andere Medien hin. Sie finden hier Hinweise z. B. auf Download-Möglichkeiten von Zusatzmaterialien, auf Audio-Medien oder auf die Website von Kiehl.

Feedbackhinweis

Kein Produkt ist so gut, dass es nicht noch verbessert werden könnte. Ihre Meinung ist uns wichtig.
Was gefällt Ihnen gut? Was können wir in Ihren Augen verbessern? Bitte schreiben Sie einfach eine E-Mail an:
feedback@kiehl.de

Als kleines Dankeschön verlosen wir unter allen Teilnehmern einmal pro Monat ein Buchgeschenk!

Abs.	Absatz
AEUV	Vertrag über die Arbeitsweise der Europäischen Union
AfA	Absetzung für Abnutzung
AHK	Anschaffungs- oder Herstellungskosten
AK	Anschaffungskosten
AktG	Aktiengesetz
AO	Abgabenordnung
aRAP	aktiver Rechnungsabgrenzungsposten
Aufl.	Auflage
AV	Anlagevermögen
BAB	Betriebsabrechnungsbogen
BC	Zeitschrift für Bilanzierung, Rechnungswesen und Controlling
BDSG	Bundesdatenschutzgesetz
BfDI	Bundesbeauftragte für den Datenschutz und die Informationsfreiheit
BFH	Bundesfinanzhof
BilMoG	Bilanzrechtsmodernisierungsgesetz
BMF	Bundesministerium der Finanzen
bod	books on demand
BSC	Balanced Scorecard
BStBK	Bundessteuerberaterkammer
BWA	Betriebswirtschaftliche Auswertung
bzw.	beziehungsweise
d. h.	das heißt
DRS	Deutsche Rechnungslegungsstandards
DS-GVO	Datenschutz-Grundverordnung
DStV	Deutscher Steuerberaterverband e. V.
e. K.	eingetragener Kaufmann
e. V.	eingetragener Verein
EK	Eigenkapital
EStDV	Einkommensteuer-Durchführungsverordnung
EStG	Einkommensteuergesetz
EStR	Einkommensteuer-Richtlinien
EÜR	Einnahmen-Überschuss-Rechnung
f.	folgender
ff.	fortfolgende
Fifo	First in, first out
FK	Fremdkapital
gem.	gemäß
GenG	Gesetz betreffend die Erwerbs- und Wirtschaftsgenossenschaften
GJ	Geschäftsjahr
GK	Gesamtkapital
GKV	Gesamtkostenverfahren
GmbH	Gesellschaft mit beschränkter Haftung
GmbHG	Gesetz betreffend die Gesellschaften mit beschränkter Haftung
GoB	Grundsätze ordnungsmäßiger Buchführung
GoBD	Grundsätze zur ordnungsmäßigen Führung und Aufbewahrung von Büchern, Aufzeichnungen und Unterlagen in elektronischer Form sowie zum Datenzugriff
GRI	Global Reporting Initiative
GuV	Gewinn- und Verlustrechnung
GwG	Geldwäschegesetz
GWG	Geringwertige Wirtschaftsgüter
HGB	Handelsgesetzbuch
HK	Herstellungskosten
i. d. R.	in der Regel
i. V. m.	in Verbindung mit
IFG	Informationsfreiheitsgesetz
IIRC	International Integrated Reporting Council
IKS	Internes Kontrollsystem
IT	Informationstechnologie
Kfz	Kraftfahrzeug
KG	Kommanditgesellschaft
KLR	Kosten- und Leistungsrechnung
kurzfr.	kurzfristig/-es
LfD	Landesbeauftragter für den Datenschutz
Lifo	Last in, first out
LuL	Lieferungen und Leistungen
mind.	mindestens
Mio.	Million/-en
Nr.	Nummer
o. g.	oben genannte/-n
o. O.	ohne Ort
OHG	Offene Handelsgesellschaft
PDF	Portable Document Format
RL	Reichmann und Lachnit
SAV	Sachanlagevermögen
SGF	Strategisches Geschäftsfeld
SKR	Standardkontenrahmen
sog.	so genannte
StBerG	Steuerberatungsgesetz

StGB	Strafgesetzbuch
Stpfl.	Steuerpflichtiger
StPO	Strafprozessordnung
SWOT	Strengths – Weaknesses – Opportunities – Threads
TKG	Telekommunikationsgesetz
TMG	Telemediengesetz
Tsd.	Tausend
u. a.	unter anderem/-n
u. Ä.	und Ähnliche/-s
u. a. m.	und anderem/-s/-e mehr
u. v. a. m.	und vieles andere mehr
UKV	Umsatzkostenverfahren
US-GAAP	United States Generally Accepted Accounting Principles
UStG	Umsatzsteuergesetz
UV	Umlaufvermögen
UWG	Gesetz gegen den unlauteren Wettbewerb
Verbindlk.	Verbindlichkeit/-en
vgl.	vergleiche
z. B.	zum Beispiel
ZVEI	Zentralverband der Elektrotechnischen Industrie e.V.

A. Aufgaben und Gliederung des Rechnungswesens

1. Aufgaben des Rechnungswesens

Das „Rechnungswesen“ in einem Unternehmen ist ein System zur Ermittlung, Darstellung und Auswertung aller betrieblicher Zahlen, mit dem alle im Betrieb auftretenden Geld- und Güterströme erfasst und zugerechnet werden, die durch die **betriebliche Leistungserstellung und -verwertung** hervorgerufen werden. Es gibt Auskunft über gegenwärtige und zukünftige Beziehungen zu anderen Wirtschaftssubjekten wie Kunden und Lieferanten, Gläubigern und Schuldnern, Fiskus und vielen anderen. Nach den Adressaten wird zwischen externem und internem Rechnungswesen unterschieden.

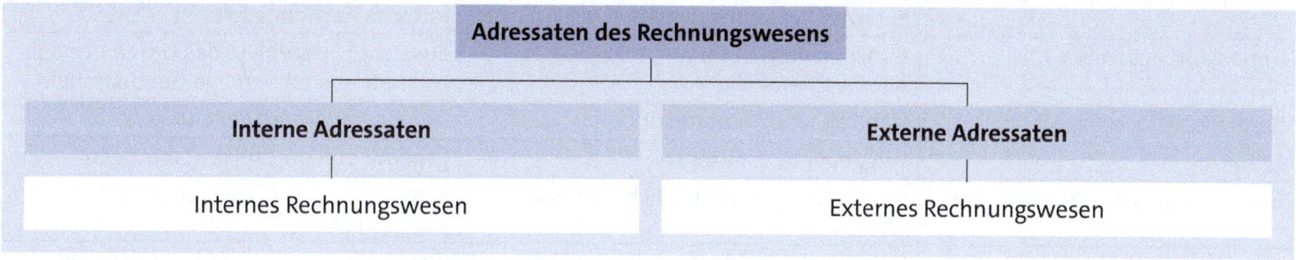

Abbildung 1: Adressaten des Rechnungswesens

Der Teil des Rechnungswesens, der sich an Interessenten richtet, die dem Unternehmen selbst nicht angehören, ist besonders geregelt. Diese Adressaten haben nicht die Möglichkeit einer detaillierten Überprüfung der angegebenen Zahlen, deshalb unterliegt das externe Rechnungswesen, dessen wichtigster Bereich klassisch als **„Finanzbuchhaltung“** bezeichnet wird, zu deren Schutz weitgehenden rechtlichen Regelungen.

Die Finanzbuchhaltung bildet die finanzielle Situation des Unternehmens für Externe ab, sie ist Basis für die Entwicklung der Bilanz und der Gewinn- und Verlustrechnung.

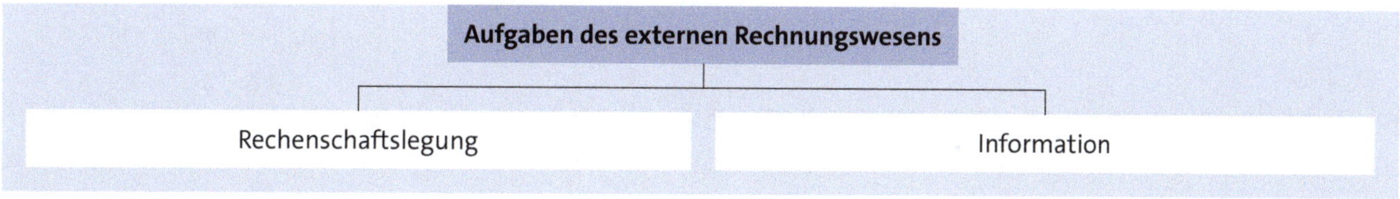

Abbildung 2: Aufgaben des externen Rechnungswesens

- **Rechenschaftslegung:** Unternehmen sind verpflichtet, Rechenschaft über die betrieblichen Abläufe zu legen (§§ 238 ff. HGB). Dazu ist ein funktionierendes Rechnungswesen erforderlich.
- **Information:** Das Rechnungswesen informiert verpflichtend oder freiwillig Eigentümer, Gläubiger, Arbeitnehmer, Kunden, Lieferanten u. a. über die Vermögens-, Finanz- und Ertragslage des Unternehmens.

Das Rechnungswesen soll jedoch auch dem Unternehmen selbst Informationen zur Verfügung stellen. Für diese Adressaten ist ein gesetzlicher Schutz nicht erforderlich, weil sie unmittelbaren Zugang zu den Informationen haben. Dieser Teil des Rechnungswesens wird als **internes Rechnungswesen** bezeichnet. Es unterliegt grundsätzlich keinen gesetzlichen Regelungen oder anderen bindenden Vorschriften.

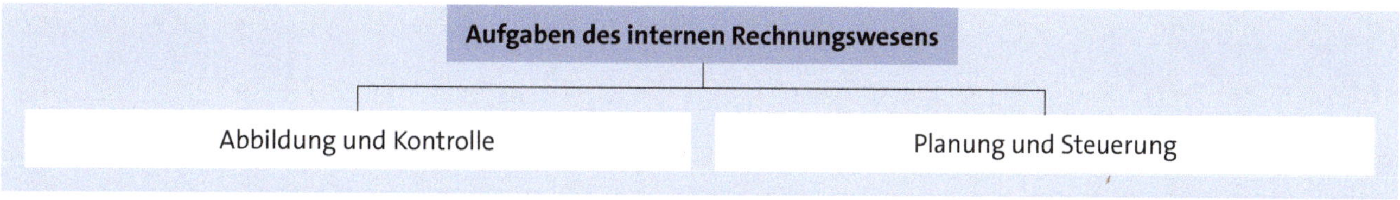

Abbildung 3: Aufgaben des internen Rechnungswesens

- **Abbildung und Kontrolle:** Die betrieblichen Prozesse werden mengen- und wertmäßig erfasst und überwacht.

Beispiele

Ermittlung von Beständen, Ermittlung der Stückkosten

- **Planung und Steuerung:** Die Daten aus dem Rechnungswesen dienen der Unternehmensleitung als Planungsgrundlagen.

	Externes Rechnungswesen	**Internes Rechnungswesen**
Untersuchungsobjekt	Ganzes Unternehmen Alle Geschäftsfälle	Zusätzlich Teilgebiete des Unternehmens Nur betriebsnotwendige Geschäftsfälle
Gesetzliche Grundlage	Handels- und Steuerrecht	keine gesetzlichen Regelungen
Zeitbezug	vergangenheitsbezogen	gegenwarts- und zukunftsbezogen
Teilgebiete des Rechnungswesens	Buchhaltung einschließlich Jahresabschluss	Kosten- und Leistungsrechnung, Planungsrechnung, Statistik
Ziele	Dokumentation der Vermögens-, Finanz- und Ertragslage	Planung, Steuerung und Kontrolle des Geschäftsverlaufes
Adressaten	Kapitalgeber, Staat, Kunden, Lieferanten, Arbeitnehmer, Öffentlichkeit	Unternehmensführung (Geschäftsführer, Vorstand), Controlling
Zugang	Pflicht zur Veröffentlichung unter bestimmten Voraussetzungen.	Keine Pflicht zur Veröffentlichung

Abbildung 4: Merkmale des internen und externen Rechnungswesens

2. Gliederung des Rechnungswesens

Das Rechnungswesen muss so gestaltet sein, dass alle relevanten wirtschaftlichen Vorgänge zahlenmäßig festgehalten und rechnerischen und statistischen **Auswertungen** zugänglich gemacht werden können. Dabei ist eine Aufteilung in vier Bereiche sinnvoll, wobei die jeweiligen Ausprägungen von der Größe des Unternehmens und von den gewünschten Erkenntnissen abhängen.

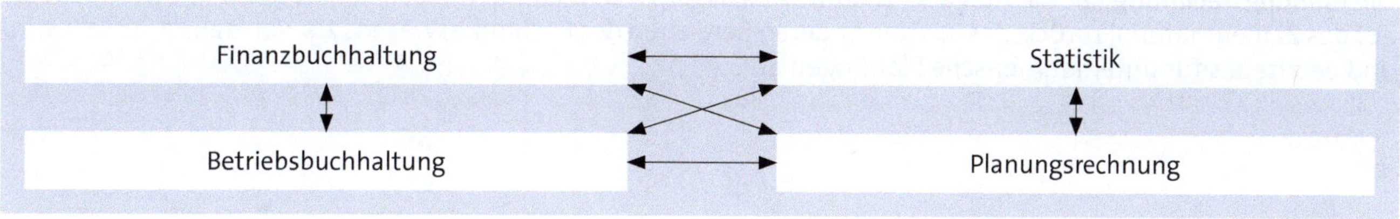

Abbildung 5: Bereiche des Rechnungswesens

Die **Finanzbuchhaltung** ist der Teil des Rechnungswesens, der den externen Informationsinteressen dient. Ihr Ergebnis ist der Jahresabschluss, der das Unternehmensergebnis zeigt. Er unterliegt engen handels- und steuerrechtlichen Restriktionen, bietet aber trotzdem gestalterischen Raum. Legale Ansatz- und Bewertungswahlrechte ermöglichen im Rahmen der Bilanzpolitik die Beeinflussung des Ergebnisses, die sich wiederum nach Zielsetzungen wie Steuerminimierung, hoher Ausschüttung u. Ä. richtet.

Die Finanzbuchhaltung richtet sich an die Unternehmensleitung, vor allem stellt sie aber Informationen für externe Interessenten zur Verfügung, z. B. für die Anteilseigner, die Finanzverwaltung, Schuldner, Geschäftspartner und die Öffentlichkeit. Die verschiedenen Interessenten haben dabei unterschiedliche Anforderungen.

Interessenten	**Informationsbedarf**
Eigentümer	► Zusammensetzung der Finanzmittel ► Zusammensetzung der Vermögensgegenstände ► Gewinne und Verluste ► Arten der Aufwendungen ► Ertragsquellen
Gläubiger	► Höhe der Forderungen ► Sicherheiten
Kunden	► Umfang der Verbindlichkeiten ► Umsätze
Arbeitnehmer	► Sicherung der Arbeitsplätze
Partnerunternehmen	► Allgemeine wirtschaftliche Leistungsfähigkeit ► Abgleich mit eigenen Aufzeichnungen
Aufsichtsbehörden	► Jahresabschlüsse und Prüfberichte ► Allgemeine Vermögenslage
Finanzbehörden	► Jahresabschlüsse
Öffentlichkeit	► Allgemeine wirtschaftliche Situation ► Arbeitsplätze ► Steuerzahlungen

Abbildung 6: Adressaten der Finanzbuchhaltung

Die **Betriebsbuchhaltung** ist intern orientiert, sie ermittelt das Betriebsergebnis. Ihr Hauptziel ist die dauerhafte Erhaltung des Vermögens. Der wichtigste Teil der Betriebsbuchhaltung ist die Kosten- und Leistungsrechnung. Sie verfolgt schrittweise die Entwicklung der Kosten im betrieblichen Leistungsprozess. Der tatsächliche Werteinsatz in einer bestimmten Periode wird dabei den betrieblichen Leistungen gegenübergestellt.

Hinweis
Vgl. dazu ausführlich >> Kapitel C.1.

In der **Statistik** werden Daten erhoben, analysiert, interpretiert, dokumentiert und damit Hypothesen untermauert oder verworfen. Mithilfe von Kennzahlen lassen sich zusätzliche Erkenntnisse gewinnen.

Die **Planungsrechnung** hat die Aufgabe, zukünftige Ausgaben und Einnahmen zu konkretisieren. Dazu greift sie auf das Zahlenmaterial zurück, das aus den anderen Bereichen des Rechnungswesens zur Verfügung gestellt wird und bereitet es für unternehmerische Planungen auf.

B. Externes Rechnungswesen

1. Buchführung

Die Buchführung ist das **zentrale Instrument** zur Steuerung der unternehmerischen Tätigkeit und zur Beurteilung des Unternehmenserfolges. Nur mit aussagefähigen Zahlen lässt sich die aktuelle Situation des Unternehmens erkennen. Die Finanzbuchhaltung bietet die Grundlage für eine erfolgreiche Steuerung des gegenwärtigen und für die Planung des zukünftigen Betriebsgeschehens. Sie ist ein **Managementinstrument**, mit dem die Basis für zielorientierte Entscheidungen geschaffen wird. Mithilfe einer zeitnahen und systematischen Datenerfassung lassen sich die Ergebnisse von Entscheidungen analysieren und transparent darstellen.

Eine gut organisierte Buchführung ermöglicht geordnete Abläufe, weil ihre Daten der Unternehmensleitung jederzeit einen Überblick über das Betriebsgeschehen ermöglichen. Andernfalls fehlen die zahlenmäßigen Grundlagen für Planungen, Entscheidungen und Kontrolle.

1.1 Buchführung als Grundlage für den Jahresabschluss

In einem Unternehmen besteht die Hauptaufgabe der Buchführung in der chronologischen und strukturierten **Aufzeichnung aller Geschäftsfälle**. Dadurch werden die finanzielle Situation, die Vermögenslage, die Liquiditätssituation und die Ertragslage erkennbar. Die Buchführung erstreckt sich folglich z. B. auf

- die Ermittlung von Beständen,
- die Feststellung von Bestandsveränderungen,
- die Ermittlung des Erfolges einer Periode,
- die Ermittlung der Selbstkosten und
- die Kontrolle der Wirtschaftlichkeit und Rentabilität der betrieblichen Prozesse.

1.1.1 Buchführungspflicht

Die Buchführungspflicht ergibt sich aus den handels- und steuerrechtlichen Vorschriften.

1.1.1.1 Handelsrecht

Kaufleute und freiwillig Bilanzierende haben die Vorschriften des Handelsgesetzbuches zu beachten. Kaufmann ist, wer ein **Handelsgewerbe** betreibt (§ 1 Abs. 1 HGB). Für Freiberufler wie z. B. Rechtsanwälte, Steuerberater oder Ärzte besteht grundsätzlich keine Buchführungspflicht.

RECHTSGRUNDLAGEN

„Jeder Kaufmann ist verpflichtet, Bücher zu führen und in diesen seine Handelsgeschäfte und die Lage seines Vermögens nach den Grundsätzen ordnungsmäßiger Buchführung ersichtlich zu machen.“ (§ 238 Abs. 1 Satz 1 HGB)

Kleine Einzelkaufleute sind nach § 241a HGB von der Buchführungspflicht befreit, wenn in zwei aufeinanderfolgenden Geschäftsjahren

- nicht mehr als 600.000 € Umsatzerlöse und
- nicht mehr als 60.000 € Jahresüberschuss

erzielt werden. Beide Kriterien müssen gleichzeitig erfüllt sein.

Die grundsätzlichen Aufzeichnungspflichten werden bei bestimmten Rechtsformen durch besondere Regelungen ergänzt, z. B. §§ 91 ff. Aktiengesetz, §§ 41 ff. GmbH-Gesetz, § 33 Genossenschaftsgesetz, §§ 340 ff. HGB. Zusätzlich sind gewerberechtliche oder branchenspezifische Aufzeichnungsvorschriften zu beachten, z. B. § 26 Kreditwesengesetz, § 55 Versicherungsaufsichtsgesetz, Eichordnung, Fahrlehrergesetz und Gewerbeordnung.

1.1.1.2 Steuerrecht

Derjenige, der bereits nach anderen Gesetzen als den Steuergesetzen Bücher und Aufzeichnungen zu führen hat, ist auch steuerrechtlich zur Buchführung verpflichtet.

RECHTSGRUNDLAGEN

> „Wer nach anderen Gesetzen als den Steuergesetzen Bücher und Aufzeichnungen zu führen hat, die für die Besteuerung von Bedeutung sind, hat die Verpflichtungen, die ihm nach den anderen Gesetzen obliegen, auch für die Besteuerung zu erfüllen.“ (§ 140 AO)

Diese **derivative Buchführungspflicht** gilt für Kaufleute, die nach § 238 HGB zur Führung von Büchern nach den Grundsätzen ordnungsmäßiger Buchführung verpflichtet sind.

Zusätzlich besteht nach § 141 AO eine **originäre Buchführungspflicht** (wenn sich nicht bereits eine Buchführungspflicht nach § 140 AO ergibt) für gewerbliche Unternehmer und Land- und Forstwirte mit

- einem Umsatz von mehr als 600.000 € im Kalenderjahr oder
- selbstbewirtschafteten land- und forstwirtschaftlichen Flächen mit einem Wirtschaftswert von mehr als 25.000 € oder
- einem Gewinn aus Gewerbebetrieb von mehr als 60.000 € im Wirtschaftsjahr oder
- einem Gewinn aus Land- und Forstwirtschaft von mehr als 60.000 € im Kalenderjahr.

In Einzelsteuergesetzen sind weitere steuerliche Aufzeichnungspflichten geregelt, z. B. in § 22 UStG, § 4 Abs. 3 Satz 5, § 4 Abs. 4a Satz 6, § 4 Abs. 7 und § 41 EStG.

1.1.2 Grundsätze ordnungsmäßiger Buchführung

Der Begriff „Grundsätze ordnungsmäßiger Buchführung (GoB)“ ist an keiner Stelle gesetzlich definiert, obwohl er mehrfach verwendet wird. Es handelt sich um einen **unbestimmten Rechtsbegriff,** der von der Rechtsprechung und Verwaltung im Einzelfall ausgelegt und angewandt werden muss. Er richtet sich nach der Verkehrsauffassung, die sich auch durch gutachterliche Stellungnahmen, Handelsbrauch, Gewohnheitsrecht oder organisatorische und technische Entwicklungen verändert und weiterentwickelt.

Die GoB haben die Funktion eines **Leitfadens**, mit dem eine aussagefähige und beweiskräftige Buchführung sichergestellt werden soll. Sie sind von grundsätzlicher Bedeutung, weil sie die allgemein anerkannten Regelungen und Grundsätze zusammenfassen. Systematisch ergibt sich damit folgende Reihenfolge:

Gesetzesnormen haben Vorrang

↓

GoB können zur Auslegung von Gesetzen herangezogen werden

↓

Bei fehlenden Gesetzesnormen müssen die GoB als Rechtsergänzung herangezogen werden

Abbildung 7: Rangfolge der Anwendung von Rechtsnormen in der Buchführung

RECHTSGRUNDLAGEN

„Die Buchführung muß so beschaffen sein, daß sie einem sachverständigen Dritten innerhalb angemessener Zeit einen Überblick über die Geschäftsvorfälle und über die Lage des Unternehmens vermitteln kann."(§ 238 Abs. 1 Satz 2 HGB)

Bei den GoB ist zwischen formellen und materiellen Anforderungen an die Buchführung zu unterscheiden.

- Die **formellen Anforderungen** beziehen sich auf Buchführungs- und Aufzeichnungspflichten, sie ergeben sich insbesondere aus den §§ 238 ff. HGB und aus den §§ 145 ff. AO
- Die **materiellen Anforderungen** beziehen sich auf die nachvollziehbare, vollständige, richtige, zeitgerechte und geordnete Erfassung der Geschäftsfälle.

Sie umfassen u. a. folgende Regeln:

- **Formelle Grundsätze**
  - Eintragungen in einer lebenden Sprache (§ 239 Abs. 1 HGB)
  - Keine Buchung ohne Beleg
  - Unveränderlichkeit der Eintragungen (§ 239 Abs. 3 HGB)
  - Beachtung der Aufbewahrungsfristen (§ 239 Abs. 4 HGB)
  - Klarheit und Übersichtlichkeit (§ 239 Abs. 2 HGB)
  - Überprüfbarkeit der Eintragungen (§ 239 Abs. 4 HGB)
  - Zeitgerechte Buchung (§ 239 Abs. 2 HGB)
  - Stetigkeit (§ 265 Abs. 1 HGB)
- **Materielle Grundsätze**
  - Richtigkeit und Willkürfreiheit (§ 239 Abs. 2 HGB)
  - Vollständigkeit (§ 239 Abs. 2 HGB).

Eintragung in einer lebenden Sprache
Bücher und andere Aufzeichnungen müssen in einer lebenden Sprache geführt werden. Das bedeutet, dass die Sprache noch aktiv gesprochen wird. Wenn Abkürzungen, Ziffern, Buchstaben oder Symbole verwendet werden, muss ihre Bedeutung eindeutig feststehen (§ 239 Abs. 1 HGB).

Der Jahresabschluss muss in jedem Falle in **deutscher Sprache** und in **Euro** aufgestellt werden (§ 244 HGB).

Belegbarkeit
Die Beweiskraft der Buchführung wird durch das Belegprinzip sichergestellt. Keine Buchung darf ohne Beleg (z. B. Rechnungen, Kontoauszüge, Lohnlisten, Eigenbelege) erfolgen. Die Belege sichern unmissverständlich den klaren Nachweis über den Zusammenhang zwischen den Vorgängen in der Realität und dem aufgezeichneten oder gebuchten Inhalt. Dazu müssen die Belege sachlich und rechnerisch richtig sein, die zugehörigen Geschäftsfälle müssen sich in ihrer Entstehung und Abwicklung **eindeutig** rückverfolgen lassen.

Unveränderbarkeit
Buchungen und Aufzeichnungen dürfen nicht so verändert werden, dass ihr ursprünglicher Inhalt nicht mehr festgestellt werden kann. Bei Veränderungen muss erkennbar sein, ob sie ursprünglich oder erst später erfolgt sind. Falsche Buchungen müssen z. B. storniert und die Stornierungen dokumentiert werden (§ 146 Abs. 4 AO, § 239 Abs. 3 HGB).

Aufbewahrung
Wichtige Unterlagen (z. B. Bilanzen, Inventar, Buchungsbelege) sind **zehn** Jahre, andere Unterlagen (z. B. Handelsbriefe) **sechs** Jahre aufzubewahren (§ 257 HGB und § 147 AO mit identischen Fristen).

Bücher, die für steuerliche Zwecke geführt werden müssen, sind in vollem Umfang aufbewahrungs- und vorlagepflichtig. Das gilt auch für Steuerpflichtige, die den Gewinn nach § 4 Abs. 3 EStG ermitteln.

Klarheit und Übersichtlichkeit
Eintragungen in den Büchern und sonstige Aufzeichnungen müssen nach einem festgelegten und nachvollziehbaren **Ordnungsprinzip** erfolgen. (§ 239 Abs. 2 HGB).

Überprüfbarkeit
Bücher und Aufzeichnungen müssen schnell auffindbar sein, damit sich sachverständige Dritte (z. B. Wirtschaftsprüfer, Betriebsprüfer) in angemessener Zeit einen Überblick über die Geschäftsfälle und die Lage des Unternehmens verschaffen können (§§ 238 und 257 HGB, § 145 Abs. 1 AO).

Zeitgerechte Buchung
Zwischen den Geschäftsfällen und ihrer buchmäßigen Erfassung muss ein **zeitlicher Zusammenhang** bestehen. Jeder Vorgang ist zeitnah, also möglichst unmittelbar nach seiner Entstehung, laufend zu erfassen. Belege dürfen keinesfalls gesammelt und erst nach Ablauf einer längeren Zeit in die Bücher eingetragen werden (§ 146 Abs. 1 AO, § 239 Abs. 2 HGB).

Stetigkeit
Damit verschiedene Abschlüsse **vergleichbar** sind, müssen die Ansatz- und Bewertungsmethoden beibehalten werden, es darf nicht willkürlich gewechselt werden. Nur in begründeten Fällen sind Abweichungen möglich, die dann im Anhang erläutert werden müssen (§§ 265 Abs. 1, 252 Abs. 1 Nr. 6 HGB).

Richtigkeit und Willkürfreiheit
Geschäftsfälle sind entsprechend den **tatsächlichen Verhältnissen** inhaltlich zutreffend und für andere Sachkundige nachvollziehbar abzubilden. Ihre Darstellung muss der Sache und der Höhe nach mit dem zugrunde liegenden Tatbestand übereinstimmen. Unvermeidbare Schätzungen müssen realistisch nach festgelegten Verfahren erfolgen, unklare Sachverhalte müssen gekennzeichnet werden. Es dürfen keine unwahren Angaben gemacht werden (§ 146 Abs. 1 AO, § 239 Abs. 2 HGB).

Vollständigkeit
Alle internen und externen Geschäftsfälle sind vollzählig einzeln und **lückenlos** mit allen notwendigen Angaben aufzuzeichnen, in keinem Falle kann auf eine Erfassung verzichtet werden. Im Jahresabschluss müssen sämtliche Buchungen berücksichtigt sein, es dürfen aber andererseits keine fingierten Positionen oder Geschäftsfälle enthalten sein (§ 146 Abs. 1 AO, § 239 Abs. 2 HGB).

Wirtschaftlichkeit
Die Buchführung muss so gestaltet sein, dass der Aufwand in einem angemessenen Verhältnis zum angestrebten Erfolg steht. Deshalb gibt es aus wirtschaftlichen Gründen **Erleichterungen** bei der Erstellung des Jahresabschlusses (z. B. Bewertungsvereinfachungsverfahren). Eine Abwägung erfolgt unter Berücksichtigung der konkreten Bedingungen und der Art und Größe des Unternehmens.

ACHTUNG

Weitere GoB gelten speziell für die Konzernrechnungslegung.

1.1.3 Befreiung von der Buchführungspflicht

Handelsrecht

Die handelsrechtliche Buchführungspflicht wird durch § 241a Abs. 1 eingeschränkt. Einzelkaufleute, die

- Umsatzerlöse von nicht mehr als 600.000 € und
- einen Jahresüberschuss von nicht mehr als 60.000 €

erzielen, haben die Möglichkeit der Befreiung von der Pflicht zur handelsrechtlichen Buchführung, zur Erstellung eines Inventars, einer Bilanz sowie einer Gewinn- und Verlustrechnung. Die beiden **Schwellenwerte** dürfen dazu gleichzeitig an den Abschlussstichtagen von zwei aufeinanderfolgenden Geschäftsjahren nicht überschritten werden. Bei einer Neugründung dürfen die beiden Schwellenwerte am ersten Abschlussstichtag nicht überschritten sein.

Im HGB ist nicht geregelt, wie die Rechnungslegung erfolgen muss, wenn die Befreiungsmöglichkeiten genutzt werden. Praktisch wird dann eine Einnahmen-Überschuss-Rechnung nach § 4 Abs. 3 Satz 1 EStG erfolgen.

Steuerrecht

Weil die sog. abgeleitete Buchführungspflicht nach § 140 AO an die handelsrechtliche Buchführungspflicht nach § 238 ff. HGB anknüpft, besteht auch steuerrechtlich eine Befreiungsmöglichkeit, wenn die Voraussetzungen des § 241a HGB gegeben sind.

Unabhängig davon bleibt die originäre Buchführungspflicht gem. § 141 AO bestehen.

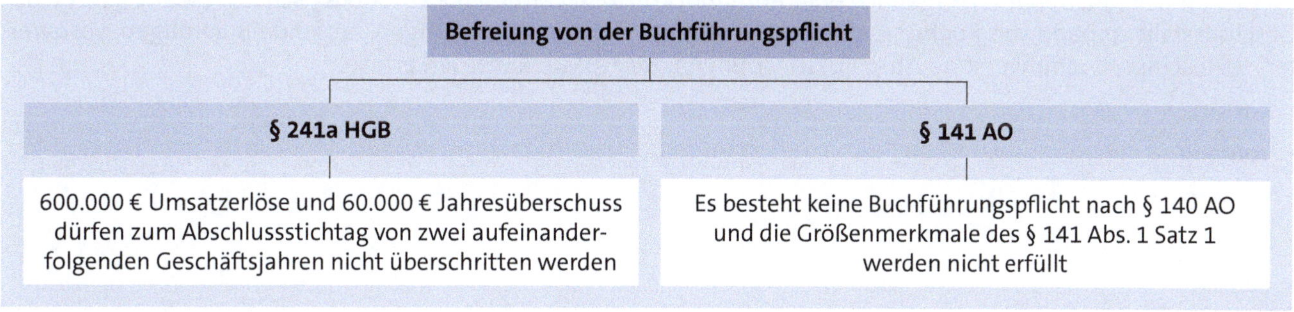

Abbildung 8: Befreiungsmöglichkeiten von der Buchführungspflicht

1.2. Buchführungsorganisation

Nach ihrer Zielsetzung können in der Finanzbuchhaltung vor allem folgende Aufgaben unterschieden werden:

- **Ermittlung der Bestände**
  Zu einem bestimmten Stichtag werden die Schulden- und Vermögensbestände dokumentiert
- **Ermittlung der Bestandsveränderungen**
  Zu- oder Abnahme des Vermögens, der Forderungen und Verbindlichkeiten
- **Ermittlung des Erfolgs**
  Gegenüberstellung der Aufwendungen und Erträge zur Feststellung eines Gewinnes oder Verlustes
- **Ermittlung der Selbstkosten**
  Darstellung der Kosten für die betrieblichen Leistungen
- **Bereitstellung von Daten** zur Unternehmensplanung
- **Rechenschaftslegung** gegenüber Gesellschaftern und Gläubigern
- Bereitstellung von **Beweismitteln** bei Prozessen und als Nachweis der Besteuerungsgrundlagen.

Dazu wird die Finanzbuchhaltung (unternehmensspezifisch unterschiedlich) nach **Aufgabenbereichen** gegliedert, z. B. in

- Kreditorenbuchhaltung
- Debitorenbuchhaltung
- Anlagenbuchhaltung
- Personalbuchhaltung.

Je nach Größe des Unternehmens werden die Aufgaben mehr oder weniger differenziert bzw. zusammengefasst.

Die Buchführung besteht im Grunde aus verschiedenen **Büchern** (Grundbuch, Hauptbuch und Nebenbüchern). Bei elektronischer Buchführung wird deren Zusammenhang kaum noch ersichtlich, das Verständnis für die Zusammenhänge in der Buchführung wird aber wesentlich erleichtert, wenn die grundlegenden Zusammenhänge betrachtet werden.

Belege →	Grundbuch →	Hauptbuch
Eingangsrechnungen Ausgangsrechnungen Kassenbelege Kotnoauszüge	Eröffnungsbuchungen Laufende Buchungen Abschlussbuchungen	Sachliche Ordnung aller Buchungen auf den Sachkonten des Kontenplans
Belege	Zeitliche Ordnung der Buchungen	Sachliche Ordnung der Buchungen

Abbildung 9: Bücher der Buchhaltung

Grundbuch
Im Grundbuch (auch Journal, Tagebuch oder Primanota) erfolgt zeitnah die **chronologische** Erfassung sämtlicher Geschäftsfälle anhand von Buchungsbelegen. Es enthält Eröffnungsbuchungen, laufende Buchungen, vorbereitende Abschlussbuchungen und Abschlussbuchungen. Tagesaktuell werden erfasst:

- Datum
- Vorgang
- Vermerke
- Konto- und Gegenkonto
- Betrag.

Dadurch lassen sich alle im Grundbuch aufgeführten Geschäftsfälle tatsächlich einem entsprechenden Beleg zuordnen.

MERKE

Im Grundbuch werden alle Geschäftsvorfälle in chronologischer Reihenfolge erfasst.

Hauptbuch
Aus dem Grundbuch werden die Geschäftsfälle in das Hauptbuch übernommen und den im Kontenplan verzeichneten **Sachkonten** zugeordnet. Dadurch wird eine sachlogische Ordnung erreicht.

Beispiele

Alle Gehaltszahlungen werden auf dem Konto „Gehälter" gebucht.

Alle Bargeschäfte werden auf dem Konto „Kasse" gebucht.

Mit dem Abschluss der Sachkonten werden die Ergebnisse in die Bilanz bzw. in die Gewinn- und Verlustrechnung übernommen.

MERKE

Im Hauptbuch werden die Geschäftsfälle auf Sachkonten erfasst. Es bildet die Grundlage für die Erstellung von Bilanz und Gewinn- und Verlustrechnung.

Nebenbücher
In Nebenbüchern werden die Sachkonten weiter untergliedert und ergänzt, um die Geschäftsfälle transparenter zu machen. Ihre Aufgabe ist die Erfassung spezifischer **Einzeltatbestände**.

Beispiele

Debitorenbuch, Kreditorenbuch, Wareneingangs- bzw. Warenausgangsbuch, Anlagenbuch

Das wichtigste Nebenbuch ist das **Kontokorrentbuch**. Hier wird der gesamte Geschäftsverkehr mit Lieferanten und Kunden aufgezeichnet. Weil aus den Sachkonten im Hauptbuch zwar die gesamten Forderungen bzw. Verbindlichkeiten entnommen werden können, aber die individuellen Kreditverhältnisse nicht ersichtlich sind, werden für die einzelnen Kunden und Lieferanten jeweils gesonderte Personenkonten geführt. Daraus geht die jeweilige Höhe ihrer Forderungen bzw. der Verbindlichkeiten hervor.

Beispiel

Aus dem Sachkonto „Forderungen aus LuL" des Hauptbuches ist nicht erkennbar, wie hoch die Forderungen gegenüber dem Kunden „Karl Vogel e. K." sind.

Auch die Mengenaufzeichnungen zur Bestandsüberwachung in der **Lagerbuchhaltung** und die Bereitstellung von Unterlagen für die Kostenrechnung erfolgen in Nebenbüchern.

1.2.1 Kontenrahmen und Kontenplan

Um die Aussagefähigkeit der Ergebnisse der Buchführung zu erhöhen, müssen sie im Vergleich zu früheren Geschäftsjahren analysiert und mit den Daten anderer Unternehmen der Branche verglichen werden. Das wäre aber nicht möglich, wenn jedes Unternehmen eine eigene willkürliche Kontensystematik verwenden würde.

Der Kontenrahmen stellt ein übersichtliches allgemeingültiges **Ordnungsschema** zur Verfügung, in dem alle Konten der Unternehmen einer Branche einheitlich benannt und zu Kontenklassen zusammengefasst sind. Gleichartige Geschäftsvorfälle werden auf den gleichen Konten erfasst, dadurch werden chronologische und zwischenbetriebliche Vergleiche ermöglicht.

MERKE

Der Kontenrahmen ist ein geordnetes unternehmensübergreifendes Verzeichnis der Konten für die Buchführung der Unternehmen einer Branche. Er sichert die Einheitlichkeit der Buchführung und damit die Vergleichbarkeit. Der Kontenrahmen stellt den Organisationsplan für die Buchführung dar und bildet die Vorlage für den individuellen Kontenplan eines Unternehmens.

Weil die Anforderungen an die Erfassung in der Buchhaltung nicht in allen Branchen dieselben sind, existieren verschiedene Kontenrahmen, die so weit gefasst sind, dass sich alle Unternehmen der Branche daraus einen individuellen Kontenplan zusammenstellen können.

Handel, Banken, Versicherungen und weitere Wirtschaftszweige verfügen über Standardkontenrahmen (SKR). Zu den gängigen **Standardkontenrahmen** zählen:

SKR	Branche
03	Publizitätspflichtige Unternehmen (Prozessgliederungsprinzip)
04	Publizitätspflichtige Unternehmen (Abschlussgliederungsprinzip)
07	Anlehnung an den Österreichischen Einheitskontenrahmen
14	Land- und Forstwirtschaft
30	Einzelhandel
45	Heime und soziale Einrichtungen
49	Vereine, Stiftungen, Gemeinnützige GmbHs
51	Kfz- Gewerbe (Händler und Werkstätten)
70	Hotels und Gaststätten
80	Zahnärzte
81	Arztpraxen
99	Krankenhäuser, Heime bzw. freier Kontenrahmen zur Selbstbearbeitung

Die Anwendung eines Kontenrahmens ist nicht verpflichtend, für die Praxis der Buchführung bietet er aber entscheidende **Vorteile:**

- Die einheitliche Konteneinteilung führt zu eindeutigen und widerspruchsfreien Bezeichnungen.
- Die genaue Einteilung der Aufwendungen und Erträge bildet die Grundlage der Kosten- und Leistungsrechnung. Sie benötigt eine systematische Ordnung der Konten, die durch die Anwendung eines Kontenrahmens erreicht wird.
- Die Steuerbehörden sind auf eine Vergleichbarkeit der Daten aus der Buchhaltung angewiesen, um den Forderungen nach einer einheitlichen Besteuerung genügen zu können.
- Insbesondere größere Unternehmen benötigen vergleichbare Daten der Buchhaltung zur Steuerung und Kontrolle einzelner Unternehmensbereiche.

Für die Gliederung der Kontenrahmen sind zwei Prinzipien typisch:

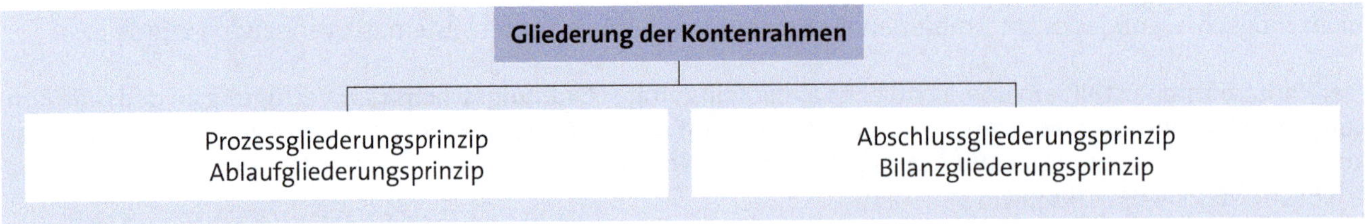

Abbildung 10: Gliederungsprinzipien eines Kontenrahmens

Prozessgliederungsprinzip
Der Aufbau des Kontenrahmens orientiert sich an der Reihenfolge der betrieblichen Leistungserstellung. Die ersten Kontenklassen beziehen sich auf die Vorbereitung der betrieblichen Leistungserstellung, danach folgen die Konten des Produktionsablaufs und schließlich die Konten der Verwertung bzw. des Absatzes der erstellten Leistung.

Nach diesem Prinzip ist z. B. der verbreitete SKR 03 aufgebaut. Die Zahlen der Finanzbuchhaltung und der Kostenrechnung werden in einem geschlossenen Abrechnungskreis gemeinsam erfasst und verarbeitet. Es handelt sich um ein Einkreissystem.

0	1	2	3	4	5	6	7	8	9
Anlage- und Kapital-konten	Finanz- und Privat-konten	Abgren-zungs-konten	Waren-eingangs- und Be-stands-konten	Betrieb-liche Aufwen-dungen			Bestände an Erzeug-nissen	Erlös-konten	Vortrags- und sta-tistische Konten

Abbildung 11: Prozessgliederung

Abschlussgliederungsprinzip
Der Aufbau des Kontenrahmens richtet sich nach den Gliederungsvorschriften der Bilanz (§ 266 HGB) und der GuV (§ 275 HGB). In den ersten Klassen werden die Aktivkonten erfasst, danach die Passivkonten. Die weiteren Kontenklassen erfassen die Aufwands- und Ertragskonten.

Nach diesem Prinzip ist z. B. der SKR 04 aufgebaut. Die Daten der Finanzbuchhaltung und der Kosten- und Leistungsrechnung werden in getrennten, in sich geschlossenen Rechnungskreisen erfasst. Es handelt sich um ein Zweikreissystem.

0	1	2	3	4	5	6	7	8	9
Anlage-vermögen	Umlauf-vermögen	Eigen-kapital-konten	Fremd-kapital-konten	Betrieb-liche Erträge	Betrieb-liche Aufwen-dungen		Weitere Erträge und Aufwen-dungen		Vortrags- und sta-tistische Konten

Abbildung 12: Abschlussgliederungsprinzip

In beiden Fällen werden die Konten nach einem hierarchischen Prinzip bezeichnet:

Erste Zahl	Kontenklasse
Zweite Zahl	Kontengruppe
Dritte Zahl	Kontenuntergruppe
Vierte Zahl	Einzelkonto

Beispiel

(SKR 03)	Kontenklasse	Kontengruppe	Kontenuntergruppe	Einzelkonto
Bezeichnung	Betriebliche Aufwendungen	Personal-aufwendungen	Gehälter	Geschäftsführer-gehälter
Kontonummer	4	1	2	7

Die Gehälter der Geschäftsführer werden auf dem Konto 4127 erfasst.

Kontenplan
Während der Kontenrahmen – als systematischer Organisations- und Gliederungsplan – pauschal sämtliche branchenspezifische Konten zur Aufzeichnung von Geschäftsvorfällen beinhaltet, werden in einem Kontenplan die spezifischen Gegebenheiten des einzelnen Unternehmens **individuell** berücksichtigt. Weil nicht jedes Unternehmen sämtliche Konten eines Wirtschaftszweiges benötigt, sind die Kontenpläne der einzelnen Unternehmen meistens schlanker und reduzierter als der für die gesamte Branche entwickelte Kontenrahmen. Er enthält nur die tatsächlich geführten Konten.

Anpassungen werden z. B. notwendig, wenn

- einzelne Konten oder Kontengruppen, die für die Branche im Kontenrahmen verzeichnet sind, in einem Unternehmen nicht gebraucht werden.
- Ergänzungen um weitere Konten erforderlich sind.
- Unterteilungen von Konten erforderlich sind, die weiter gehen als im Kontenrahmen vorgesehen.

Die Benennungen der Konten und die Nummerierung werden dabei vom Kontenrahmen übernommen. Damit ist die Übersichtlichkeit weiterhin gewährleistet.

MERKE

Ein Kontenplan ist die spezifische systematische Gliederung und Organisation aller Konten, die im Buchführungssystem eines bestimmten Unternehmens geführt werden.

1.2.2 Digitale Buchführung

Bei der digitalen Buchführung werden digital vorliegende Werte direkt verarbeitet oder analoge Werte (z. B. auf Papier) in digitale Formate (z. B. PDF) umgewandelt. Danach lassen sie sich **mit elektronischen Medien**, informationstechnisch verarbeiten. Buchhaltungsdaten, sonstige Aufzeichnungen und Dokumentationen innerhalb eines Unternehmens werden mit aktueller Informations- und Kommunikationstechnik abgebildet.

MERKE

„Digitale Buchführung" beschreibt Prozesse der Finanzbuchhaltung, bei denen die Buchführung ohne Papierbelege allein auf Basis digitaler Belege erfolgt.

Vorteile der digitalen Buchführung sind Übersichtlichkeit, Zeitersparnis und geringere Kosten:

- Kosten für z. B. für Papier, Ablagen und Drucker fallen nicht an oder werden minimiert
- Der Personalaufwand kann gesenkt werden
- Belege müssen nicht mehr aufwändig sortiert werden
- Die Buchhaltung lässt sich automatisieren und dadurch schneller fertigstellen
- Ordner mit Papierbelegen sind nicht mehr erforderlich
- Der Datentransport und -austausch wird wesentlich vereinfacht
- Zugriff ist fast jederzeit und fast überall möglich
- Die Zusammenarbeit zwischen Steuerberater und Mandanten wird vereinfacht
- Der Umgang mit Geschäftspartnern ist transparenter und effizienter
- Zusätzliche Angebote von Steuerberatern können einfacher genutzt werden.

Dabei ist allerdings zu beachten:

- Die Umstellung ist zeitaufwändig und kostenintensiv
- Prozesse müssen neu definiert werden
- Mitarbeitern müssen geschult werden
- Hard- und Software müssen regelmäßig aktualisiert werden
- Es gibt unterschiedliche Software-Lösungen, die nicht vollständig kompatibel sind
- Die Daten müssen sorgfältig gesichert werden (vgl. dazu >> Kapitel D 2.6)
- Die allgemeinen Grundsätze der ordnungsmäßigen und digitalen Buchführung müssen beachtet werden.

Bücher können auf Datenträgern geführt werden, wenn die dabei angewandten Verfahren den GoB entsprechen. Sie sind steuerlich zulässig, wenn sie für die Besteuerung den vorgesehenen Zweck erfüllen.

RECHTSGRUNDLAGEN

„Die Bücher und die sonst erforderlichen Aufzeichnungen können auch in der geordneten Ablage von Belegen bestehen oder auf Datenträgern geführt werden, soweit diese Formen der Buchführung einschließlich des dabei angewandten Verfahrens den Grundsätzen ordnungsmäßiger Buchführung entsprechen; ..." (§ 146 Abs. 5 Satz 1 AO)

Die Regelungen zu den Grundsätzen der ordnungsmäßigen Buchführung werden materiell nicht dadurch verändert, dass die Buchführung mit anderer Technik erstellt wird. Elektronischer Bücher und Aufzeichnungen werden nach denselben Prinzipien beurteilt wie bei manuell erstellten Büchern oder Aufzeichnungen. Die GoB müssen aber an die Erfordernisse der digitalen Erfassung und Verarbeitung angepasst werden, ohne dass sie grundsätzlich verändert werden.

Für Bücher und sonstige erforderliche Aufzeichnungen, die in den Unternehmen in elektronischer Form geführt werden und für die aufbewahrungspflichtige Unterlagen, die in elektronischer Form aufbewahrt werden, legt die **Verwaltungsanweisung** „Grundsätze zur ordnungsmäßigen Führung und Aufbewahrung von Büchern, Aufzeichnungen und Unterlagen in elektronischer Form sowie zum Datenzugriff (GoBD)" für diese Fälle die Anforderungen an eine ordnungsmäßige Buchführung fest.

Damit soll eine bessere Vergleichbarkeit der elektronischen Belege mit denen in Papierform erreicht werden. Belege müssen auch in dieser Form nach einheitlichen Standards rechtssicher verarbeitet werden können.

ACHTUNG

Am 05.10.2018 hat das Bundesministerium der Finanzen den Entwurf einer Neufassung der GoBD veröffentlicht.

Die GoBD gelten für alle Unternehmen, in denen betriebliche Abläufe mit elektronischen Verfahren abgebildet werden und in denen ein Datenverarbeitungssystem für die außersteuerlichen oder steuerlichen Buchführungs-, Aufzeichnungs- und Aufbewahrungspflichten eingesetzt wird. Für die **Ordnungsmäßigkeit** der elektronischen Bücher und Aufzeichnungen ist allein der Steuerpflichtige verantwortlich. Dies gilt auch dann, wenn Buchführungs- und Aufzeichnungsaufgaben ganz oder teilweise Dritten (z. B. einem Steuerberater) übertragen werden.

Die GoBD vereinheitlichen bestehende Verwaltungsregelungen und passen sie an aktuelle technische Gegebenheiten und an die Rechtsprechung an. Spezifische Anforderungen betreffen insbesondere die Verfahren und die Datensicherheit.

Entsprechend sind – ergänzend zu den GoB (vgl. >> Kapitel B 1.1.2) – die folgenden Grundsätze zu präzisieren:

- **Grundsatz der Nachvollziehbarkeit und Nachprüfbarkeit**
  Auch bei einer IT-gestützten Buchführung muss jeder einzelne Geschäftsfall (§ 146 Abs. 1 Satz 1 AO) für die Dauer der Aufbewahrungsfrist sowohl von der Buchung zum Beleg als auch vom Beleg zur Buchung prüfbar bleiben. Dazu ist eine übersichtliche **Verfahrensdokumentation** notwendig, aus der Inhalt, Aufbau, Ablauf und Ergebnisse der Verarbeitung vollständig und schlüssig ersichtlich sind.

  Die Daten müssen innerhalb der gesetzlichen Aufbewahrungsfrist unverzüglich lesbar gemacht werden können, wenn die Finanzbehörde es verlangt (§ 147 Abs. 5 AO).
- **Grundsatz der Ordnung und Unveränderbarkeit**
  Eine elektronische Buchung oder Aufzeichnung darf nicht so verändert werden, dass der ursprüngliche Inhalt nicht mehr feststellbar ist. Änderungen müssen deshalb protokolliert werden. Dabei muss erkennbar sein, ob sie ursprünglich oder erst später gemacht worden sind (§ 146 Abs. 4 AO). Hard- oder Software müssen so beschaffen sein, dass Informationen, die in den Verarbeitungsprozess eingeführt worden sind, danach nicht mehr unterdrückt, überschrieben, gelöscht, geändert oder verfälscht werden können.

Belegbarkeit
Der Zusammenhang zwischen den realen Geschäftsfällen und den aufgezeichneten oder gebuchten Inhalten in Büchern muss sicher und klar nachweisbar sein. Bei einem elektronischen Beleg kann das durch die Verbindung mit einem Datensatz mit Angaben zur Kontierung oder durch eine elektronische Verknüpfung (z. B. einen eindeutigen Index oder einen Barcode) sichergestellt werden. Ein Beleg in Tabellenform muss mindestens

- eine eindeutige Belegnummer,
- den Belegaussteller,
- den Belegempfänger,
- den Betrag,
- die Währung,
- das Belegdatum und
- den Aussteller

enthalten. Auch elektronische Aufzeichnungen müssen vollständig, richtig, zeitgerecht und geordnet erfolgen.

Internes Kontrollsystem (IKS) und Datensicherheit
Damit die Ordnungsvorschriften des § 146 AO erfüllt werden, sind

- Kontrollen zu Zugangsberechtigungen,
- Kontrollen zu Zugriffsberechtigungen,
- Erfassungskontrollen und
- Verarbeitungskontrollen

vorzusehen und auch zu protokollieren. Die konkrete Ausgestaltung hängt von den spezifischen Gegebenheiten des Unternehmens und von dem eingesetzten IT-System ab, das gegen Verlust (z. B. Unauffindbarkeit, Vernichtung, Untergang und Diebstahl) gesichert sein muss.

Die GoBD fordern deshalb eine ordnungsgemäße, übersichtlich gegliederte **Verfahrensdokumentation**, aus der Inhalt, Aufbau, Ablauf und Ergebnisse des Verfahrens vollständig und schlüssig ersichtlich sind. Der Buchhaltungsprozess muss vom Erhalt der – gedruckten oder digitalen – Belege über die Digitalisierung bis zur Feststellung des Ergebnisses nachvollziehbar dargestellt werden. Vollständigkeit, Ordnung, Unveränderbarkeit und Sicherung der digitalen Belege werden dadurch garantiert.

TIPP

Von der Bundessteuerberaterkammer (BStBK) und dem Deutschen Steuerberaterverband e. V. (DStV) ist eine Musterverfahrensdokumentation erarbeitet worden.

Kontrollfragen

Welche Aufgaben hat die Buchführung?

Welche sind die Aufgaben der Finanzbuchhaltung?

Welche Aufgabe haben die GoBD?

Welche Vorteile hat die digitale Buchführung?

Welche Schwellen dürfen nicht überschritten werden, wenn eine Befreiung von der Buchführungspflicht erfolgen soll?

Welche Beziehung besteht in der Buchhaltung zwischen Grundbuch und Hauptbuch?

Warum werden zusätzlich zum Hauptbuch Nebenbücher geführt?

Warum ist bei digitaler Buchführung eine Verfahrensdokumentation erforderlich?

Welche formellen Grundsätze ordnungsmäßiger Buchführung sind Ihnen bekannt?

Wo sind die Grundsätze ordnungsmäßiger Buchführung gesetzlich geregelt?

Übungsaufgaben

Aufgabe 1

Welche der folgenden Aussagen ist richtig? Kreuzen Sie an.

		richtig	falsch
a)	Im Hauptbuch werden die Geschäftsfälle auf Erfolgskonten in chronologischer Reihenfolge erfasst.		
b)	Das Hauptbuch erfasst nur die Personenkonten.		
c)	Das Hauptbuch erfasst die Geschäftsfälle in sachlicher Ordnung auf Sachkonten.		

Lösung s. Seite 183

Aufgabe 2

Welche der folgenden Aussagen ist richtig? Kreuzen Sie an.

		richtig	falsch
a)	Steuerliche Wahlrechte dürfen in der Steuerbilanz unabhängig von den handelsrechtlichen Regelungen ausgeübt werden.		
b)	Steuerliche Wahlrechte dürfen nicht ausgeübt werden, wenn dadurch das Ergebnis niedriger wird.		
c)	Steuerbilanz und Handelsbilanz werden völlig unabhängig voneinander aufgestellt.		
d)	Steuerliche Wahlrechte haben niemals Einfluss auf die Handelsbilanz.		
e)	Wegen des Maßgeblichkeitsprinzips müssen alle Positionen der Handelsbilanz in die Steuerbilanz übernommen werden.		

Lösung s. Seite 183

Aufgabe 3

Peter Schneider betreibt seit dem Jahr 01 eine Autowerkstatt als Einzelkaufmann. In den Jahren 01 bis 05 hat er folgende Umsatzerlöse und Jahresüberschüsse erzielt:

Jahr	01	02	03	04	05
Umsatzerlöse	625.000 €	585.000 €	622.000 €	580.000 €	582.000 €
Jahresüberschuss	65.000 €	61.000 €	56.000 €	55.000 €	57.000 €

a) Welchen handelsrechtlichen Rechnungslegungspflichten unterliegt ein Kaufmann grundsätzlich?

b) In welchen der Jahre 01 bis 05 wäre Peter Schneider von den handelsrechtlichen Rechnungslegungspflichten befreit?

c) Wie wäre zu entscheiden, wenn Peter Schneider zusammen mit Hans Schuster die Autowerkstatt in der Rechtsform einer OHG betriebe?

Lösung s. Seite 183

Aufgabe 4

Welche Teile des Rechnungswesens sind dem internen und welche dem externen Rechnungswesen zuzuordnen? Kreuzen Sie an.

	Externes Rechnungswesen	Internes Rechnungswesen
Anlagenbuchhaltung		
Planungsrechnung		
Statistik		
Finanzbuchhaltung		
Kostenrechnung		
Debitorenbuchhaltung		
Kreditorenbuchhaltung		

Lösung s. Seite 184

Aufgabe 5

Frau Dr. Schmidt ist selbstständige Rechtsanwältin, sie hat zwei Angestellte. Nehmen Sie Stellung zu ihrer Buchführungspflicht.

Lösung s. Seite 184

Aufgabe 6

Der Einzelkaufmann Müller stellt Dampfkochtöpfe her. Zur Vorbereitung eines Bankgespräches möchte er in der Bilanz 2018 eine möglichst hohe Eigenkapitalquote ausweisen. Den Jahresabschluss stellt er im März 2019 auf.

Beurteilen Sie, ob die folgenden Buchungen mit den Grundsätzen ordnungsmäßiger Buchführung vereinbar sind.

1. In der Position „Forderungen aus Lieferungen und Leistungen" hat Herr Müller Umsätze i. H. v. 200.000 € berücksichtigt, die er im Januar und Februar 2019 erzielt hat.
2. Im Dezember 2018 hat Herr Müller durch Beschwerden seiner Kunden erfahren, dass die Kochtöpfe einen Produktionsfehler haben und bereits zwei explodiert sind. Im Jahresabschluss 2018 unternimmt Herr Müller dazu nichts.
3. Weil sich die Dampfkochtöpfe in China besonders gut verkaufen lassen, beschließt Herr Müller, aus Höflichkeit gegenüber seinen chinesischen Kunden den Jahresabschluss in Mandarin aufzustellen und dazu passend die Positionen der Bilanz und der GuV in chinesische Renminbi umzurechnen.

Lösung s. Seite 184

2. Jahresabschluss nach Handels- und Steuerrecht

2.1 Bestandteile des Jahresabschlusses

Der Jahresabschluss besteht nach § 242 Abs. 3 HGB grundsätzlich nur aus der **Bilanz** und der **Gewinn- und Verlustrechnung**.

RECHTSGRUNDLAGEN

„Die Bilanz und die Gewinn- und Verlustrechnung bilden den Jahresabschluß." (§ 242 Abs. 3 HGB)

Kapitalgesellschaften müssen nach § 284 HGB einen **Anhang** erstellen, in dem Erläuterungen zu einzelnen Posten der Bilanz und der Gewinn- und Verlustrechnung gemacht werden. Ein **Lagebericht** ist von den großen und mittelgroßen Kapitalgesellschaften zwar auch aufzustellen (§ 289 HGB), er ist aber formal aufgrund der Gesetzessystematik nicht Teil des Jahresabschlusses.

Die Vorschriften über die Rechnungslegung sind als gemeinsame rechtsform- und größenunabhängige Grundlage in den §§ 238 ff. HGB festgelegt.

Die §§ 266 ff. HGB enthalten die Regelungen zur Bilanzierung bei Kapitalgesellschaften. Die Vorschriften zur Gewinn- und Verlustrechnung bei Kapitalgesellschaften finden sich in den §§ 275 ff. HGB.

RECHTSGRUNDLAGEN

„Die gesetzlichen Vertreter einer Kapitalgesellschaft haben den Jahresabschluss (§ 242) um einen Anhang zu erweitern, der mit der Bilanz und der Gewinn- und Verlustrechnung eine Einheit bildet, sowie einen Lagebericht aufzustellen." (§ 264 Abs. 1 Satz 1 HGB)

Wegen der Maßgeblichkeit der Handelsbilanz für die Steuerbilanz wirken sich die handelsrechtlichen Vorschriften auch auf die Steuerbilanz aus. Die handelsrechtlichen Grundsätze sind auch steuerlich zu beachten „... es sei denn, im Rahmen der Ausübung eines steuerlichen Wahlrechts wird oder wurde ein anderer Ansatz gewählt." (§ 5 Abs. 1 Satz 1 EStG)

2.2 Bilanzierungsgrundsätze

Die Grundsätze zur Aufstellung des Jahresabschlusses ergeben sich aus der Vorschrift des § 264 Abs. 2 HGB:

RECHTSGRUNDLAGEN

„Der Jahresabschluß hat ...ein den tatsächlichen Verhältnissen entsprechendes Bild der Vermögens-, Finanz- und Ertragslage ...zu vermitteln." (§ 264 Abs. 2 HGB)

Materielle Grundsätze			
	Vollständigkeit	Ausweis aller VG, Schulden, RAP, Aufwendungen und Erträge.	§ 246 Abs. 1 HGB
	Richtigkeit	Werte und Zuordnungen	
	Willkürfreiheit	Angaben sollen neutral erfolgen	

Ansatzgrundsätze			
	Verrechnungsverbot		§ 246 Abs. 2 HGB
	Ansatzstetigkeit	Beibehaltung der Ansatzmethoden	§ 246 Abs. 3 HGB
	Bilanzidentität	Wertansätze der Eröffnungsbilanz dürfen nicht von denen der Schlussbilanz des Vorjahres abweichen	§ 252Abs. 1 Nr. 1 HGB
Bewertungsgrundsätze			
	Stichtagsbezogenheit	Die Situation am Stichtag muss dargestellt werden	§ 252 Abs. 1 Nr. 4 HGB
	Going Concern	Die Fortführung des Unternehmens wird unterstellt	§ 252 Abs. 1 Nr. 2 HGB
	Einzelbewertung	bei VG und Schulden	§ 252 Abs. 1 Nr. 3 HGB
	Bewertungsstetigkeit	Bewertungsmethoden sind beizubehalten	§ 252 Abs. 1 Nr. 6 HGB
Vorsichtsprinzip			
	Realisationsprinzip	Gewinne dürfen erst ausgewiesen werden, wenn sie realisiert sind	§ 252 Abs. 1 Nr. 4 HGB
	Imparitätsprinzip	Absehbare Verluste müssen ausgewiesen werden	§ 252 Abs. 1 Nr. 4 HGB
	Niederstwertprinzip	Ansatz von VG mit dem niedrigsten möglichen Wert	§ 253 Abs. 3 Satz 1 HGB
	Höchstwertprinzip	Ansatz von Schulden mit dem höchsten möglichen Wert	§ 253 Abs. 1 HGB
	Anschaffungswertprinzip	VG werden mit ihrem ursprünglichen Zugangswert angesetzt	§ 253 Abs. 1 HGB
	Wertaufholungsgebot	bei Wegfall des Grundes für eine außerplanmäßige Abschreibung	§ 6 Abs. 1 Nr. 2 Satz 3 i. V. m. § 6 Abs. 1 Nr. 1 Satz 4 EStG
Periodisierung			
	zeitliche Abgrenzung	Erträge einer Periode müssen den entsprechenden Aufwendungen gegenübergestellt werden	§ 252 Abs. 1 Nr. 5 HGB

Abbildung 13: Bilanzierungs- und Bewertungsgrundsätze

2.2.1 Ziele und Unterschiede der Handels- und Steuerbilanz

Aufgrund ihrer Zielsetzung und ihrer Adressaten sind die Vorschriften zu Handels- und Steuerbilanz unterschiedlich. Die handelsrechtlichen Grundsätze ordnungsmäßiger Buchführung sind aber grundsätzlich auch für das Steuerrecht maßgeblich. Folglich gelten auch für die **Gliederung der Steuerbilanz** die Vorschriften des § 266 HGB für die Aufstellung der Handelsbilanz. Das Maßgeblichkeitsprinzip gilt sowohl für die Bilanzierung wie für die Bewertung.

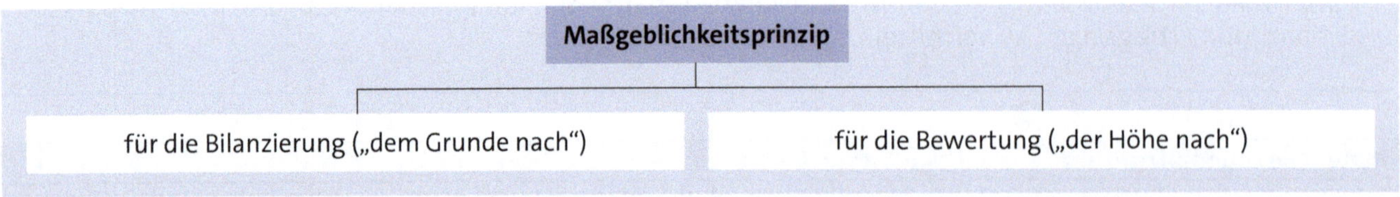

Abbildung 14: Maßgeblichkeit

Ausnahmen von dem Grundsatz, dass handelsrechtliche Vorschriften steuerlich zwingend zu beachten sind, gibt es bei einigen Rückstellungen und bei Ansatzwahlrechten. Eine Übereinstimmung von Handelsbilanz und Steuerbilanz (Einheitsbilanz) ist seit Inkrafttreten des Bilanzmodernisierungsgesetzes (BilMoG) nur noch in sehr seltenen Fällen möglich.

Zur Aufstellung der Steuerbilanz kann ...

... die Handelsbilanz durch Anmerkungen und eine Überleitungsrechnung an die steuerlichen Vorschriften angepasst werden.	... unabhängig von der HB eine gesonderte Steuerbilanz erstellt werden.
§ 60 Abs. 2 Satz 1 EStDV	§ 60 Abs. 2 Satz 2 EStDV

Abbildung 15: Entwicklung der Steuerbilanz aus der Handelsbilanz

RECHTSGRUNDLAGEN

„Enthält die Bilanz Ansätze oder Beträge, die den steuerlichen Vorschriften nicht entsprechen, so sind diese Ansätze oder Beträge durch Zusätze oder Anmerkungen den steuerlichen Vorschriften anzupassen. Der Steuerpflichtige kann auch eine den steuerlichen Vorschriften entsprechende Bilanz (Steuerbilanz) beifügen.“ (§ 60 Abs. 2 EStDV)

Wichtige Unterschiede zwischen Handels- und Steuerbilanz zeigt die Übersicht:

	Handelsbilanz	**Steuerbilanz**
Umgekehrte Maßgeblichkeit	Gibt es nach BilMoG nicht mehr	Wahlrechte können ohne Rücksicht auf das Handelsrecht ausgeübt werden
selbst erstellte immaterielle Vermögensgegenstände	Aktivierungswahlrecht, Ausnahmen enthält § 248 Abs. 2 HGB	Aktivierungsverbot § 5 Abs. 2 EStG
Disagio	Aktivierungswahlrecht § 250 Abs. 3 HGB	Aktivierungspflicht § 5 Abs. 5 Satz 1 Nr. 1 EStG
Rückstellungen mit einer Laufzeit von mindestens einem Jahr	Abzinsung mit dem durchschnittlichen Marktzinssatz der vergangenen sieben Jahre	Abzinsung mit 5,5 % § 6 Abs. 1 Nr. 3a Buchst. e EStG
Rückstellung für drohende Verluste aus schwebenden Geschäften	Passivierungsgebot § 249 Abs. 1 Satz 1 HGB	Passivierungsverbot § 5 Abs. 4a EStG
Pensionsrückstellungen	Abzinsung mit dem durchschnittlichen Marktzinssatz der vergangenen zehn Jahre oder alternativ mit einer pauschalen Abzinsung mit dem durchschnittlichen Marktzinssatz bei angenommener Laufzeit von 15 Jahren § 253 Abs. 2 HGB	Abzinsung mit 5,5 % § 6 Abs. 1 Nr. 3a Buchst. e EStG
Aufwand für berücksichtigte Zölle, Verbrauchssteuern und Umsatzsteuer im aRAP	Aktivierungsverbot	Aktivierungspflicht § 5 Abs. 5 Satz 1 Nr. 1 EStG § 5 Abs. 5 Satz 2 Nr. 1 EStG
Abschreibung auf Finanzanlagen bei vorübergehender Wertminderung	Wahlrecht	Verbot
Aktive latente Steuern	Aktivierungswahlrecht § 274 Abs. 1 Satz 2 HGB	Systematisch nicht möglich
GWG < 150,00 €	Aktivierungswahlrecht	Aktivierungsverbot § 6 Abs. 2 Satz 1 EStG
150,00 € < GWG < 1.000,00 €	Aktivierung als Sammelposten möglich, sofern von untergeordneter Bedeutung	Einstellung in Sammelposten, Abschreibung über 5 Jahre § 6 Abs. 2a Satz 5 EStG

Ziele und Funktionen der Handelsbilanz

Die Handelsbilanz zeigt die Höhe des **Vermögens** und der **Schulden** an einem bestimmten Stichtag. Sie muss zu Beginn der Geschäftstätigkeit und für den Schluss eines jeden Geschäftsjahres aufgestellt werden.

Die Handelsbilanz richtet sich hauptsächlich an externe Interessenten wie z. B. Gläubiger, Lieferanten, Aktionäre, Gesellschafter, Kunden, Arbeitnehmer und die Öffentlichkeit (§ 264 Abs. 2 HGB). Daraus lassen sich folgende Funktionen ableiten:

Funktionen der Handelsbilanz

- Dokumentationsfunktion
- Zahlungsbemessungsfunktion
- Informationsfunktion
- Steuerungsfunktion

Abbildung 16: Funktionen der Handelsbilanz

- **Dokumentationsfunktion:** Alle Güterbewegungen und Zahlungsvorgänge eines Unternehmens sollen nachvollziehbar sein. Die vollständige, systematische und richtige Dokumentation dient als Nachweis für die korrekte Buchführung.
- **Zahlungsbemessungsfunktion:** Die Handelsbilanz bildet die Grundlage für die Ermittlung der Gewinnausschüttung an die Gesellschafter.
- **Informationsfunktion:** Entsprechend den Informations- und Schutzbedürfnissen der Bilanzadressaten soll die Handelsbilanz ein tatsachliches Bild der Vermögens-, Finanz- und Ertragslage des Unternehmens geben.
- **Steuerungsfunktion:** Für die Unternehmensleitung wird erkennbar, wo Maßnahmen ergriffen werden können oder müssen, um die Lage des Unternehmens zu verbessern.

Ziele der Steuerbilanz

Die Steuerbilanz hat lediglich ein Ziel, nämlich die korrekte Ermittlung des zu versteuernden Gewinns eines Unternehmens. Adressat ist also lediglich der Staat bzw. die Finanzverwaltung.

MERKE

Die Steuerbilanz dient der zutreffenden Ermittlung des steuerrechtlichen Periodengewinns.

In § 60 Abs. 2 Satz 2 EStDV wird die Steuerbilanz als „eine den steuerlichen Vorschriften" entsprechende Bilanz definiert. Eine eigenständige gesetzliche Definition gibt es nicht. Aufgrund des Maßgeblichkeitsprinzips (§ 5 Abs. 1 EStG) ist aber die Handelsbilanz immer die Grundlage für die Steuerbilanz.

RECHTSGRUNDLAGEN

„Bei Gewerbetreibenden, die auf Grund gesetzlicher Vorschriften verpflichtet sind, Bücher zu führen und regelmäßig Abschlüsse zu machen, ... ist für den Schluss des Wirtschaftsjahres das Betriebsvermögen anzusetzen ..., das nach den handelsrechtlichen Grundsätzen ordnungsmäßiger Buchführung auszuweisen ist, es sei denn, im Rahmen der Ausübung eines steuerlichen Wahlrechts wird oder wurde ein anderer Ansatz gewählt." (§ 5 Abs. 1 EStG)

Durch die Ausübung von Wahlrechten und abweichende steuerliche Vorschriften ergeben sich i. d. R. Unterschiede zwischen Handels- und Steuerbilanz. Wegen der fiskalischen Funktion der Steuerbilanz ist der Gewinn der Steuerbilanz oft höher als der Jahresüberschuss in der Handelsbilanz.

	Handelsbilanz	Steuerbilanz
Gesetzliche Grundlagen	§§ 238 ff. HGB	§§ 4 bis 7 EStG
Aufgabe	Vermittlung eines den tatsächlichen Verhältnissen entsprechendes Bild der Vermögens-, Finanz- und Ertragslage (§ 264 Abs. 2 HGB)	Ermittlung des steuerlichen Gewinns
Funktion	▸ Dokumentationsfunktion ▸ Zahlungsbemessungsfunktion ▸ Informationsfunktion ▸ Steuerungsfunktion	▸ Ermittlung der ertragsteuerlichen Bemessungsgrundlage ▸ Sicherung der Gleichmäßigkeit der Besteuerung ▸ Vermeidung von Gewinnverlagerungen
Adressaten	Stakeholder	Finanzverwaltung

Abbildung 17: Zusammenfassung Unterschiede zwischen Handels- und Steuerbilanz

2.2.2 Bilanzierungsregeln in der Handelsbilanz

Bei der Aufstellung der Bilanz ist sorgfältig darauf zu achten, ob für bestimmte Positionen eine Bilanzierungspflicht besteht, ob ein Ansatz verboten ist oder ob für den Bilanzierenden ein Wahlrecht besteht.

Die Handelsbilanz kennt folgende **Bilanzierungsgebote:**

	Vorschrift im HGB
Vermögensgegenstände Verbindlichkeiten Rückstellungen Rechnungsabgrenzungsposten Entgeltlich erworbener Firmenwert	§ 246 Abs. 1
Rückstellungen für ungewisse Verbindlichkeiten Rückstellungen für drohende Verluste aus schwebenden Geschäften	§ 249 Abs. 1
Rückstellungen für unterlassene Aufwendungen für Instandhaltung, die im folgenden Geschäftsjahr innerhalb von drei Monaten nachgeholt werden Rückstellungen für unterlassene Aufwendungen für Abraumbeseitigung, die im folgenden Geschäftsjahr nachgeholt werden Rückstellungen für unterlassene Aufwendungen für Gewährleistungen ohne rechtliche Verpflichtung	§ 249 Abs. 2
Aktive Rechnungsabgrenzungsposten Passive Rechnungsabgrenzungsposten	§ 250 Abs. 1 und 2

Bilanzierungsverbote bestehen für folgende Positionen:

	Vorschrift im HGB
Gründungsaufwendungen Aufwendungen zur Eigenkapitalbeschaffung Aufwendungen für den Abschluss von Versicherungsverträgen	§ 248 Abs. 1
Rückstellungen, die nicht in § 249 Abs. 1 HGB aufgeführt sind	§ 249 Abs. 2 Satz 1

Ein **Aktivierungswahlrecht** besteht für folgende Positionen:

	Vorschrift im HGB
Selbst geschaffene immaterielle Vermögensgegenstände (mit Ausnahmen)	§ 248 Abs. 2
Disagio (im aktiven Rechnungsabgrenzungsposten)	§ 250 Abs. 3
Aktive latente Steuern	§ 274 Abs. 1 Satz 2
Unentgeltlich erworbene materielle Vermögensgegenstände	(GoB)

2.2.3 Abgrenzung von Betriebs- und Privatvermögen

Eine Unterscheidung zwischen einer betrieblichen und einer privaten Sphäre ist nur bei **natürlichen Personen** möglich und sinnvoll. Aufgrund der Rechtsprechung des BFH wird zwischen dem

- notwendigen Betriebsvermögen,
- gewillkürten Betriebsvermögen und
- dem notwendigen Privatvermögen

unterschieden. Jedes Wirtschaftsgut kann nur einer dieser Gruppen zugeordnet werden. Entscheidend ist dabei die Nutzungsintensität.

RECHTSGRUNDLAGEN

„Wirtschaftsgüter, die ausschließlich und unmittelbar für eigenbetriebliche Zwecke des Stpfl. genutzt werden oder dazu bestimmt sind, sind notwendiges Betriebsvermögen ... Wirtschaftsgüter, die in einem gewissen objektiven Zusammenhang mit dem Betrieb stehen und ihn zu fördern bestimmt und geeignet sind, können ... als gewillkürtes Betriebsvermögen behandelt werden. Wirtschaftsgüter, die ... zu mehr als 90 % privat genutzt (werden), gehören ... in vollem Umfang zum notwendigen Privatvermögen. Bei einer betrieblichen Nutzung von mindestens 10 % bis zu 50 % ist eine Zuordnung dieser Wirtschaftsgüter zum gewillkürten Betriebsvermögen in vollem Umfang möglich ...“. (R. 4.2 Abs. 1 EStR)

Privatvermögen	Gewillkürtes Betriebsvermögen	Notwendiges Betriebsvermögen
< 10 %	10 % - 50 %	> 50 % - 100 %
	Beispiele	
Hausrat	Pkw, Wertpapiere	Produktionsanlage

Abbildung 18: Vermögenszuordnung nach Nutzungsintensität

Notwendiges Betriebsvermögen
Wirtschaftsgüter, die überwiegend, also zu mehr als 50 %, eigenbetrieblich genutzt werden, gehören grundsätzlich zum Betriebsvermögen. Sie können betrieblich veranlasst angeschafft, hergestellt oder in das Betriebsvermögen eingelegt worden sein.

Gewillkürtes Betriebsvermögen
Gewillkürtes Betriebsvermögen stellen Wirtschaftsgüter dar, die sowohl privat als auch betrieblich genutzt werden. Sie müssen objektiv geeignet sein, den Betrieb zu fördern. Wenn ein Wirtschaftsgut zu nicht mehr als 50 %, aber zu mindestens 10 % für eigenbetriebliche Zwecke genutzt wird, kann sich der Steuerpflichtige für den Ausweis als gewillkürtes Betriebsvermögen entscheiden.

Beispiel

Unternehmer Spitz ermittelt seinen Gewinn durch Betriebsvermögensvergleich. Er nutzt einen Pkw zu 40 % betrieblich und zu 60 % privat.

Herr Spitz kann den Pkw als gewillkürtes Betriebsvermögen behandeln, weil er weder zwingend zum notwendigen Betriebsvermögen (betriebliche Nutzung > 50 %) noch zum notwendigen Privatvermögen (betriebliche Nutzung < 10 %) gehört.

ACHTUNG

Gewillkürtes Betriebsvermögen darf auch bei der Gewinnermittlung durch Einnahmenüberschussrechnung gebildet werden.

Privatvermögen

Das notwendige Privatvermögen umfasst Gegenstände und Schulden, die **ausschließlich** oder fast ausschließlich (< 10 %) privat genutzt werden und in keinem erkennbaren funktionalen Zusammenhang mit der betrieblichen Leistungserbringung stehen. Private Wirtschaftsgüter dürfen nicht in das Betriebsvermögen aufgenommen werden. Sie dienen in erster Linie der privaten Lebensführung des Unternehmers oder seiner Angehörigen.

Beispiele

Privates Wohnhaus, Hausrat, Schmuck

INFO

Eine Definition des Begriffes gibt es weder im EStG noch im HGB.

2.3 Bilanzansatz

Bei Positionen, die in die Bilanz aufzunehmen sind, wird zwischen der Bilanzierung

- dem Grunde nach,
- dem Ausweis nach und
- der Höhe nach

unterschieden.

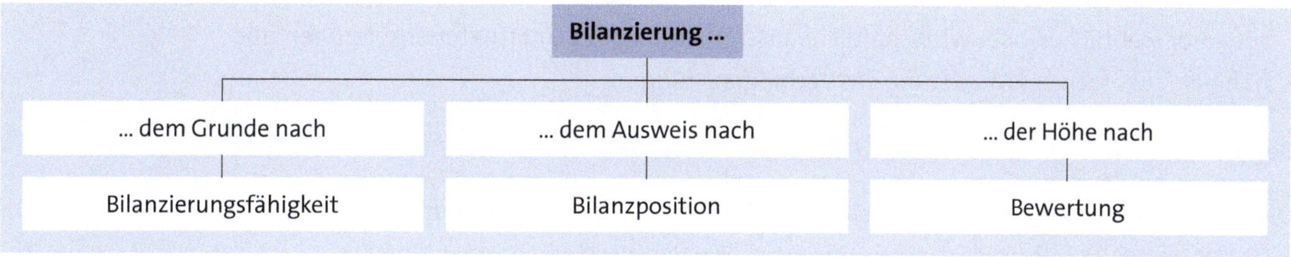

Abbildung 19: Bilanzierung

2.3.1 Bilanzansatz dem Grunde nach

Bei der Bilanzierung muss zunächst geklärt werden, ob ein Vermögensgegenstand, eine Schuld oder ein Rechnungsabgrenzungsposten überhaupt **bilanzierungsfähig** ist, ob also

- bilanziert werden muss,
- bilanziert werden darf oder
- nicht bilanziert werden darf.

Dabei wird zwischen abstrakter und konkreter Bilanzierungsfähigkeit unterschieden. Erst wenn eine konkrete Bilanzierungsfähigkeit gegeben ist, muss eine Erfassung in der Bilanz erfolgen.

Abstrakte Bilanzierungsfähigkeit

Eine abstrakte Bilanzierungsfähigkeit liegt vor, wenn die Merkmale eines Vermögensgegenstandes (Aktivierungsfähigkeit) oder einer Schuld (Passivierungsfähigkeit) erfüllt sind.

Vermögensgegenstand
Gesetzlich ist nicht definiert, was unter einem Vermögensgegenstand zu verstehen ist. Durch Literatur, Rechtsprechung und GoB ergibt sich aber, dass ein Vermögensgegenstand zweifelsfrei vorliegt, wenn er

- **selbstständig bewertet** werden kann. Erforderlich ist ein geeigneter Wertmaßstab, d. h. es müssen Aufwendungen vorliegen.
- **einzelverkehrsfähig** ist. Ein Vermögensgegenstand muss **einzeln** veräußert werden können.
- einen (erwartbaren) **wirtschaftlichen Wert** besitzt. Der Vermögensgegenstand muss einen zukünftigen Nutzen für das Unternehmen darstellen.

Beispiel

Die Specht GmbH beauftragt eine Marketingagentur, eine Werbekampagne zu entwerfen. Sie erhält eine 120 Seiten starke Ausarbeitung und zahlt dafür 12.000 €.

- Ein wirtschaftlicher Wert liegt vor. Die Werbekampagne hat zumindest einen erwartbaren Nutzen.
- Die Ausarbeitung ist selbstständig bewertbar. Ihr können Aufwendungen i. H. v. 12.000 € zugeordnet werden.
- Eine selbständige Verkehrsfähigkeit ist nicht gegeben. Die Ausarbeitung kann nicht einzeln verkauft werden, weil sie speziell für die Specht GmbH angefertigt worden ist.

Folge: Die Ausarbeitung für die Werbekampagne ist kein Vermögensgegenstand, weil nicht alle Kriterien erfüllt sind. Sie kann nicht bilanziert werden.

Schulden
Auch Schulden sind gesetzlich nicht definiert. Sie müssen nach herrschender Meinung

- **selbstständig quantifizierbar** sein,
- auf einer rechtlichen oder wirtschaftlichen **Verpflichtung** des Unternehmens beruhen und
- zu einer (zukünftigen) **Minderung des Vermögens** führen.

Beispiel

Die Falke GmbH nimmt bei ihrer Hausbank ein Darlehen i. H. v. 50.000 € auf. Liegt eine Schuld vor?

- Das Darlehen ist selbstständig quantifizierbar: die Verpflichtung beträgt 50.000 €.
- Es besteht die vertragliche Verpflichtung, das Darlehen zurückzuzahlen.
- Durch die Rückzahlung wird das Vermögen der Falke GmbH gemindert.

Alle Kriterien sind erfüllt, es liegt eine Schuld vor.

Konkrete Bilanzierungsfähigkeit
Wenn die abstrakte Bilanzierungsfähigkeit vorliegt, muss anschließend geprüft werden, ob im konkreten Einzelfall auch die tatsächliche Bilanzierungsfähigkeit vorliegt. Dazu müssen weitere Kriterien erfüllt sein:

- Subjektive Zurechenbarkeit muss gegeben sein
- Zugehörigkeit zum Betriebsvermögen (Bilanzierungsobjekt darf nicht zum Privatvermögen gehören)
- Kein Vorliegen eines ausdrücklichen Bilanzierungsverbots.

MERKE

Damit ein Vermögensgegenstand oder eine Schuld bilanziert werden kann, müssen sowohl die abstrakte als auch die konkrete Bilanzierungsfähigkeit gegeben sein.

2.3.2 Bilanzansatz dem Ausweis nach

Wenn die Bilanzierungsfähigkeit gegeben ist, muss festgelegt werden, an welcher Stelle in der Bilanz der Ausweis des Vermögensgegenstandes bzw. der Schuldposition erfolgt. Die Bilanzgliederung dient der systematischen und übersichtlichen Darstellung, alle Positionen werden in einen **sinnvollen Zusammenhang** gebracht.

Gliederungsvorschriften

§ 247 Abs. 1 HGB schreibt in den allgemeinen Vorschriften zum Inhalt der Bilanz lediglich eine grobe Gliederung vor.

RECHTSGRUNDLAGEN

„In der Bilanz sind das Anlage- und Umlaufvermögen, das Eigenkapital, die Schulden und die Rechnungsabgrenzungsposten gesondert auszuweisen und hinreichend aufzugliedern." (§ 247 Abs. 1 HGB)

Diese Einteilung gilt jedoch nur für Einzelunternehmen und Personengesellschaften, für **Kapitalgesellschaften** gelten weitergehende Vorschriften.

TIPP

In der betrieblichen Praxis ist es üblich, die Bilanz tiefer zu gliedern und sich dabei an dem Gliederungsschema für Kapitalgesellschaft zu orientieren.

Kapitalgesellschaften und haftungsbeschränkte Personengesellschaften (z. B. GmbH & Co. KG) müssen ein weitergehendes Gliederungsschema anwenden, die Bilanz ist dann nach § 266 HGB aufzustellen. Das Schema ist als Mindestgliederung zu verstehen, weitergehende Informationen sind möglich.

TIPP

Sehen Sie sich den § 266 HGB genauer an. Die Gliederungskriterien müssen für Sie nachvollziehbar sein

ACHTUNG

Für kleine Kapitalgesellschaften und sog. Kleinstkapitalgesellschaften gelten vereinfachte Regelungen. (§§ 266 Abs. 1 Satz 3 und 267a HGB).

2.3.3 Bilanzansatz der Höhe nach

Bei der Bilanzierung der Höhe nach wird die **Bewertung** der einzelnen Bilanzpositionen vorgenommen. Durch die Bewertung wird festgelegt, mit welchem Wert ein Vermögensgegenstand bzw. eine Schuldposition in der Bilanz ausgewiesen wird. Die Bilanzpositionen enthalten einen Betrag in einer bestimmten Höhe.

2.3.3.1 Bewertungsstichtag

Vermögensgegenstände und Schulden sind grundsätzlich zum Abschlussstichtag zu bewerten. Maßgebend sind also die Wertverhältnisse an diesem Tag.

RECHTSGRUNDLAGEN

„Die Vermögensgegenstände und Schulden sind zum Abschlußstichtag einzeln zu bewerten." (§ 252 Abs. 1 Nr. 3 HGB)

Daraus folgt, dass

- wesentliche wertaufhellende Informationen, die sich auf Gegebenheiten vor/am Abschlussstichtag beziehen, bei der Bewertung zu berücksichtigen sind. Das gilt auch dann, wenn sie erst nach dem Abschlussstichtag, aber **vor Aufstellung** des Jahresabschlusses bekannt werden.

  Beispiel

  Die Alba GmbH hat am Abschlussstichtag am 31.12.2019 gegenüber einem Kunden eine Forderung i. H. v. 20.000 €. Eine Woche vor der Bilanzaufstellung im März 2020 erfährt der Geschäftsführer der Alba GmbH zufällig, dass der Kunde bereits im November 2019 Antrag auf Konkurs gestellt hatte, der im Dezember 2019 mangels Masse abgelehnt worden war. Die Forderung ist im Abschluss 2019 mit 0 € zu bewerten, weil die Forderung bereits zum Abschlussstichtag wertlos war.

- Tatsachen, die erst **nach dem Abschlussstichtag** eintreten, bei der Bewertung nicht zu berücksichtigen sind.

  Beispiel

  Die Alba GmbH hat am Abschlussstichtag am 31.12.2019 gegenüber einem Kunden eine Forderung i. H. v. 20.000 €. Eine Woche vor der Bilanzaufstellung im März 2020 erfährt der Geschäftsführer der Alba GmbH zufällig, dass der Kunde im Februar 2020 Antrag auf Konkurs gestellt hatte, der mangels Masse abgelehnt worden war. Die Forderung ist im Abschluss 2019 mit 20.000 € zu bewerten, weil die Forderung zum Abschlussstichtag noch existierte.

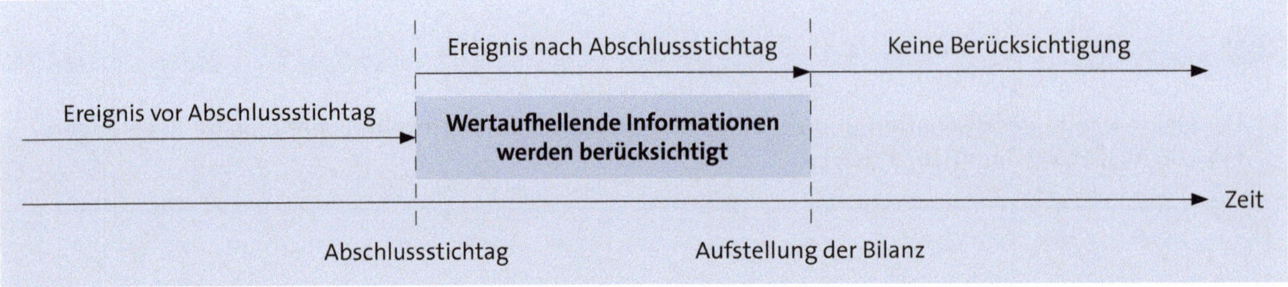

Abbildung 20: Stichtagsprinzip

2.3.3.2 Allgemeine Bewertungsgrundsätze

Die Bewertungsvorschriften für alle Kaufleute sind in den §§ 252 - 256 HGB, die allgemeinen Bewertungsgrundsätze sind in § 252 HGB zusammengefasst:

- **Grundsatz der Bilanzidentität.** Wertansätze in der Eröffnungsbilanz eines Geschäftsjahrs müssen mit denen der Schlussbilanz des vorhergehenden Geschäftsjahrs übereinstimmen (§ 252 Abs. 1 Nr. 1 HGB)
- **Going-concern-Prinzip.** Bei der Bewertung ist von der Fortführung der Unternehmenstätigkeit auszugehen, sofern dem nicht tatsächliche (z. B. wirtschaftliche Schwierigkeiten)oder rechtliche Gegebenheiten (z. B. ein Insolvenzverfahren ist eingeleitet) entgegenstehen (§ 252 Abs. 1 Nr. 2 HGB)
- **Grundsatz der Einzelbewertung.** Die Vermögensgegenstände und Schulden sind zum Abschlussstichtag einzeln zu bewerten (§ 252 Abs. 1 Nr. 3 HGB). Dadurch soll verhindert werden, dass durch Saldierung zwischen Vermögensgegenständen und Schulden die tatsächliche Lage verschleiert wird. Aus Wirtschaftlichkeits- und Wesentlichkeitsgesichtspunkten sind in bestimmten Fällen Abweichungen vom Prinzip der Einzelbewertung möglich, z. B. die Bewertung zum Festwert (§ 240 Abs. 3 HGB), die Gruppenbewertung (§ 240 Abs. 4 HGB) und die sog. Bewertungsvereinfachungsverfahren (§ 256 HGB)
- **Vorsichtsprinzip.** Von mehreren denkbaren Wertansätzen ist für Vermögensgegenstände der niedrigste zu wählen. Alle vorhersehbaren Risiken und Verluste, die bis zum Abschlussstichtag entstanden sind, müssen berücksichtigt werden, Gewinne aber nur, werden, wenn sie am Abschlussstichtag tatsächlich realisiert sind. (§ 252 Satz 1 Nr. 4 HGB)

INFO

Das Vorsichtsprinzip dient dem **Gläubigerschutz**. Der Jahresabschluss soll ein tatsächliches, aber kein (zu) optimistisches Bild von der Lage des Unternehmens zeigen.

- **Realisationsprinzip.** Das Realisationsprinzip umfasst zwei Aspekte:

1. Es bestimmt, zu welchem **Zeitpunkt** eine Leistung als realisiert angesehen wird, wann also ein Ertrag entsteht.
2. Es bestimmt, mit welchem **Wert** Güter bzw. Dienstleistungen in der Bilanz auszuweisen sind, für die noch kein Erlös erzielt worden ist. Sie dürfen höchstens mit den Anschaffungs- oder Herstellungskosten bewertet werden. Nicht realisierte Erträge dürfen nicht in die Bilanz aufgenommen werden.

Beispiel

Die Pitz GmbH schließt am 15.01.01 mit der Pluto OHG ein Kaufvertrag über die Lieferung von 500 Kochtöpfen zum Preis von 4.000 € netto. Am 25.01.01 wird die Ware geliefert. Am 30.01.01 schickt die Pitz GmbH die Rechnung und die Pluto OHG zahlt den vereinbarten Kaufpreis am 10.02.01.

Erst mit der Lieferung vom 25.01.01 ist der Ertrag für die Pitz GmbH realisiert. Sie bucht: Forderungen aus LuL 4.760 € an Umsatzerlöse 4.000 € und Umsatzsteuer 760 €. Auf den Tag der Rechnungserstellung kommt es nicht an.

INFO

Imparitätsprinzip
Während Gewinne nur zu berücksichtigen sind, wenn sie am Abschlussstichtag realisiert sind, müssen Verluste bereits einbezogen werden, sobald sie zu erwarten sind (§ 252 Abs. 1 Nr. 4 HGB). Die Vorwegnahme der Verluste dient der Kapitalerhaltung und dem Gläubigerschutz.

Konsequent gilt für Vermögensgegenstände das Niederstwertprinzip. Bei der Bewertung von Aktiva ist von zwei möglichen Werten der niedrigere Wert anzusetzen.

Bei der Bewertung von Schulden gilt dagegen das Höchstwertprinzip, nach dem von zwei möglichen Wertansätzen der höhere Wert angesetzt werden muss.

Beispiel

Die Bock GmbH erwirbt am 28.11.01 einhundert Aktien der XYZ-AG zu Spekulationszwecken zum Kurs von 100 € je Stück. Am Bilanzstichtag zum 31.12.01 ist der Kurs auf 78 € je Aktie gefallen.

Die Aktien müssen auf den niedrigeren Kurs abgeschrieben werden. Der Bilanzansatz ist (78 € • 100 Stück) 7.800 €. Es wird ein unrealisierter Verlust i. H. v. (100 € - 78 €) • 100 = 2.200 €. ausgewiesen.

- **Grundsatz der Periodenabgrenzung.** Alle Aufwendungen und Erträge des Geschäftsjahres sind unabhängig von den Zeitpunkten der entsprechenden Zahlungen im Jahresabschluss zu berücksichtigen. Der Werteverzehr und die Wertentstehung sollen den einzelnen Rechnungsperioden genau zugeordnet werden (§ 252 Satz 1 Nr. 5 HGB). Abgrenzungsbuchungen enthalten die Bilanzpositionen Forderungen, Verbindlichkeiten, Rückstellungen und Rechnungsabgrenzungsposten
- **Grundsatz der Bewertungsstetigkeit.** Die bei dem vorhergehenden Jahresabschluss angewandten Bewertungsmethoden müssen beizubehalten werden. Dadurch wird die Vergleichbarkeit der Jahresabschlüsse gesichert (§ 252 Satz 1 Nr. 6 HGB).

2.3.3.3 Bewertungsmaßstäbe

Zugangs- und Folgebewertung
Bei der Bewertung des Vermögens und der Schulden wird unterschieden zwischen einem Wert, zu dem sie erstmals erfasst werden und ihrem Wert, der ihnen in den folgenden Perioden zugemessen wird.

MERKE

Die Anschaffungs- und Herstellungskosten bilden den Ausgangspunkt für die Bewertung des Anlage- und Umlaufvermögens und sind gleichzeitig die Wertobergrenze.

- **Vermögensgegenstände des Anlagevermögens** sind höchstens mit den Anschaffungskosten oder den Herstellungskosten, vermindert um planmäßige und – bei Vorliegen dauerhafter Wertminderungen – vermindert um außerplanmäßige Abschreibungen anzusetzen (§ 253 HGB).

RECHTSGRUNDLAGEN

„Vermögensgegenstände sind höchstens mit den Anschaffungs- oder Herstellungskosten, vermindert um die Abschreibungen ... anzusetzen." (§ 253 Abs. 1 HGB)

- **Vermögensgegenstände des Umlaufvermögens** sind ebenfalls mit den Anschaffungs- oder Herstellungskosten anzusetzen. Wenn sich zum Abschlussstichtag jedoch aus dem Börsen- oder Marktpreis ein niedriger Wert ergibt, ist zwingend (auch bei vorübergehender Wertminderung) auf den beizulegenden Wert abzuschreiben (Strenges Niederstwertprinzip, § 253 Abs. 4 HGB).

<table>
<tr><th rowspan="2"></th><th rowspan="2">Normale Bewertung</th><th colspan="2">Bewertung bei Wertminderung</th><th rowspan="2">Bewertung bei gestiegenem Wert (nach vorangegangener außerplanmäßiger Abschreibung)</th></tr>
<tr><th>vorübergehend</th><th>dauernd</th></tr>
<tr><td>Abnutzbares Anlagevermögen</td><td>AHK abzüglich planmäßiger Abschreibungen</td><td>Verbot von Abschreibungen</td><td rowspan="2">Pflicht zur Abschreibung</td><td rowspan="3">Aufwertungsgebot (Ausnahme Firmenwert)</td></tr>
<tr><td>Nicht abnutzbares Anlagevermögen</td><td rowspan="2">AHK</td><td>Verbot von Abschreibungen
Ausnahme: Wahlrecht bei Finanzanlagen</td></tr>
<tr><td>Umlaufvermögen</td><td colspan="2">Pflicht zur Abschreibung</td></tr>
</table>

Abbildung 21: Bewertung von Vermögensgegenständen im Handelsrecht

- **Verbindlichkeiten** sind mit ihrem Erfüllungsbetrag zu bewerten. Das ist der Betrag, der im Rahmen der normalen Geschäftstätigkeit zur Erfüllung der Schuld notwendig ist (§ 253 Abs. 1 HGB). Wenn der Rückzahlungsbetrag höher ist als der Ausgabebetrag, kann die Differenz (**Disagio**, Damnum) entweder direkt als Aufwand erfasst werden oder aktiviert und über die Laufzeit abgeschrieben werden (§ 250 Abs. 3 Satz 1 HGB).
- **Rückstellungen** werden mit dem Betrag angesetzt, der nach vernünftiger kaufmännischer Beurteilung notwendig ist (§ 253 Abs. 2 HGB). Sie sind in jährlich gleichbleibenden Raten anzusammeln. Zukünftige Preis- und Kostenänderungen müssen berücksichtigt werden.

  Rückstellungen mit einer Restlaufzeit von mehr als einem Jahr sind mit dem Marktzinssatz der vergangenen sieben Geschäftsjahre abzuzinsen. Altersversorgungsverpflichtungen oder vergleichbare langfristige Verpflichtungen können alternativ mit dem durchschnittlichen Marktzinssatz der letzten 10 Jahre abgezinst werden, der sich bei einer angenommen Restlaufzeit von 15 Jahren ergibt.

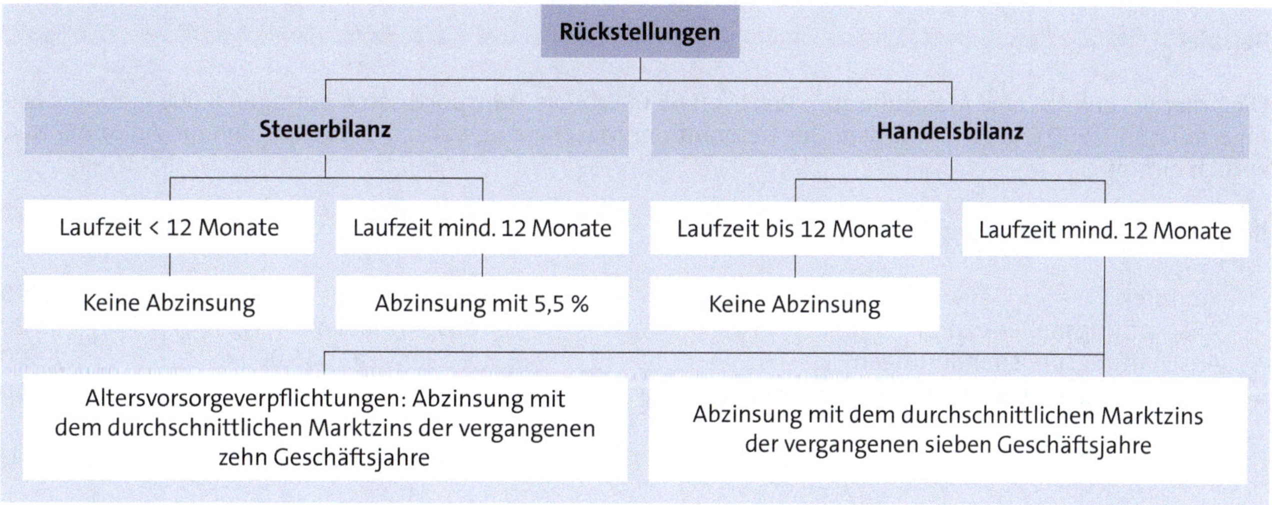

Abbildung 22: Abzinsung von Rückstellungen

Beispiel

Die Kurz AG befürchtet, nach einem Prozess um ein Patent am 31.12.2022 12.000 € Strafe zahlen zu müssen. Welchen Betrag muss sie in ihrer Bilanz zum 31.12.2019 für ungewisse Verbindlichkeiten einstellen? Der einschlägige Zinssatz wird von der Deutschen Bundesbank mit 1 % angegeben.

Die Rückstellung ist in jährlich gleichbleibenden Raten zu bilden.	$\frac{12.000\ €}{3\ \text{Jahre}}$	4.000 €
Abzinsungsfaktor (1 %, 3 Jahre)	$\frac{1}{(1 + 0{,}01)^3}$	0,9706
Rückstellung zum 31.12.2019	4.000 € • 0,9706	3.882,40 €

Anschaffungskosten
Fremdbezogene Vermögensgegenstände werden zum Zugangszeitpunkt mit den Anschaffungskosten bewertet. Das sind – neben dem Abschaffungspreis selbst – alle einzeln zurechenbaren Aufwendungen, die erforderlich sind, den Vermögensgegenstand in einen betriebsbereiten Zustand zu versetzen. Zu den **Nebenkosten** gehören z. B. externe Kosten für Transport oder Versand, Eingangszölle, Notarkosen, Gutachterkosten, Provisionen und interne Kosten wie Montage, Anschlusskosten und Einweisungskosten.

Nachträgliche Anschaffungskosten für eine Erweiterung oder Verbesserung, die in unmittelbarem wirtschaftlichen Zusammenhang mit der Anschaffung stehen, aber zeitlich nach dem Kauf entstehen, sind ebenfalls zu aktivieren.

Beispiele

Sonderlackierung eines Fahrzeuges, Kauf von Software-Zusatzmodulen, Aufwendungen für den Erwerb von weiteren Lizenzen.

Anschaffungspreisminderungen wie Skonti, Rabatte oder Boni sind zu berücksichtigen.

	Anschaffungspreis
+	Anschaffungsnebenkosten
-	Anschaffungspreisminderungen
+	nachträgliche Anschaffungskosten
=	**handels- und steuerrechtliche Anschaffungskosten**

Abbildung 23: Ermittlung der Anschaffungskosten

Beispiel

Die Adler AG erwirbt eine Maschine zum Preis von 65.000 €. Die Transportkosten betragen 8.000 €, für die Montage müssen 1.500 € gezahlt werden. Der Lieferant der Maschine gewährt 2 % Skonto, den die Adler AG in Anspruch nimmt.

Berechnung der Anschaffungskosten:

	Kaufpreis		65.000 €
+	Anschaffungsnebenkosten	Transport und Montage	9.500 €
-	Anschaffungspreisminderungen	2 % Skonto aus 65.000 €	1.300 €
=	**handels- und steuerrechtliche Anschaffungskosten**		**73.200 €**

Herstellungskosten
Wenn Vermögensgegenstände ganz oder teilweise im Unternehmen hergestellt werden, sind sie nach § 255 Abs. 2 HGB mit den Herstellungskosten zu bewerten.

RECHTSGRUNDLAGEN

„Herstellungskosten sind die Aufwendungen, die durch den Verbrauch von Gütern und die Inanspruchnahme von Diensten für die Herstellung eines Vermögensgegenstandes, seiner Erweiterung oder für eine über seinen ursprünglichen Zustand hinausgehende wesentliche Verbesserung entstehen." (§ 255 Abs. 2 Satz 1 HGB)

	Bestandteile der Herstellungskosten	§ 255 HGB R 6.3 EStR
	Materialeinzelkosten Materialgemeinkosten	Pflichtbestandteile
+	Materialgemeinkosten	
+	Fertigungseinzelkosten	
+	Fertigungsgemeinkosten	
+	Sondereinzelkosten der Fertigung	
+	Werteverzehr des Anlagevermögens	
=	Wertuntergrenze	
+	Kosten der allgemeinen Verwaltung	Wahlrechte
+	Aufwendungen für soziale Einrichtungen	
+	Aufwendungen für freiwillige soziale Leistungen	
+	Aufwendungen für betriebliche Altersversorgung	
+	Fremdkapitalzinsen für den Zeitraum der Herstellung	
=	Maximaler Wert	
	Vertriebskosten Forschungskosten	Verbot

Abbildung 24: Ermittlung der Herstellungskosten

Folgebewertung
In den Folgejahren sind in der Bilanz die fortgeführten Anschaffungs- oder Herstellungskosten anzusetzen. Sie werden dazu

- um die planmäßigen Abschreibungen und
- gegebenenfalls um außerplanmäßige Abschreibungen

vermindert.

ACHTUNG

Aufgrund des Maßgeblichkeitsprinzips gelten die handelsrechtlichen Bewertungsmaßstäbe für Anschaffungs- und Herstellungskosten grundsätzlich auch steuerrechtlich.

Einkommensteuerliche Vorschriften oder übergeordnete Bewertungsgrundsätze gehen allerdings diesem Grundsatz voran (Bewertungsvorbehalt).

Abschreibungen
Durch Abschreibungen werden die planmäßigen oder außerplanmäßigen **Wertminderungen** von Vermögensgegenständen des Anlagevermögens erfasst, die beim abnutzbaren Anlagevermögen durch die technische oder wirtschaftliche Nutzung, bei immateriellen Vermögensgegenständen durch Fristablauf entstehen. In besonderen Fällen, z. B. bei Bodenschätzen, kann der Grund für Abschreibungen auch ein Substanzverlust sein.

RECHTSGRUNDLAGEN

„Bei Vermögensgegenständen des Anlagevermögens, deren Nutzung zeitlich begrenzt ist, sind die Anschaffungs- oder Herstellungskosten um planmäßige Abschreibungen zu vermindern." (§ 253 Abs. 1 Satz 1 HGB)

Wenn besondere Gründe für eine Wertminderung vorliegen, , z. B. Höhere Gewalt (Unwetter, Brand), verstärkte Inanspruchnahme (Mehrschichtbetrieb), technischer Fortschritt usw., sind außerplanmäßige Abschreibungen vorzunehmen. Sie dienen der **periodengerechten Gewinnermittlung** durch Ausweis der richtigen Vermögenslage.

MERKE

Im Handels- und im Steuerrecht sind die Bezeichnungen für Abschreibungen unterschiedlich:

Handelsrecht	Steuerrecht
Planmäßige Abschreibungen	Absetzung für Abnutzung Absetzung für Substanzverringerung
Außerplanmäßige Abschreibungen	Absetzung für außergewöhnliche Abnutzung Teilwertabschreibung Sonderabschreibungen

Die Nutzungsdauer der Vermögensgegenstände, die für die Höhe der Abschreibungen entscheidend ist, kann den AfA-Tabellen entnommen werden.

Eine bestimmte **Abschreibungsmethode** ist nicht vorgesehen, die Abschreibungen müssen aber mit den Grundsätzen ordnungsmäßiger Buchführung übereinstimmen. Zwischen unterschiedlichen Vorgehensweisen kann gewählt werden:

- **Lineare Abschreibung:**
  Die Abschreibung erfolgt über die Nutzungsdauer in gleichen Jahresbeträgen.
- **Progressive Abschreibung:**
  Die Abschreibungsbeträge sind zunächst niedrig und steigen dann an (steuerrechtlich nicht zulässig).
- **Degressive Abschreibung:**
  Die Jahresbeträge nehmen mit zunehmender Nutzungsdauer ab (steuerrechtlich nur für die Veranlagungszeiträume 2009 und 2010 zulässig).
- **Leistungsabschreibung:**
  Die Höhe der Abschreibung richtet sich nach der berechneten oder geschätzten Leistung in den Abrechnungsperioden.

ACHTUNG

Die Höhe der Abschreibungen bei der Rechnungslegung und in der Kostenrechnung ist nicht gleich. In der Kostenrechnung werden sie mit den Wiederbeschaffungskosten berechnet und die Nutzungsdauer kann anders sein als in den AfA-Tabellen.

Wenn der Grund für eine außerplanmäßige Abschreibung weggefallen ist, muss zwingend durch eine **Zuschreibung** eine Korrektur der vorgenommenen außerplanmäßigen Abschreibung gemacht werden. Die Obergrenze bilden die Anschaffungs- oder Herstellungskosten, bei Vermögensgegenständen des abnutzbaren Anlagevermögens vermindert um die planmäßigen Abschreibungen. Eine Ausnahme bildet nur der Firmenwert.

Forderungen müssen daraufhin überprüft werden, ob sie Zum Bilanzstichtag noch voll werthaltig sind. Sie werden wertberichtigt, wenn bekannt ist, dass sie vollständig oder teilweise nicht einbringbar sind. Dazu können drei Methoden infrage kommen:

- Die Einzelwertberichtigung korrigiert nur eine spezielle, nicht einbringbare Forderung
- Bei der Pauschalwertberichtigung wird ein pauschaler Prozentsatz auf alle Forderungen abgeschrieben. Er ergibt sich aus Erfahrungswerten der Vergangenheit
- Zunächst werden die notwendigen Einzelwertberichtigungen vorgenommen, danach werden die übrigen Forderungen pauschal wertberichtigt.

2.3.3.4 Bewertungsmethoden

In der Handelsbilanz gilt (§ 252 Abs. 1 Nr. 3) wie in der Steuerbilanz (nach dem Maßgeblichkeitsprinzip und besonders nach § 6 Abs. 1 EStG) grundsätzlich das Prinzip der **Einzelbewertung**. Nach diesem Grundsatz muss jedem Vermögensgegenstand und jeder Schuld zum Bilanzstichtag einzeln der jeweilige objektiv zutreffende Wert beigemessen werden. Dazu sind eine mengenmäßige Einzelerfassung und anschließend eine individuelle Wertzumessung erforderlich. Verrechnungen sind nicht zulässig.

Durch den Grundsatz der Einzelbewertung soll ein Identitätsnachweis ermöglicht und sichergestellt werden, dass notwendige Abschreibungen oder Wertabschläge nicht deshalb unterbleiben, weil anderen Vermögensgegenständen ein höherer Wert beizulegen ist.

Beispiel

Die Specht AG hält zwei unterschiedliche Aktien um Umlaufvermögen, die sie jeweils zum Preis von je 500 € erworben hat. Zum Bilanzstichtag haben sich die Kurse der Aktien unterschiedlich entwickelt: Der Kurs der Aktie XY ist auf 400 € gefallen, der Kurs der Aktie YZ ist auf 600 € gestiegen. Bei der Einzelbewertung

- wird die Aktie XY wegen des Niederstwertprinzips auf 400 € abgeschrieben
- wird die Aktie YZ aufgrund des Anschaffungskostenprinzips weiterhin mit 500 € bewertet.

Würde man die beiden Aktien gemeinsam bewerten, wäre jede (400 € + 600 €) : 2 = 500 € wert und würden nicht abgeschrieben. Das wäre ein Verstoß gegen das Imparitäts- bzw. das Realisationsprinzip.

Weil die Einzelbewertung methodisch nicht immer durchführbar und wirtschaftlich nicht durchgängig vertretbar ist, lässt der Gesetzgeber Ausnahmen zu.

Gruppenbewertung
Gleichartige Vermögensgegenstände des Vorratsvermögens und andere gleichartige oder annähernd gleichwertige Vermögensgegenstände können zu einer Gruppe zusammengefasst werden. Die Bewertung erfolgt mit dem einfachen oder gleitenden Durchschnittswert.

Festwertbewertung
Für einen bestimmten Bestand an Vermögensgegenständen des Sachanlagevermögens sowie für Roh-, Hilfs- und Betriebsstoffe kann an die Stelle der Einzelwerte eine Festmenge zu Festpreisen angesetzt und in der Bilanz über mehrere Jahre **unverändert** fortgeführt werden. Dem Verfahren liegt die Annahme zugrunde, dass sich Zu- und Abgänge wertmäßig in etwa entsprechen. Voraussetzungen sind, dass

- die Gegenstände regelmäßig ersetzt werden,
- der Gesamtwert von nachrangiger Bedeutung ist und
- die Menge, der Wert und die Zusammensetzung des Bestandes nur geringen Veränderungen unterliegen.

Beispiele

Besteck und Wäsche im Hotel, Werkzeuge eines Handwerkers, Bibliotheksbestände

Alle drei Jahre muss eine **körperliche Bestandsaufnahme** erfolgen. Der Festwert muss geändert werden, wenn dabei der Festwert gegenüber dem bisherigen um mehr als 10 % höher liegt. Bei einer Verminderung des Festwertes muss wegen des Niederstwertprinzips die Wertminderung im vollen Umfang berücksichtigt werden.

Bewertungsvereinfachungsverfahren
In einer Sammelbewertung wird bei gleichartigen Vermögensgegenständen des **Vorratsvermögens für die Bewertung** unterstellt, dass sie in einer bestimmten zeitlichen Reihenfolge verbraucht werden oder es erfolgt eine Bewertung mit Durchschnittswerten.

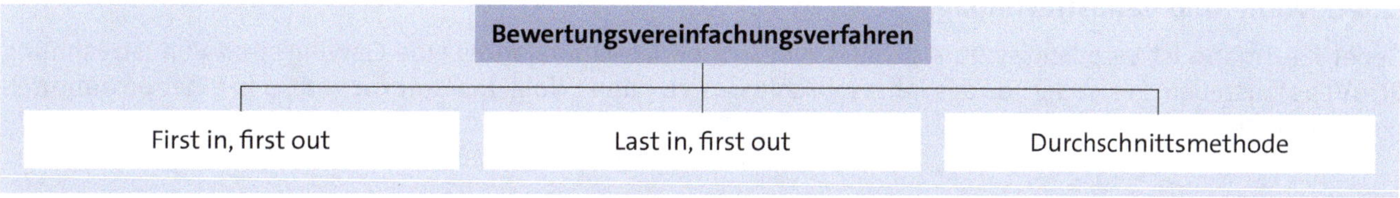

Abbildung 25: Bewertungsvereinfachungsverfahren

- **First in, first out (Fifo)**
  Unterstellt wird, dass die Gegenstände des Vorratsvermögens, die zuerst in das Unternehmen gelangt sind, als erste verbraucht werden.
- **Last in, first out (Lifo)**
  Es wird unterstellt, dass die Gegenstände des Vorratsvermögens, die zuletzt in das Unternehmen gelangt sind, als erste verbraucht werden.
- **Durchschnittsmethode**
  Die Vorräte werden mit Durchschnittspreisen bewertet.

Handelsrechtlich sind diese Verfahren zulässig, wenn es sich um gleichartige Vermögensgegenstände des Vorratsvermögens handelt. Steuerrechtlich sind nur die Durchschnittsmethode und die Lifo-Methode zulässig.

Bewertungswahlrechte
Für einzelne Positionen der Bilanz bestehen Bewertungswahlrechte, der Steuerpflichtige kann also entscheiden, welche Methode er anwendet. Es ergibt sich ein **Ermessensspielraum**, der eine aktive Bilanzpolitik ermöglicht.

MERKE

Bilanzpolitik ist die legale Ausnutzung von Gestaltungsmöglichkeiten während des Geschäftsjahres (Sachverhaltsgestaltung) oder von Wahlrechten zur bewussten Gestaltung des Jahresabschlusses. Sie soll die Adressaten zu einem gewünschten Verhalten beeinflussen.

- **Anschaffungskosten**
  Abhängig vom Einzelfall kommen Einzelbewertung, Durchschnittsmethode, Verbrauchsfolgemethode, Festwertmethode oder Gruppenbewertung in Betracht.
- **Finanzanlagen**
  Abschreibungen auf Finanzanlagen sind – obwohl es sich um Anlagevermögen handelt – auch bei nur vorübergehender Wertminderung zulässig (§ 253 Abs. 3 Satz 6 HGB).
- **Herstellungskosten**
  Über den Mindestansatz hinaus dürfen weitere Bestandteile (z. B. allgemeine Verwaltungskosten und Aufwendungen für die betriebliche Altersversorgung sowie soziale Einrichtungen und Leistungen) bei der Ermittlung der Herstellungskosten einbezogen werden.
- **Abschreibungen**
  Die Höhe der Abschreibungen wird durch die gewählte Nutzungsdauer, die Abschreibungsmethode und die Inanspruchnahme von Vereinfachungen (GWG-Regelungen) beeinflusst.
- **Geringwertige Wirtschaftsgüter**
  GWG dürfen im Jahr ihrer Anschaffung voll abgeschrieben werden (§ 6 Abs. 2 EStG).
- **Rückstellungen**
  Beim Ansatz von Rückstellungen ergeben sich – im Rahmen vernünftiger kaufmännischer Beurteilung – i. d. R. Ermessensspielräume bei der Bestimmung der Höhe und der Eintrittswahrscheinlichkeit der Rückstellung.

  Bei Pensionsrückstellungen kann bei der Festlegung des Abzinsungssatzes zwischen dem durchschnittlichen Marktzinssatz und einer Pauschalierung gewählt werden (§ 253 Abs. 2 HGB).
- **Bewertungsvereinfachungsverfahren**
  Bei gleichartigen Vermögensgegenständen des Vorratsvermögens kommen für die Bewertung Verbrauchsfolgeverfahren und die Durchschnittsmethode in Betracht.

2.4 Gewinn- und Verlustrechnung

Jeder Kaufmann ist verpflichtet, zum Schluss eines jeden Geschäftsjahres eine Gewinn- und Verlustrechnung (GuV) aufzustellen. Sie ist der Teil des Jahresabschlusses, der den Erfolg des Unternehmens in einer bestimmten Periode zeigt.

2.4.1 Aufgaben und Aufbau

Die GuV hat die Aufgabe, die Erfolgsquellen eines Unternehmens nach Art und Höhe erkennbar zu machen. In der zeitraumbezogenen Darstellung wird durch die Erfassung aller in einer Periode angefallenen **Erträge und Aufwendungen** der Jahresüberschuss bzw. Jahresfehlbetrag ermittelt. Die GuV zeigt also aus finanztechnischer Perspektive nach Art, Höhe und Quellen, wie der Erfolg des Unternehmens erreicht worden ist. Überwiegen die Erträge, ist der Erfolg ein Gewinn, überwiegen die Aufwendungen, wird ein Verlust angezeigt.

Die Berechnung kann nach zwei unterschiedlichen Methoden vorgenommen werden mit:

- dem Gesamtkostenverfahren (GKV) oder
- dem Umsatzkostenverfahren (UKV).

Beide sind – alternativ – grundsätzlich für alle Unternehmen anwendbar und beide führen zu demselben Ergebnis, weil die Erträge und Aufwendungen notwendig dieselben sind.

Kapitalgesellschaften müssen die GuV in Staffelform aufstellen, die übrigen Unternehmen können zwischen Staffel- und Kontoform wählen.

2.4.2 Gesamtkostenverfahren und Umsatzkostenverfahren

TIPP

Sehen Sie sich in den §§ 275 ff. HGB die Regelungen zur Aufstellung der Gewinn- und Verlustrechnung und insbesondere die beiden unterschiedlichen Gliederungen an.

Gewinn- und Verlustrechnung			
	Gesamtkostenverfahren	**Umsatzkostenverfahren**	
	§ 275 Abs. 2 HGB	§ 275 Abs. 3 HGB	
1.	Umsatzerlöse	Umsatzerlöse	1.
2.	Bestandsveränderungen	Herstellungskosten zur Erzielung der Umsatzerlöse	2.
3.	andere aktivierte Eigenleistungen		
4.	sonstige betriebliche Erträge	Bruttoergebnis vom Umsatz	3.
5.	Materialaufwand	Vertriebskosten	4.
6.	Personalaufwand	allgemeine Verwaltungskosten	5.
7.	Abschreibungen	sonstige betriebliche Erträge	6.
8.	sonstige betriebliche Aufwendungen	sonstige betriebliche Aufwendungen	7.
	Betriebsergebnis	Betriebsergebnis	
9.	Erträge aus Beteiligungen	Erträge aus Beteiligungen	8.
10.	Erträge aus anderen Wertpapieren Ausleihungen des Finanzanlagevermögens, davon aus verbundenen Unternehmen	Erträge aus anderen Wertpapieren Ausleihungen des Finanzanlagevermögens, davon aus verbundenen Unternehmen	9.
11.	sonstige Zinsen und ähnliche Erträge, davon aus verbundenen Unternehmen	sonstige Zinsen und ähnliche Erträge, davon aus verbundenen Unternehmen	10.
12.	Abschreibungen auf Finanzanlagen und Wertpapiere des Umlaufvermögens	Abschreibungen auf Finanzanlagen und Wertpapiere des Umlaufvermögens	11.
13.	Zinsen und ähnliche Aufwendungen, davon aus verbundenen Unternehmen	Zinsen und ähnliche Aufwendungen, davon aus verbundenen Unternehmen	12.
	Finanzergebnis	Finanzergebnis	
14.	Steuern vom Einkommen und Ertrag	Steuern vom Einkommen und Ertrag	13.
15.	Ergebnis nach Steuern	Ergebnis nach Steuern	14.
16.	sonstige Steuern	sonstige Steuern	15.
17.	Jahresüberschuss/Jahresfehlbetrag	Jahresüberschuss/Jahresfehlbetrag	16.

Abbildung 26: Vergleich der Gliederungen der GuV nach GKV und UKV

Eine tiefere Gliederung ist zulässig, wenn Klarheit und Übersichtlichkeit nicht beeinträchtigt werden.

Für kleine und mittelgroße Kapitalgesellschaften gibt es einige Erleichterungen, die in § 276 HGB geregelt sind. Für Kleinstkapitalgesellschaften ist die Mindestgliederung in § 275 Abs. 5 HGB angegeben.

2.4.2.1 GKV

Beim Gesamtkostenverfahren (§ 275 Abs. 2 HGB) werden alle Aufwendungen, die in der betrachteten Rechnungsperiode bei der **betrieblichen Leistungserstellung** entstanden sind, und alle erzielten Erträge gegenübergestellt. Da Aufwand und Ertrag bei der Herstellung bestimmter Güter nicht notwendig in derselben Periode anfallen, sind Korrekturen bei den Bestandsveränderungen und den anderen aktivierten Eigenleistungen erforderlich. Bestandsminderungen stellen Aufwand dar und Bestandserhöhungen sind Ertrag.

Beispiel

Die Geier AG produziert in einer Periode 200 Dampfkochtöpfe, von denen aber nur 190 verkauft werden. Beim Gesamtkostenverfahren werden die 10 auf Lager produzierten Dampfkochtöpfe als Erträge erfasst.

Ziel dieses produktionsorientierten Verfahrens ist, dass sämtliche **Leistungen** einer Periode allen **Kosten** gegenübergestellt werden. Die Ergebnisquellen sind nach Aufwands- und Ertragsarten gegliedert.

Mit dem Gesamtkostenverfahren kann keine klare betriebswirtschaftliche Erfolgsspaltung erreicht werden, weil eine Trennung nach betrieblichen und betriebsfremden, einmaligen und regelmäßigen, periodeneigenen und periodenfremden Aufwendungen und Erträgen nicht möglich ist.

2.4.2.2 UKV

Das Umsatzkostenverfahren geht von den Umsatzerlösen einer Periode aus. Den Verkäufen werden direkt diejenigen Aufwendungen gegenübergestellt, die für die **tatsächlich verkauften** Produkte angefallen sind. Es erfolgt keine Korrektur der Bestandsveränderungen. Die Erträge und Aufwendungen werden erst beim Absatz der Erzeugnisse ausgewiesen. Die Gesamtleistung einer Periode ist deshalb nicht zu erkennen. Im Anhang müssen zusätzliche Angaben zum Material- und Personalaufwand (§ 285 Nr. 8 HGB) und zu den Abschreibungen auf das Anlagevermögen (§ 284 Abs. 3 HGB) gemacht werden.

Weil die Aufwendungen nicht nach Aufwandsarten, sondern nach Funktionsbereichen gegliedert werden, ist das Umsatzkostenverfahren auf Informationen aus dem internen Rechnungswesen angewiesen. Es ist nur anwendbar, wenn mithilfe einer aussagefähigen Kostenrechnung eine Aufgliederung der Kosten in die Bereiche Herstellung, allgemeine Verwaltung und Vertrieb gewährleistet ist.

MERKE

Beim Gesamtkostenverfahren werden die Kosten nach Kostenarten gruppiert (z. B. Materialkosten, Personalkosten, Abschreibungen).

Beim Umsatzkostenverfahren werden die Kosten nach Funktionsbereichen gruppiert (z. B. Produktion, Vertrieb, allgemeine Verwaltung).

2.5 Besonderheiten bei Personengesellschaften

Zu einer Personengesellschaft schließen sich mindestens zwei – juristische oder natürliche – Personen zur **Erreichung eines gemeinsamen Zweckes** zusammen (Gesellschaft bürgerlichen Rechts, Offene Handelsgesellschaft, Kommanditgesellschaft, Partnerschaftsgesellschaft). Die Gesellschafter haften persönlich und üben i. d. R. auch die Geschäftsführung aus. Personengesellschaften sind keine juristischen Personen. Sie verfügen lediglich über eine eingeschränkte Rechtsfähigkeit.

2.5.1 Ergänzungsbilanz

Ergänzungsbilanzen gibt es nur bei Personengesellschaften im **Steuerrecht**. Sie ergänzen laufende Steuerbilanzen und enthalten Korrekturen von Wertansätzen in Bezug auf den jeweiligen Beteiligungsanteil **einzelner Gesellschafter**.

Dadurch soll eine Mehrfachbesteuerung verhindert und die personelle Zuordnung von stillen Reserven möglich werden, um für steuerliche Zwecke eine zutreffende Erfassung des jeweiligen Beteiligungsanteils der einzelnen Mitunternehmer zu gewährleisten.

ACHTUNG

Der Begriff „Ergänzungsbilanz" ist irreführend, weil sie nur gesellschafterbezogene Wertkorrekturen zum Bilanzansatz in der Steuerbilanz enthält. Wirtschaftsgüter werden nicht ausgewiesen.

Eine Ergänzungsbilanz ist zu erstellen bei

- Gesellschafterwechsel,
- Einbringung einzelner Wirtschaftsgüter in die Personengesellschaft,
- Einbringung von Einzelunternehmen in die Personengesellschaft und
- bei personenbezogenen Steuervergünstigungen, die nicht alle Gesellschafter betreffen.

Ihre größte Bedeutung haben Ergänzungsbilanzen bei einem **Gesellschafterwechsel**. Dieser Vorgang hat für die Gesellschaft selbst keine steuerlichen Konsequenzen, weil das Vermögen regelmäßig mit den bisherigen Buchwerten fortgeführt wird. Der Erwerber übernimmt das (nominelle) Kapitalkonto des Veräußerers.

Allerdings ergeben sich für den erwerbenden und den veräußernden Gesellschafter steuerliche Konsequenzen: Typischerweise ist der Kaufpreis höher als Buchwert. Steuerlich wird dann unterstellt, dass Anteile an den verschiedenen Wirtschaftsgütern erworben werden (nicht eine Beteiligung an der Personengesellschaft). Konsequent sind dem Käufer für die einzelnen Posten des Gesellschaftsvermögens höhere als die buchmäßigen Werte zuzurechnen.

In einer Ergänzungsbilanz wird dann auf der Aktivseite dieser Betrag auf die einzelnen Wirtschaftsgüter aufgeteilt, auf der Passivseite wird der bezahlte Mehrpreis als Mehrkapital ausgewiesen.

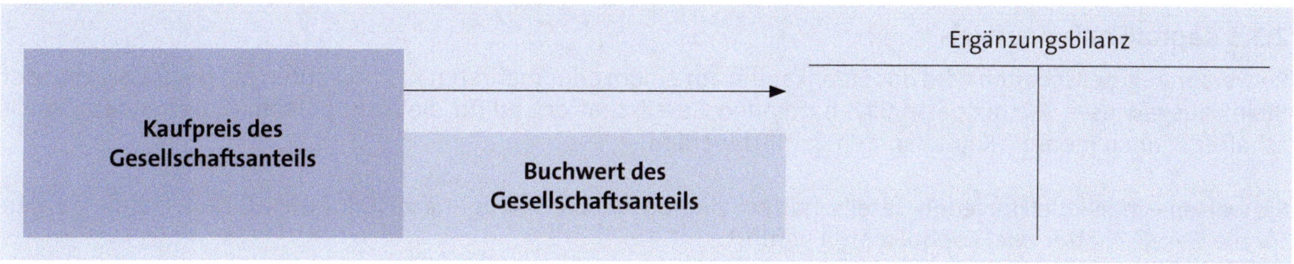

Abbildung 27: Ergänzungsbilanz

Ergänzungsbilanzen sind in den Folgejahren fortzuführen. Ein Mehrbetrag ist nach § 7 Abs. 1 Satz 3 EStG steuerlich über 15 Jahre abzuschreiben.

2.5.2 Sonderbilanz

In einer Sonderbilanz ist für steuerliche Zwecke das Sonderbetriebsvermögen der Mitunternehmer auszuweisen. Dazu gehören

- alle Wirtschaftsgüter, die zivilrechtlich einem Mitunternehmer gehören, aber der Gesellschaft (entgeltlich oder unentgeltlich) **zur betrieblichen Nutzung überlassen** werden und objektiv erkennbar unmittelbar für ihre eigengewerbliche Tätigkeit eingesetzt werden (Sonderbetriebsvermögen I).

  Beispiel

  Ein Mitunternehmer verpachtet ein Grundstück an die Personengesellschaft.

- Wirtschaftsgüter, die der Beteiligung an der Mitunternehmerschaft dienen (Sonderbetriebsvermögen II).

  Beispiel

  Anteile an einer Kapitalgesellschaft, die wegen wirtschaftlicher Verflechtung die Beteiligung des Mitunternehmers an der Personengesellschaft stärkt.

Diese Wirtschaftsgüter werden nicht der Personengesellschaft, sondern dem **Mitunternehmer** zugerechnet. Sie dienen aber dem Betrieb der Personengesellschaft oder der Beteiligung des Miteigentümers an der Personengesellschaft und werden deshalb in die Ermittlung des steuerlichen Gewinns der Personengesellschaft einbezogen.

Die damit im Zusammenhang stehenden Sondervergütungen (z. B. Pacht) sind in der Sonderbilanz auszuweisen.

In der Handelsbilanz der Personengesellschaft dürfen diese Güter nicht ausgewiesen werden. Dort werden nur Vermögensgegenstände erfasst, die der Personengesellschaft gehören (§ 246 Abs. 1 HGB). Das Handelsrecht kennt keine Sonderbilanz.

RECHTSGRUNDLAGEN

„... ist ein Vermögensgegenstand nicht dem Eigentümer, sondern einem anderen wirtschaftlich zuzurechnen, hat dieser ihn in seiner Bilanz auszuweisen." (§ 246 Abs. 1 Satz 2 HGB)

Sonderbilanzen sind für jeden Mitunternehmer aufzustellen, nicht für die Personengesellschaft.

2.5.3 Kapitalkontenausweis

Bei Personengesellschaften wird das Eigenkapital auf einem oder mehreren Kapitalkonten auf der Passivseite der Bilanz ausgewiesen. Für die persönlich haftenden Gesellschafter und für die nicht persönlich haftenden Gesellschafter können mehrere Kapitalkonten geführt werden.

Sie weisen – individuell für jeden Gesellschafter – die von ihm zur Verfügung gestellten Mittel aus. Häufig werden für die Gesellschafter zwei Kapitalkonten geführt:

- Auf dem Kapitalkonto I wird das Festkapital ausgewiesen. Es zeigt das von dem jeweiligen Gesellschafter die im Gesellschaftsvertrag festgelegte Einlage, also den **Anteil am Gesamthandsvermögen** der Gesellschaft. Dieser Wert wird durch Gesetz, Satzung und Vertrag festgelegt, er ändert sich nur ausnahmsweise bei Kapitalerhöhungen oder -minderungen.
- Auf dem Kapitalkonto II werden die Gewinn- und Verlustanteile, ausstehenden Einlagen, **Privatentnahmen** und –einlagen des Gesellschafters verbucht. Diese Position ist variabel und kann auch negativ werden.

RECHTSGRUNDLAGEN

„Am Schlusse jedes Geschäftsjahrs wird auf Grund der Bilanz der Gewinn oder der Verlust des Jahres ermittelt und für jeden Gesellschafter sein Anteil daran berechnet." (§ 120 Abs. 1 HGB)

INFO

Neben dem Zweikontenmodell werden in der Praxis häufig auch ein Dreikontenmodell (mit einem zusätzlichen Gesellschafterdarlehenskonto) und ein Vierkontenmodell (mit einem zusätzlichen Verlustverrechnungskonto) praktiziert.

TIPP

Steuerlich werden zum Eigenkapital auch die Kapitalkonten eines Gesellschafters aus Sonder- bzw. Ergänzungsbilanzen gerechnet.

2.6 Besonderheiten bei Kapitalgesellschaften

2.6.1 Anhang

Bei Kapitalgesellschaften ist der Anhang – mit Ausnahme bei Kleinstkapitalgesellschaften (§ 267a HGB) – Teil des Jahresabschlusses.

RECHTSGRUNDLAGEN

„Die gesetzlichen Vertreter einer Kapitalgesellschaft haben den Jahresabschluss (§ 242) um einen Anhang zu erweitern, der mit der Bilanz und der Gewinn- und Verlustrechnung eine Einheit bildet, ..." (§ 264 Abs. 1 Satz 1 HGB). Zusätzliche Vorschriften für Aktiengesellschaften enthält § 160 AktG.

Der Umfang ist von der Größenklasse abhängig.

Größenklasse	Anhang
Große Kapitalgesellschaften	Pflicht
Mittelgroße Kapitalgesellschaften	Erleichterungen
Kleine Kapitalgesellschaften	Erleichterungen
Kleinstkapitalgesellschaften	Einige Angaben unter der Bilanz

Abbildung 28: Pflicht zur Aufstellung eines Anhangs

Die Informationen des Anhangs **ergänzen** die quantitativen Angaben der Bilanz und der GuV.

TIPP

Lesen Sie dazu die umfangreichen Vorschriften in den §§ 284 - 288 HGB.

Erläutert werden insbesondere die Bilanzierungs- und Bewertungsmethoden, die bei den Posten der Bilanz und der Gewinn- und Verlustrechnung angewandt worden sind.

Beispiele

Angaben zu den Abschreibungsmethoden und zur Ermittlung der Herstellungskosten

Die Entwicklung der einzelnen Posten des Anlagevermögens ist in einer gesonderten Aufgliederung (Anlagegitter) darzustellen.

historische AK/HK	Zugänge	Abgänge	Umbuchungen	Abschreibungen kumuliert	Zuschreibungen	Buchwert 31.12.	Buchwert 31.12. Vorjahr

Abbildung 29: Beispiel Anlagengitter

Im Einzelnen übernimmt der Anhang folgende Funktionen:

- **Erläuterungsfunktion:**
  Angaben im Anhang kommentieren oder interpretieren einzelne Posten der Bilanz und der Gewinn- und Verlustrechnung. Zusätzlich werden z. B. Angaben zu Bilanzierungs- und Bewertungsmethoden (§ 284 Abs. 2 Nr. 1 HGB) gemacht und Änderungen angegeben und begründet. (§ 284 Abs. 2 Nr. 2 HGB).
- **Ergänzungsfunktion:**
  Sie bezieht sich auf zusätzliche Informationen, die weder aus der Bilanz noch aus der Gewinn- und Verlustrechnung entnommen werden können, z. B. die Zahl der Mitarbeiter, die Mitglieder des Vorstandes bzw. die Geschäftsführer und die Mitglieder des Aufsichtsrats, den Zeitraum, über den ein entgeltlich erworbener Firmenwert abgeschrieben wird, und Genussscheine und vergleichbare Wertpapiere.
- **Korrekturfunktion:**
  Zusätzliche Angaben im Anhang stellen die notwendigen Informationen sicher, wenn Bilanz und Gewinn- und Verlustrechnung in besonderen Fällen ein tatsächliches Bild der Vermögens-, Finanz- und Ertragslage (Generalnorm des § 264 Abs. 2 HGB) nicht vermitteln können.
- **Entlastungsfunktion:**
  Weil der Anhang im Jahresabschluss den anderen Teilen gleichgestellt ist, können ohne Informationsverlust Angaben in den Anhang übernommen werden, die sonst in der Bilanz oder Gewinn- und Verlustrechnung gemacht werden müssten. Die werden dadurch entlastet.

Zur Erläuterung und Korrektur dienen überwiegend **verbale Angaben**. Die Entlastungsfunktion ergibt sich ausschließlich durch die Verlagerung von Zahlenangaben in den Anhang. Zur Ergänzungsfunktion können sowohl quantitative (z. B. § 285 Nr. 7 HGB) wie verbale Informationen (vgl. z. B. § 285 Nr. 10 HGB) beitragen.

2.6.2 Lagebericht

Der Lagebericht ist ein rechtlich und funktional **eigenständiges** Instrument zur Information der Adressaten des Jahresabschlusses. Weil der Jahresabschluss aufgrund seiner vergangenheitsorientierten Berichterstattung die tatsächliche Lage des Unternehmens nur eingeschränkt zeigen kann, sind im Lagebericht zusätzlich zur Berichterstattung über den Geschäftsverlauf **zukunftsbezogene Angaben** – besonders zu Chancen und Risiken – zu machen.

RECHTSGRUNDLAGEN

„Ferner ist im Lagebericht die voraussichtliche Entwicklung mit ihren wesentlichen Chancen und Risiken zu beurteilen und zu erläutern; ..." (§ 289 Abs. 1 Satz 4 HGB)

Das Zahlenwerk des Jahresabschlusses wird fundiert erläutert und ergänzt um allgemeine Informationen zur aktuellen und prognostizierten Situation des Unternehmens.

Die Pflicht zur Aufstellung hängt u. a. von der Größenklasse ab.

Größenklasse	Lagebericht
Große Kapitalgesellschaften	Pflicht
Mittelgroße Kapitalgesellschaften	Pflicht
Kleine Kapitalgesellschaften	befreit
Kleinstkapitalgesellschaften	befreit

Abbildung 30: Pflicht zur Aufstellung eines Lageberichtes

Soweit keine gesetzliche Verpflichtung besteht, kann ein Lagebericht auf freiwilliger Basis erstellt werden.

Für den Lagebericht ist kein Gliederungsschema festgelegt, der gewählte Aufbau muss jedoch den Grundsätzen ordnungsmäßiger Buchführung entsprechen. Er enthält – abhängig von den individuellen Vorschriften für das Unternehmen – folgende Teile:

Wirtschaftsbericht
Aus dem Wirtschaftsbericht gehen der Geschäftsverlauf, die Gesamtlage des Unternehmens und die Beurteilung der voraussichtlichen zukünftigen Entwicklung hervor.

Die wesentlichen Einflussfaktoren, die während des Jahres für die wirtschaftliche Lage bedeutend waren, müssen erkennbar sein. Insbesondere müssen die **Ertrags- und Marktentwicklung** und die wesentlichen finanziellen Leistungsindikatoren herausgestellt werden.

Nachtragsbericht
Vorgänge von besonderer Bedeutung, die nach dem Abschlussstichtag entstanden sind (also den Jahresabschluss selbst nicht beeinflusst haben) werden im Nachtragsbericht aufgeführt.

Beispiele

Markteinbrüche oder Marktausweitungen, gesetzliche Auflagen

Prognosebericht
Im Prognosebericht werden die Einschätzungen zur **voraussichtlichen wirtschaftlichen Entwicklung** des Unternehmens – i. d. R. für einen Zeitraum von zwei Jahren – dargestellt. Dazu wird u. a. auf die gesamtwirtschaftlichen Rahmenbedingungen, branchenspezifische Besonderheiten (z. B. Rohstoffversorgung und Preisentwicklung), den Personal- und Sozialbereich und auf den Investitions- und Finanzierungsbereich eingegangen.

Risikobericht
Der Risikobericht enthält Angaben zu Einzelrisiken und eine zusammenfassende Darstellung des **Gesamtrisikos**. Zu den Einzelrisiken zählen z. B. Preisänderungsrisiken, Liquiditätsrisiken, Wechselkurs- und Zinsrisiken, Risiken durch Marktveränderungen und Veränderungen der Wettbewerbsbedingungen sowie besondere Abhängigkeiten bei Produktion, Absatz, Personal oder Investition und Finanzierung. Kapitalmarktorientierte Unternehmen machen auch Angaben zu ihrem Risikomanagementsystem.

Chancenbericht
Analog zum Risikobericht enthält der Chancenbericht Informationen über die Möglichkeiten zur Entwicklung und Steuerung unternehmerischer **Potenziale**.

Forschungsbericht
Der Forschungsbericht enthält Informationen zur Entwicklung der Forschung, zu ihren Ergebnissen und zu den Erfolgspotenzialen. Dazu gehören Angaben zu den Forschungs- und Entwicklungsinvestitionen, zu den bestehenden Forschungs- und Entwicklungseinrichtungen und zur Anzahl der Beschäftigten in diesen Bereichen.

Umweltbericht
Im Umweltbericht werden die betriebliche Umweltpolitik und die entsprechenden innerbetrieblichen Leitlinien beschrieben. Häufig werden Maßnahmen des betrieblichen Umweltschutzes genannt und Angaben zu ihrer zeitlichen Umsetzung und zu ihrer Wirkung gemacht.

Zweigniederlassungsbericht
Unternehmen, die im In- oder Ausland über Niederlassungen verfügen, berichten über Neueröffnung, Verlegung und Schließung von Niederlassungen. Die Zahl der Mitarbeiter und Angaben zu den Umsätzen sollen über die Marktpräsenz des Unternehmens informieren.

Nichtfinanzielle Erklärung
Große Kapitalgesellschaften sind verpflichtet, über wichtige **nichtfinanzielle Leistungsindikatoren** zu berichten. Neben einer kurzen aussagekräftigen Beschreibung des Geschäftsmodells gehören dazu mindestens Erläuterungen zu Umwelt-, Sozial- und Arbeitnehmerbelangen, zur Achtung der Menschenrechte und zur Korruptionsbekämpfung (§ 289c HGB). Auf Risiken, die sehr wahrscheinlich schwerwiegende negative Auswirkungen auf diese Nachhaltigkeitsaspekte haben oder haben werden, ist dabei einzugehen.

INFO

Die Berichtspflichten können auch durch die Aufstellung eines eigenständigen nichtfinanziellen Berichts erfüllt werden. Dazu kann z. B. auf das Rahmenwerk der Global Reporting Initiative (GRI) oder des International Integrated Reporting Council (IIRC) zurückgegriffen werden.

2.6.3 Prüfungspflicht

Große und mittelgroße Kapitalgesellschaften sind gesetzlich verpflichtet, den Einzelabschluss und den Lagebericht unter Einbeziehung der Buchführung von einem Abschlussprüfer prüfen zu lassen, um Unrichtigkeiten und Verstöße gegen gesetzliche Vorschriften aufzudecken.

RECHTSGRUNDLAGEN

„Der Jahresabschluss und der Lagebericht von Kapitalgesellschaften ... sind durch einen Abschlußprüfer zu prüfen." (§ 316 Abs. 1 Satz 1 HGB)

MERKE

„Abschlussprüfer können Wirtschaftsprüfer und Wirtschaftsprüfungsgesellschaften sein. Abschlussprüfer von Jahresabschlüssen und Lageberichten mittelgroßer Gesellschaften mit beschränkter Haftung (§ 267 Abs. 2) oder von mittelgroßen Personenhandelsgesellschaften im Sinne des § 264a Abs. 1 können auch vereidigte Buchprüfer und Buchprüfungsgesellschaften sein." (§ 319 Abs. 1 Satz 1 HGB)

Bei der Jahresabschlussprüfung wird in erster Linie die **Ordnungsmäßigkeit der Rechnungslegung** umfangreich geprüft und anschließend bestätigt. Der Prüfungsbericht enthält eine detaillierte schriftliche Darstellung der Art, des Umfangs und der Ergebnisse der Prüfung. Er wird vom Prüfer unterzeichnet und den gesetzlichen Vertretern vorgelegt (§ 321 Abs. 5 HGB). Der **Bestätigungsvermerk** muss neben der Beschreibung von Gegenstand, Art und Umfang der Prüfung auch eine Beurteilung des Prüfungsergebnisses enthalten. Wenn der Abschlussprüfer Einwendungen erhebt, wird der Bestätigungsvermerk eingeschränkt oder versagt.

2.6.4 Offenlegungs- und Hinterlegungspflicht

Die Pflicht zur Offenlegung ist in den §§ 325 - 329 HGB geregelt. Kapitalgesellschaften und Personenhandelsgesellschaften sind verpflichtet, ihren Jahresabschluss zu veröffentlichen und ihre Rechnungslegungsunterlagen elektronisch beim Betreiber des Bundesanzeigers einzureichen. Durch die Veröffentlichung soll interessierten Personen bzw. Personenkreisen ermöglicht werden, sich ein **zutreffendes Bild** über die wirtschaftliche Situation und die Vermögens-, Finanz- und Ertragslage eines Unternehmens zu machen.

Die Unterlagen müssen innerhalb von längstens zwölf Monaten, von bestimmten kapitalmarktorientierten Unternehmen innerhalb von vier Monaten nach Ablauf des Geschäftsjahrs veröffentlicht werden.

Beispiel

Der Jahresabschluss zum Abschlussstichtag 31.12.2018 ist spätestens am 31.12.2019 beim Betreiber des Bundesanzeigers einzureichen.

Der Bericht des Aufsichtsrats und die Erklärung zum Corporate Governance Kodex (§ 161 AktG) müssen unverzüglich nach ihrem Vorliegen nachgereicht werden.

Die Tabelle gibt einen Überblick über die Offenlegungspflichten in Abhängigkeit von der Größenklasse:

	Kleinst-kapitalgesellschaft	Kleine Kapitalgesellschaft	Mittelgroße Kapitalgesellschaft	Große Kapitalgesellschaft
Bilanz	Kurzform	Kurzform	erweiterte Kurzform	vollständig
GuV	nein	nein	erweiterte Kurzform	vollständig
Anhang	nein	Kurzform	erweiterte Kurzform	vollständig
Lagebericht	nein	nein	vollständig	vollständig
Bestätigungsvermerk	nein	nein	vollständig	vollständig

Abbildung 31: Offenlegungspflichten

INFO

Aktiengesellschaften können zusätzlich einen Geschäftsbericht veröffentlichen, der sich vor allem an die Aktionäre richtet. Er enthält den vollständigen Jahresabschluss und weitere freiwillige, nicht gesetzlich vorgeschriebene Informationen.

Kleinstkapitalgesellschaften haben ein Wahlrecht, ob sie statt der Offenlegung eine **Hinterlegung** der Bilanz vornehmen. Sie erfolgt ebenfalls durch die elektronische Einreichung der Unterlagen beim Betreiber des Bundesanzeigers. Der Einreicher erteilt einen Hinterlegungsauftrag und erklärt, dass die Voraussetzungen einer Kleinstkapitalgesellschaft erfüllt wurden.

Bei einer Hinterlegung erfolgt keine Veröffentlichung der eingereichten Unterlagen im Bundesanzeiger. Sie können nur – nach vorheriger Registrierung – auf Antrag und gegen eine Gebühr vom Unternehmensregister angefordert werden. Eine Begründung oder ein Nachweis über ein begründetes Interesse für die Einsichtnahme ist nicht erforderlich.

Die Regelungen zur Offenlegung gelten auch für Handelsgesellschaften (OHG) und Kommanditgesellschaften (KG), bei denen keine natürliche Person persönlich haftender Gesellschafter ist, und für Genossenschaften, Kreditinstitute, Finanzdienstleister, Versicherungsunternehmen und Pensionsfonds.

Alle Unternehmen, also auch Einzelkaufleute und Personengesellschaften, müssen ihren Jahresabschluss veröffentlichen, wenn an drei aufeinander folgenden Stichtagen jeweils zwei der drei folgenden Merkmale zutreffen:

- Die Bilanzsumme übersteigt 65 Mio. €
- Die jährlichen Umsatzerlöse übersteigen 130 Mio. €
- In den zwölf Monaten vor dem Abschlussstichtag waren durchschnittlich mehr als fünftausend Arbeitnehmer beschäftigt.

2.7 Korrektur der Bilanz

Für eine Bilanzberichtigung gibt es im **Handelsrecht** keine gesetzliche Regelung. Weil für eine rückwirkende Korrektur i. d. R. keine Notwendigkeit besteht, wird sie erst im folgenden Geschäftsjahr durch eine Angleichungsbuchung durchgeführt.

Im **Steuerrecht** führt eine Berichtigung der Bilanz zu einer Änderung des Gewinns und verändert damit die festgesetzte Steuer. Deshalb ist die Bilanzberichtigung in § 4 Abs. 2 EStG geregelt. Danach ergeben sich zwei Möglichkeiten für die Korrektur einer Bilanz:

- **Bilanzberichtigung:** Ein **falscher** Bilanzansatz wird durch einen **richtigen** Bilanzansatz ersetzt. Eine Bilanzberichtigung darf nur vom Steuerpflichtigen vorgenommen werden.
- **Bilanzänderung:** Ein **richtiger** Bilanzansatz wird durch einen **anderen richtigen** Bilanzansatz ersetzt. Eine Bilanzänderung muss in einem engen zeitlichen und sachlichen Zusammenhang mit einer Bilanzberichtigung stehen. Sie ist nur zulässig, wenn sie sich auf den Gewinn auswirkt.

Zu beachten sind die Korrektur- und Verjährungsvorschriften der Abgabenordnung (§§ 130, 131 und 153 AO). Wird ein bereits veröffentlichter Jahresabschluss nach einer Betriebsprüfung rückwirkend geändert, muss auch diese Änderung in gleicher Weise publiziert werden. Steuerliche Auswirkungen sind aber nicht davon abhängig.

2.8 Grundzüge der Mehr-Weniger-Rechnung

Die **Steuerbilanz** wird aus der Handelsbilanz abgeleitet, die beiden Bilanzen sind durch die Maßgeblichkeit miteinander verbunden (§ 5 Abs. 1 Satz 1 EStG). Wenn allerdings (was die Regel geworden ist) die Handelsbilanz Ansätze oder Beträge enthält, die den steuerlichen Vorschriften nicht entsprechen, sind bei der Überleitung **Anpassungen** erforderlich.

Steuerpflichtige haben die Wahl, eine eigene Steuerbilanz aufzustellen oder mithilfe einer Mehr-Weniger-Rechnung vom handelsrechtlichen zum steuerrechtlichen Gewinn überzuleiten. In dieser Anpassungsrechnung werden **außerhalb der Bilanz** Ansätze oder Beträge aus der Handelsbilanz durch Zusätze oder Anmerkungen den steuerlichen Vorschriften angepasst.

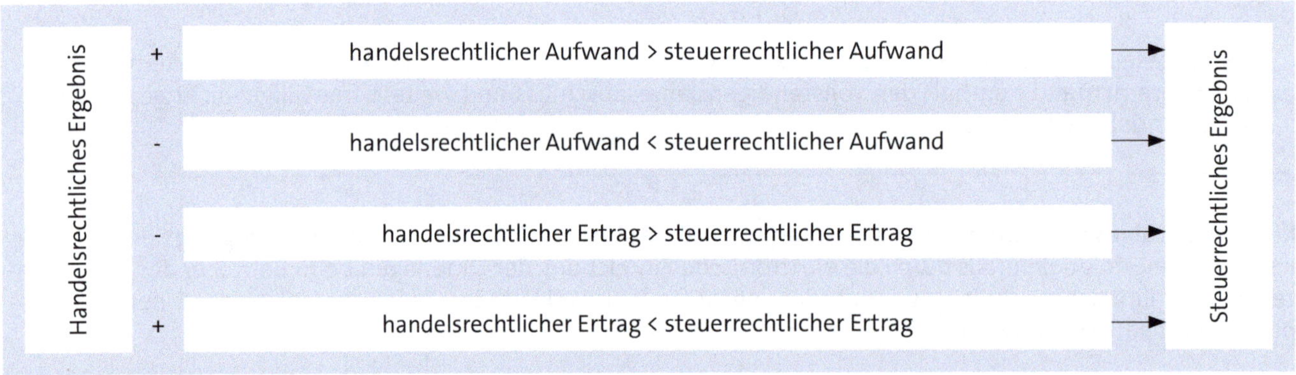

Abbildung 32: Mehr-Weniger-Rechnung

Die erfolgsmäßigen Auswirkungen lassen sich dann einfach darstellen:

	Handelsrechtlicher Jahresüberschuss bzw. -fehlbetrag
+/-	Saldo der Mehr-Weniger-Rechnung
=	**Steuerlicher Gewinn bzw. Verlust**

RECHTSGRUNDLAGEN

„Enthält die Bilanz Ansätze oder Beträge, die den steuerlichen Vorschriften nicht entsprechen, so sind diese Ansätze oder Beträge durch Zusätze oder Anmerkungen den steuerlichen Vorschriften anzupassen.“ (§ 60 Abs. 2 Satz 1 EStDV)

Beispiel

Die Grün AG macht von dem Aktivierungswahlrecht des § 248 Abs. 2 Satz 1 HGB Gebrauch und aktiviert in der Handelsbilanz 300.000 € für selbst geschaffene immaterielle Vermögensgegenstände des Anlagevermögens.

Das ist in der Steuerbilanz verboten (§ 5 Abs. 2 EStG). Nach § 60 Abs. 2 Satz 1 EStDV werden deshalb Zusätze oder Anmerkungen zu dem Posten in der Handelsbilanz gemacht, aus denen hervorgeht, dass der steuerliche Gewinn um 300.000 € niedriger ausfällt.

Alternativ könnte eine Steuerbilanz aufgestellt werden, in der die selbst geschaffenen immateriellen Vermögensgegenstände des Anlagevermögens mit 0 € angesetzt werden.

INFO

Die Mehr-Weniger-Rechnung wird auch bei Änderungen nach einer Betriebsprüfung genutzt.

Kontrollfragen

Worin liegt der Unterschied zwischen Kontenrahmen und Kontenplan?

Welche wesentlichen Funktionen hat die Handelsbilanz?

Warum stimmt die Steuerbilanz i. d. R. nicht mit der Handelsbilanz überein?

Welche Kriterien müssen vorliegen, damit es sich um einen Vermögensgegenstand handelt?

Welche Kriterien müssen vorliegen, damit es sich um eine Schuld handelt?

Was ist die Hauptaufgabe der Gewinn- und Verlustrechnung?

Aus welchen Teilen besteht der Jahresabschluss einer großen Kapitalgesellschaft immer?

Welche Unternehmen müssen einen Lagebericht aufstellen?

Welche unterschiedlichen Zielsetzungen haben die handels- bzw. steuerrechtliche Gewinnermittlung?

Was ist der Unterschied zwischen einem Vermögensgegenstand und einem Wirtschaftsgut?

Wie werden die Herstellungskosten nach HGB (§ 255 Abs. 2 Satz 1) ermittelt?

Welche Verbrauchsfolgeverfahren dürfen zur Vereinfachung der Bewertung von Vorräten in der Steuerbilanz angewandt werden?

Wie lautet der Buchungssatz bei Bildung einer Rückstellung?

Was ist eine Ergänzungsbilanz? Was ist eine Sonderbilanz?

Welche Bewertungsmethoden können Sie nennen?

Welche Funktion haben Abschreibungen?

Übungsaufgaben

Aufgabe 7

Stellen Sie den Unterschied zwischen Gesamt- und Umsatzkostenverfahren dar.

Lösung s. Seite 184

Aufgabe 8

Die Sanitär GmbH stattet ihre Außendienstmitarbeiter mit Werkzeugkästen mit hochwertigem Spezialwerkzeug aus. Sie hat dazu einen Festwert gebildet. Die Bestandsaufnahme zum 31.12.2015 ergab einen Wert von 30.000 €, der auch noch in der Bilanz zum 31.12.2016 ausgewiesen ist. Die notwendige Bestandsaufnahme zum 31.12.2016 ergab einen zutreffend ermittelten Wert von 35.000 €.

Beschreiben Sie, ob die Maßnahmen der Sanitär GmbH korrekt waren und ob Änderungen vorgenommen werden müssen.

Lösung s. Seite 184

Aufgabe 9

Die Spedition Schmitz GmbH unterhält für den eigenen Fuhrpark Treibstofftanks für Dieselkraftstoff. Die Einkäufe des Jahres 2019 sind der Tabelle zu entnehmen:

	Menge in Liter	**Preis je Liter in €**	**Gesamtpreis in €**
Anfangsbestand	1.800	0,94	1.692
Januar	1.000	0,95	950
Februar	1.750	0,98	1.715
März	1.000	0,97	970
April	1.750	0,98	1.715
Mai	1.500	1,02	1.530
Juni	1.500	1,04	1.560
Juli	500	1,03	515
August	1.000	1,06	1.060
September	800	1,08	864
Oktober	1.400	1,09	1.526
November	1.400	1,10	1.540
Dezember	900	1,10	990
Summe	**16.300**		**16.627**

Wie sind die Vorräte i. H. v. 2.000 Litern am 31.12.2019 handelsrechtlich zu bewerten bei Anwendung

- der Durchschnittsmethode?
- der Fifo-Methode?
- der Lifo-Methode?

Lösung s. Seite 185

Aufgabe 10

Schlosser Mayer hat 2018 einen Auftrag für die Herstellung eines Gartentores erhalten, das im Jahre 2019 zum Preis von 600 € zzgl. 19 % USt ausgeliefert werden soll. Herr Mayer stellt das Tor bereits im Jahre 2018 fertig, dabei sind diverse Aufwendungen i. H. v. 500 € angefallen. Mit welchem Betrag ist das Gartentor im Jahresabschluss 2018 zu bewerten?

Lösung s. Seite 185

Aufgabe 11

Die R+R AG produziert Fahrräder. Folgende Informationen liegen dazu vor:

Fertigungsmaterial	100 €
Materialgemeinkosten	10 €
Fertigungslöhne	50 €
Fertigungsgemeinkosten	100 €
Sondereinzelkosten der Fertigung	40 €
Herstellungskosten	300 €
Allgemeine Verwaltungskosten	120 €
Vertriebskosten	30 €
Selbstkosten	450 €
Gewinn	50 €
Verkaufspreis	**500 €**

Zum 31.12.2018 sind Fahrräder fertig gestellt, aber noch nicht ausgeliefert. Mit welchem Wert kann jedes Fahrrad mindestens und höchstens in der Handels- und Steuerbilanz zum 31.12.2018 angesetzt werden?

Lösung s. Seite 185

Aufgabe 12

Beurteilen Sie, zu welcher Größenklasse (§ 267 HGB) die Meise GmbH gehört. Folgende Informationen sind bekannt:

	2017	2018	2019
Bilanzsumme	4.334.079 €	5.322.712 €	5.968.885 €
Umsatzerlöse	11.778.044 €	12.120.662 €	11.989.865 €
Durchschnittlich beschäftigte Arbeitnehmer	120	125	124

Lösung s. Seite 185

Aufgabe 13

Die Sommer AG (Umsatz 1.280.000 €) hat im Jahr 2018 einen Bohrautomaten zum Preis von 48.000 € gekauft.

Für den Transport berechnet der Spediteur 850 €.

Der Verkäufer gewährt 3 % Skonto, den die Sommer AG auch ausnutzt.

Die Transportversicherung verlangt 12 % der Transportkosten.

Für das notwendige Fundament zahlt die Sommer AG 1.500 € an ein Bauunternehmen.

Einen Monat nach dem Kauf wird ein zusätzliches Bohrfutter angeschafft, damit die Maschine wie vorgesehen eingesetzt werden kann. Das Bohrfutter kostet 240 €.

Berechnen Sie die Anschaffungskosten des Bohrautomaten.

Lösung s. Seite 185

Aufgabe 14

Die P&B AG erwirbt eine Pressmaschine, mit der jährlich durchschnittlich 80.000 Motorhauben hergestellt werden sollen. Der Preis beträgt 750.000 € netto, die unterstellte betriebsgewöhnliche Nutzungsdauer beträgt vier Jahre. Im ersten Jahr werden aber nur 60.000 Motorhauben hergestellt.

Ermitteln Sie die Höhe der Abschreibung im ersten Jahr, wenn die Leistungsabschreibung genutzt wird.

Lösung s. Seite 186

C. Internes Rechnungswesen

Das interne Rechnungswesen sichert die innerbetriebliche **Informationsgewinnung**, Adressaten sind primär die Unternehmensleitung und andere Personen oder Stellen im Unternehmen. Sie haben direkten Zugang zu den Informationen, ein besonderer Schutz ist nicht erforderlich. Das interne Rechnungswesen unterliegt deshalb grundsätzlich **keinen gesetzlichen Regelungen** oder anderen bindenden Vorschriften, das Instrumentarium kann ziel- und erkenntnisorientiert an die Anforderungen des jeweiligen Unternehmens angepasst werden.

Das zentrale Teilgebiet des internen Rechnungswesens ist die Kostenrechnung.

In einer Abgrenzungsrechnung wird das Gesamtergebnis aus der Finanzbuchhaltung in das Betriebsergebnis der Kosten- und Leistungsrechnung überführt.

	Externes Rechnungswesen	**Internes Rechnungswesen**
Ziel	Ermittlung des Gesamtergebnisses des Unternehmens	Aussagen über die Wirtschaftlichkeit des Betriebes
Untersuchungsgegenstand	Alle Geschäftsfälle	Nur betriebsnotwendige Geschäftsfälle
Untersuchungsgegenstand	Unternehmen	Betrieb
Gesetzliche Grundlage	Handels- und Steuerrecht	keine
Zeitbezug	vergangenheitsbezogen	gegenwarts- und zukunftsbezogen
Teilgebiete	Buchhaltung, Jahresabschluss	KLR, Planungsrechnung, Statistik
Rechnungsgrößen	Aufwand und Ertrag	Kosten und Leistungen
Ziele	Dokumentation der Vermögens-, Finanz- und Ertragslage	Planung, Steuerung und Kontrolle des Geschäftsverlaufes
Adressaten	Kapitalgeber, Staat, Kunden, Lieferanten, Arbeitnehmer, Öffentlichkeit	Unternehmensführung, Controlling

Abbildung 34: Unterschiede zwischen externem und internem Rechnungswesen

1. Kosten- und Leistungsrechnung

Kosten werden definiert als **wertmäßiger Verzehr der Güter** und Dienstleistungen zur betriebstypischen Leistungserstellung in einer Periode. Damit sind vier Kriterien zu berücksichtigen:

- **Verzehr:** Nur die tatsächlichen Verbräuche werden berücksichtigt
- **Wert:** Je nach Zielsetzung werden Anschaffungs-, Wiederbeschaffungs- oder Verrechnungskosten erfasst
- **Betriebs- bzw. Leistungsbezug:** Verbräuche, die nicht betriebsbezogen sind, werden nicht berücksichtigt
- **Periodenbezug:** Die Verbrauchswerte werden definierten Zeitabschnitten zugeordnet.

MERKE

Die Kostenrechnung erfasst und bewertet den Einsatz der betrieblichen Produktionsfaktoren im Leistungsprozess. Die Leistungsrechnung ermittelt das Ergebnis der Leistungserstellung.

MERKE

Die Kostenrechnung berücksichtigt nur solche Aufwendungen und Erträge, die in einem engen Zusammenhang mit der **betrieblichen Tätigkeit** stehen.

Deshalb können nicht alle Aufwendungen aus der Finanzbuchhaltung unverändert als Kosten übernommen werden. Vier Fälle können unterschieden werden:

- **Grundkosten**
  Aufwand und Kosten fallen in derselben Höhe an.

  Beispiele

  Materialkosten, Personalkosten

- **Anderskosten**
  Aufwand und Kosten unterscheiden sich in der Höhe.

  Beispiele

  Handelsrechtliche Abschreibungen und kalkulatorische Abschreibungen

- **Neutraler Aufwand**
  Dem Aufwand stehen keine Kosten gegenüber.

  Beispiel

  Spenden

- **Zusatzkosten**
  Den Kosten steht kein Aufwand gegenüber.

Beispiele

Kalkulatorischer Unternehmerlohn, kalkulatorische Miete

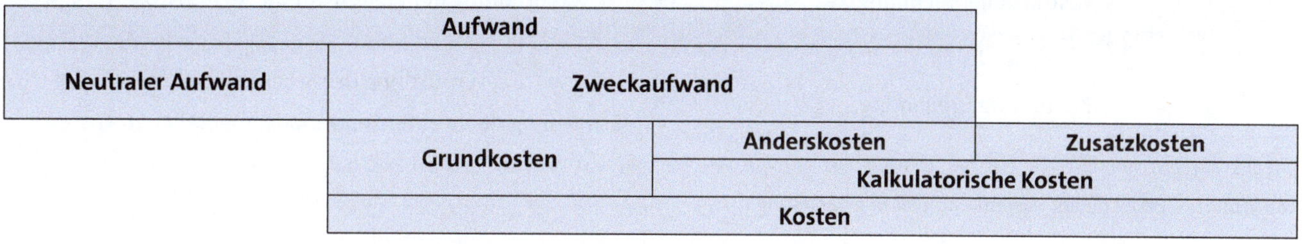

Abbildung 33: Abgrenzung zwischen Finanzbuchhaltung und Kostenrechnung

Alle Überlegungen im Rahmen der Kostenrechnung beziehen sich immer auf **eine Periode**, z. B. ein Jahr oder einen Monat. Um ein vergleichbares und nachvollziehbares Ergebnis ermitteln zu können, ist eine solche Abgrenzung unumgänglich. Die konkrete Ausgestaltung ergibt sich aus den Aufgaben, die sie erfüllen soll, z. B.

- **Planung**
  Betriebsgröße, Kapazitäten, Lagerhaltung und andere wichtige Bereiche werden mit Unterstützung der Kostenrechnung festgelegt.

Beispiel

Die Rot GmbH produziert Küchengeräte. Bevor ein neues Waffeleisen in das Produktionsprogramm aufgenommen wird, werden die notwendigen Kapazitäten festgelegt und die erwarteten Kosten geklärt.

- **Kalkulation**
  Bereitstellung der notwendigen Informationen für die Bestimmung des Verkaufspreises. Für die einzelnen Produkte werden die Stückkosten ermittelt.
- **Kontrolle**
  Durch ständige Überwachung der Prozesse und Kostenstellen durch Soll-Ist-Vergleich, Zeitvergleich oder Betriebsvergleich wird die Wirtschaftlichkeit überprüft.
- **Bewertung der Vorräte**
  Die Bewertung der Bestände der fertigen und unfertigen Erzeugnisse in der Bilanz unterliegt handels- bzw. steuerrechtlichen Vorschriften, deshalb müssen mit der Kostenrechnung die tatsächlichen Werte ermittelt werden.
- **Entscheidungsgrundlage**
  Die Erkenntnisse, die aus den Daten der Kosten- und Leistungsrechnung gewonnen werden, bilden eine wichtige Grundlage für Entscheidungen in den Unternehmen.

1.1 Bereiche der Kostenrechnung

Die **Aufbereitung** und Verarbeitung der Daten aus der Finanzbuchhaltung für die Kostenrechnung erfolgt in drei wesentlichen Schritten:

Kostenartenrechnung	←	Erfassung der Kosten nach Kostenarten
↓		
Kostenstellenrechnung	←	Verteilung der Kosten auf die Kostenstellen
↓		
Kostenträgerrechnung	←	Ermittlung der Stückkosten Ermittlung der in einer Zeitperiode angefallenen Kosten

Abbildung 35: Bereiche der Kosten- und Leistungsrechnung

Die Gesamtkosten werden dabei nach unterschiedlichen Fragestellungen strukturiert und gegliedert:

Welche Kosten sind angefallen?	**Wo sind die Kosten angefallen?**	**Wofür sind die Kosten angefallen?**
Kostenartenrechnung	Kostenstellenrechnung	Kostenträgerrechnung
Die Gesamtkosten werden ...		
... nach ihrer Art aufgeteilt	... auf die betrieblichen Kostenbereiche verteilt	... auf einzelne Produkte aufgeteilt
► Personalkosten ► Materialkosten ► Zinsen ► Abschreibungen ► usw.	► Material ► Fertigung ► Verwaltung ► Vertrieb ► usw.	► Kostenträgerstückrechnung ► Kostenträgerzeitrechnung

Abbildung 36: Behandlung der Gesamtkosten

INFO

Die Notwendigkeit von mehr Kostentransparenz und einer stärkeren Beeinflussung der Kostenhöhe und der Kostenstrukturen erfordert ein permanentes Kostenmanagement. Deshalb sind die Verfahren weiterentwickelt worden und haben zu neuen methodischen Ansätzen geführt.

1.2 Kostenartenrechnung

Die Kostenartenrechnung ist der **Ausgangspunkt** jeder Kostenrechnung. Ihre Aufgabe besteht darin, festzustellen, welche Arten von Kosten in welcher Höhe angefallen sind.

Die Höhe der Kosten ergibt sich aus dem Produkt aus Menge und Wert der verbrauchten Güter.

Beispiele

Kostenart	Verbrauchte Menge	Wert der verbrauchten Menge	Kosten	
Papier	30.000 Blatt	6,40 € je 1.000 Blatt	6,40 • 30	192,00 €
Gas	56,330 kWh	4,88 € je kWh	56,330 • 4,88	274,89 €
Reinigung	312 m^2	12,35 € je m^2	312 • 12,35	3.853,20 €

Abhängig vom Zweck der **Kostenerfassung** können die Kostenarten nach verschiedenen Gesichtspunkten unterteilt werden:

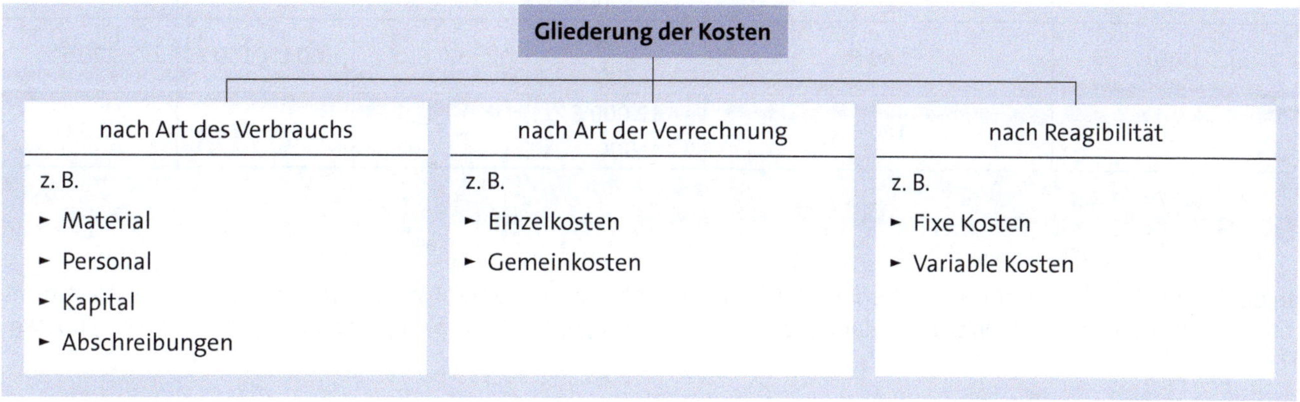

Abbildung 37: Gliederung der Kosten

1.2.1 Einteilung nach der Reaktion auf Beschäftigungsschwankungen

Fixe Kosten werden durch Beschäftigungsschwankungen (Auslastung der Kapazitäten) nicht beeinflusst. Sie sichern – unabhängig von der produzierten Menge – die Betriebsbereitschaft. Sie fallen also in gleicher Höhe auch dann an, wenn gar nicht produziert wird.

Abbildung 38: Fixkosten in Abhängigkeit von der Beschäftigung

Die Fixkosten können definitionsgemäß kurzfristig nicht abgebaut werden, bei einer größeren Stückzahl verteilen sie sich aber auf mehr Einheiten und auf jede einzelne Einheit entfällt ein kleinerer Anteil. Je größer die Ausbringungsmenge ist, desto niedriger sind die fixen Kosten pro Stück. Dadurch sinken die Stückkosten bei steigender Kapazitätsauslastung. Dieser Sachverhalt wird **Fixkostendegression** genannt.

Beispiel

In einer Schreinerei werden Tische produziert. Für die Werkstatt muss eine Miete von 12.000 € gezahlt werden. Die Produktionskosten je Tisch betragen 160 €.

Stückzahl	Variable Stückkosten je Tisch	Fixe Stückkosten je Tisch		Gesamte Stückkosten je Tisch	
100	160 €	$\frac{12.000\ €}{100}$	120 €	120 € + 160 €	280 €
200	160 €	$\frac{12.000\ €}{200}$	60 €	60 € + 160 €	220 €
300	160 €	$\frac{12.000\ €}{300}$	40 €	40 € + 160 €	200 €

In der Realität ist der beschriebene Verlauf der Fixkosten weitgehend unrealistisch, weil er nur für einen bestimmten Kapazitätsbereich gilt. Wenn die Kapazität verändert wird, entstehen **sprungfixe** (auch „intervallfixe") Kosten.

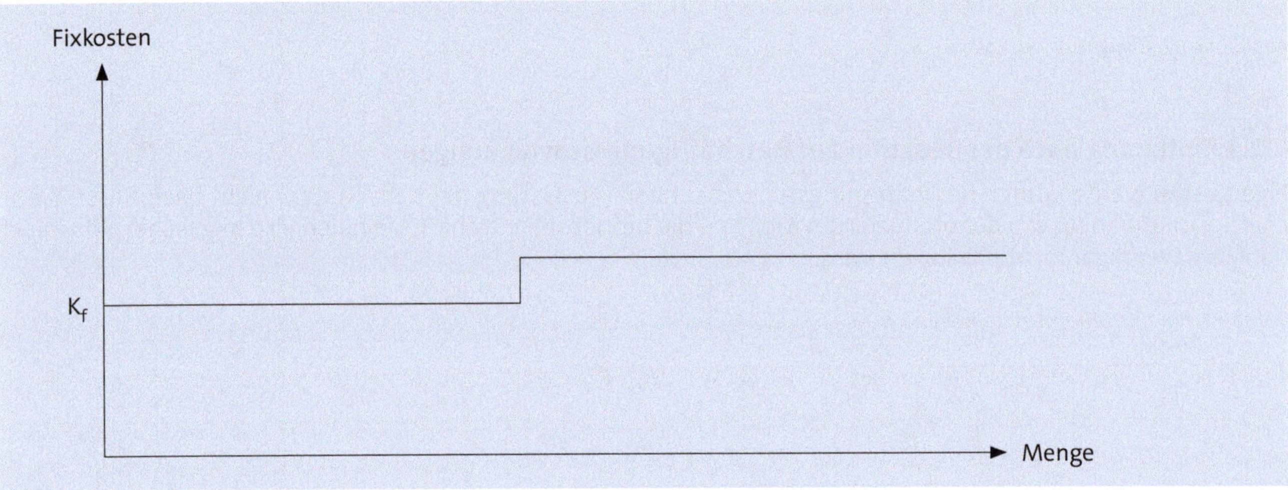

Abbildung 39: Sprungfixe Kosten

Beispiele

Einstellung von zusätzlichen Mitarbeitern, Einsatz einer weiteren Maschine, Anmietung von zusätzlichen Räumen

Variable Kosten verändern sich mit Zunahme oder Abnahme der Ausbringungsmenge. Wenn nicht produziert wird, betragen die variablen Kosten 0 €.

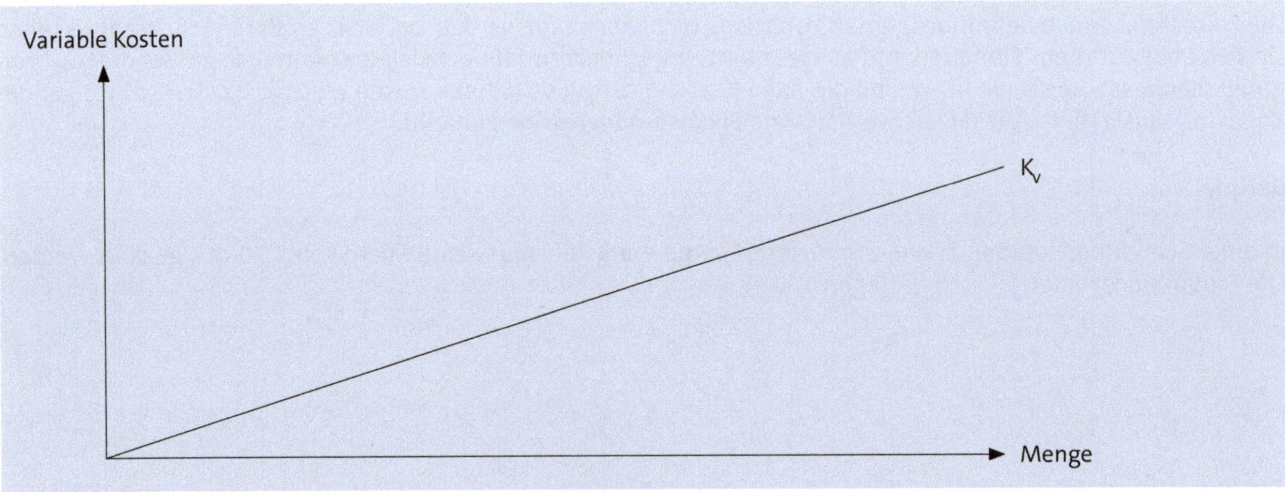

Abbildung 40: Variable Kosten in Abhängigkeit von der Beschäftigung

Beispiele

Materialkosten, Fertigungslöhne, Transportkosten

Bei **Mischkosten** ist eine eindeutige Trennung zwischen Fixkosten und variablen Kosten nicht möglich, sie setzen sich aus variablen und fixen Kostenanteilen zusammen.

Beispiel

Bei Energiekosten wird ein fester Grundpreis gezahlt, dazu ein Preis je verbrauchter Einheit.

Die **Gesamtkosten** K_G entsprechen der Summe aus den Fixkosten K_f und den variablen Kosten je Stück k_v, multipliziert mit der Menge x.

Gesamtkosten = $K_f + (k_v \cdot x)$

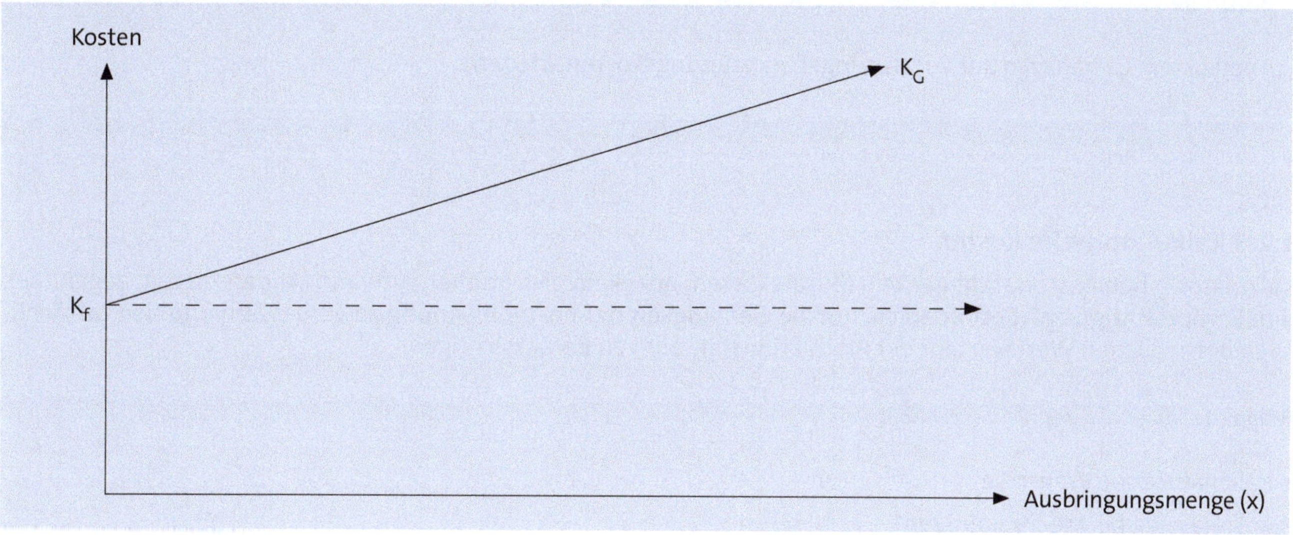

Abbildung 41: Gesamtkosten

1.2.2 Einteilung nach verbrauchten Produktionsfaktoren

Nach den Produktionsfaktoren, die in Anspruch genommen werden, kann unterschieden werden in

	Beispiele
Materialkosten	Roh-, Hilfs- und Betriebsstoffe, Handelswaren
Personalkosten	Löhne und Gehälter, Sozialabgaben
Maschinenkosten	Reparaturen, Wartung, Abschreibungen
Kapitalkosten	Zinsen, Dividenden
Fremdleistungskosten	Beratung, Versicherungen, Reinigung
Öffentliche Abgaben	Steuern und Gebühren

1.2.3 Einteilung nach betrieblichen Funktionsbereichen

Diese Einteilung ordnet die Kosten danach, in welchem Bereich sie entstanden sind:

	Beispiele
Beschaffung	Gehälter Einkauf, Transportkosten
Produktion	Fertigungslöhne, Abschreibung Maschinen
Absatz und Vertrieb	Versandkosten, Werbekosten
Verwaltung	Gehälter Rechnungswesen und Personalabteilung

1.2.4 Einteilung nach der Verrechnung auf Kostenträger

Die Unterscheidung erfolgt danach, ob Kosten direkt einem einzelnen Produkt oder einer einzelnen Leistung zugeordnet werden können oder ob sie gesondert auf die einzelnen Produkte und Leistungen verrechnet werden müssen.

- **Einzelkosten** (auch „Direkte Kosten") können einem Kostenträger (i. d. R. einem Produkt oder einer Dienstleistung) direkt verursachungsgerecht zugerechnet werden.
- **Gemeinkosten** (auch „Indirekte Kosten", „Overheadkosten") können einem Kostenträger nicht direkt zugeordnet werden, weil sie mehrere Bezugsobjekte betreffen. Sie müssen über einen Schlüssel verteilt werden.

Beispiele

Mietkosten, Gehälter in der Verwaltung, Finanzierungskosten, Steuern

1.2.5 Kalkulatorische Kosten

Kalkulatorischen Kosten steht gar kein (Zusatzkosten) oder kein gleichhoher Aufwand (Anderskosten) gegenüber. Ihre Berücksichtigung ist erforderlich, um die Genauigkeit der Kostenrechnung zu verbessern und den tatsächlichen betrieblichen Werteverzehr der Produktionsfaktoren zu berücksichtigen.

Beispiele

- kalkulatorische Wagnisse
- kalkulatorische Abschreibungen
- kalkulatorische Miete
- kalkulatorischer Unternehmerlohn
- kalkulatorische Zinsen.

1.3 Kostenstellenrechnung

Die Kostenstellenrechnung ermittelt, an welcher Stelle im Leistungsprozess die Kosten angefallen sind. Sie **verteilt die Gemeinkosten**, die nicht direkt einem bestimmten Produkt zugeordnet werden können, möglichst verursachungsgerecht auf die Stellen im Unternehmen, an denen die Kosten anfallen. Aufgaben der Kostenstellenrechnung sind deshalb:

- Verteilung der Gemeinkosten auf die Stellen im Unternehmen.
- Innerbetriebliche Leistungsverrechnung zwischen den Kostenstellen.
- Ermittlung der Gemeinkostenzuschläge.
- Vorbereitung der Kalkulation .

Kostenstellen werden nach **Funktionen im Produktionsprozess** gebildet und hierarchisch gegliedert:

Hauptkostenstellen sind organisatorische Einheiten, in denen unmittelbar Leistungen für den Absatzmarkt erbracht werden (Fertigungskostenstellen). Sie geben keine Leistungen an andere Kostenstellen ab.

Beispiele

Montage, Lackiererei

Hilfskostenstellen erbringen Vorleistungen für andere Kostenstellen. Sie dienen nicht unmittelbar der Leistungserstellung, unterstützen aber die Hauptkostenstellen.

Beispiele

Reparaturwerkstatt, Fuhrpark, Lehrwerkstatt

Allgemeine Kostenstellen geben ihre Leistungen vollständig oder fast vollständig an andere Kostenstellen ab. Ihre Kosten werden auf andere Kostenstellen verteilt.

Beispiele

Energieversorgung, Werkschutz

Die in der Kostenartenrechnung erfassten und gegliederten Kosten müssen den Hauptkostenstellen zugeordnet werden. Bei den Einzelkosten ist eine Zuordnung unmittelbar möglich, die **Gemeinkosten** müssen dagegen auf die Kostenträger verteilt werden. Dazu dient der Betriebsabrechnungsbogen (BAB). Er besteht aus einer Tabelle, in der

- die Gemeinkostenarten in den Zeilen und
- die Kostenstellen in den Spalten

dargestellt sind.

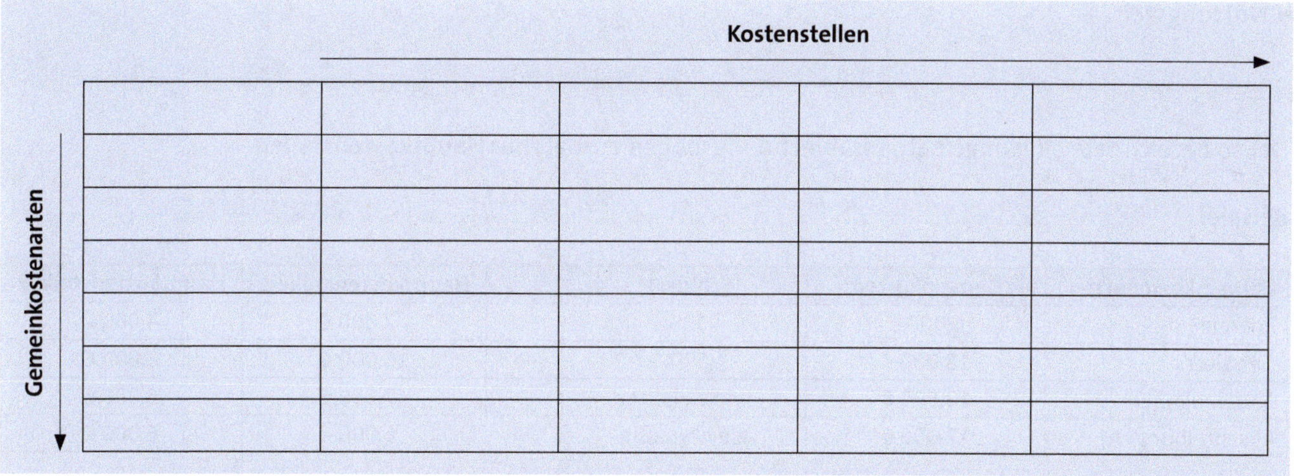

Abbildung 42: Prinzip des Betriebsabrechnungsbogens

Die Vorgehensweise erfolgt in drei Schritten:

1. Die Gemeinkosten aus der Kostenartenrechnung werden – direkt oder mithilfe von Verteilungsschlüsseln – auf die Kostenstellen verteilt.
2. Anschließend erfolgt die innerbetriebliche Leistungsverrechnung zwischen den Kostenstellen.
3. Danach sind alle Kosten auf die Hauptkostenstellen verteilt.

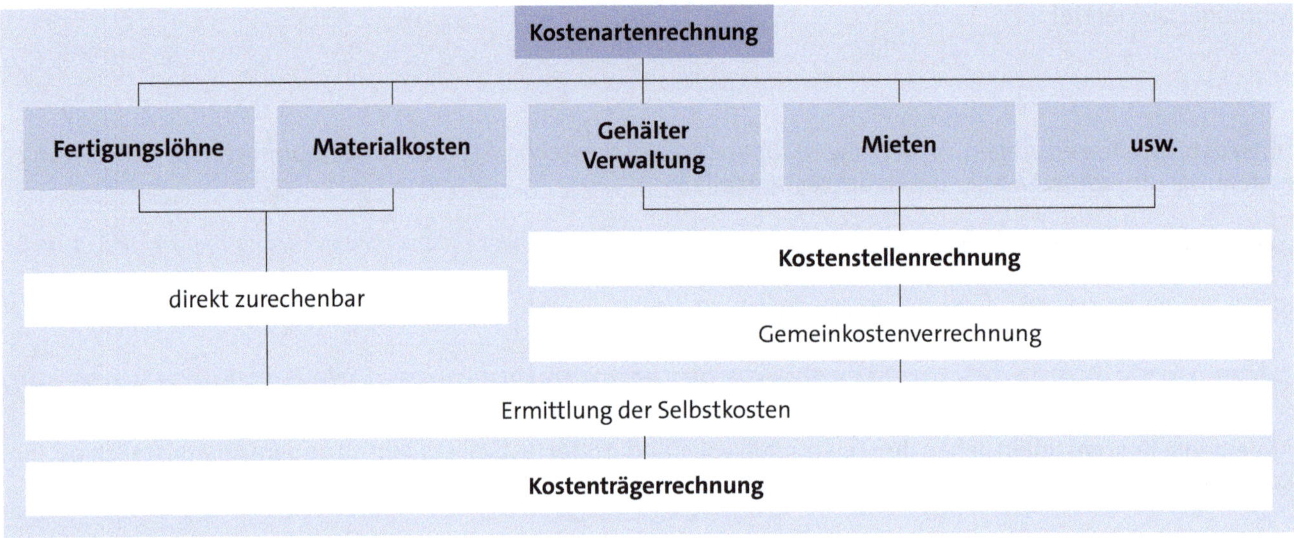

Abbildung 43: System der Kostenverteilung

Das Ergebnis der Kostenverteilung ist entscheidend abhängig von den genutzten **Verteilungsschlüsseln**. Deshalb ergeben sich durch den BAB erhebliche Gestaltungsmöglichkeiten.

Beispiel

Reinigungskosten von Büroräumen können – sinnvoll – nach unterschiedlichen Kriterien verteilt werden, die zu unterschiedlichen Ergebnissen führen:

- Fläche je Raum in m^2
- Zahl der Räume
- Zahl der Nutzer
- Umfang der Verschmutzung
- Nutzungszeit.

Der so bezeichnete einstufige Betriebsabrechnungsbogen enthält **nur Hauptkostenstellen**.

Beispiel

Gemeinkostenarten	Gemeinkosten	Schlüssel		Hauptkostenstelle 1	Hauptkostenstelle 2
Energie	6.000 €	1 : 2	→	2.000 €	4.000 €
Gehälter	18.000 €	5 : 4	→	10.000 €	8.000 €
Sozialabgaben	13.500 €	wie Gehälter	→	7.500 €	6.000 €
Abschreibungen	12.000 €	gleichmäßig	→	6.000 €	6.000 €

Der mehrstufige Betriebsabrechnungsbogen enthält neben den Hauptkostenstellen auch Hilfskostenstellen. Darauf werden Kosten erfasst, die nur mittelbar dem Leistungsprozess dienen und anschließend auf die Hauptkostenstellen **verteilt** werden. Dazu stehen unterschiedliche Verfahren zur Verfügung. Die Skizzen zeigen die Prinzipien:

Beim **Anbauverfahren** werden Leistungsbeziehungen zwischen den Hilfskostenstellen nicht berücksichtigt. Ihre Kosten werden direkt und vollständig auf die Hauptkostenstellen verteilt.

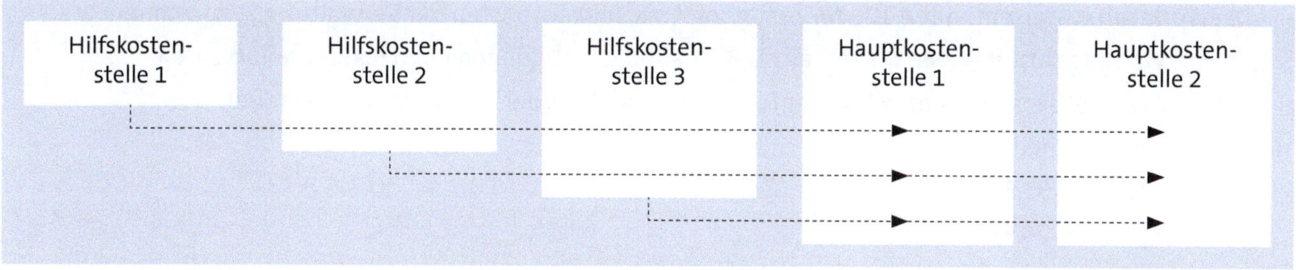

Abbildung 44: Innerbetriebliche Leistungsverrechnung nach dem Anbauverfahren

Beim **„Stufenleiterverfahren"** (auch **Treppenverfahren**) werden einseitige Leistungsbeziehungen zwischen den Allgemeinen Kostenstellen berücksichtigt. Danach werden die Kosten der Allgemeinen Kostenstellen auf die Hauptkostenstellen verteilt.

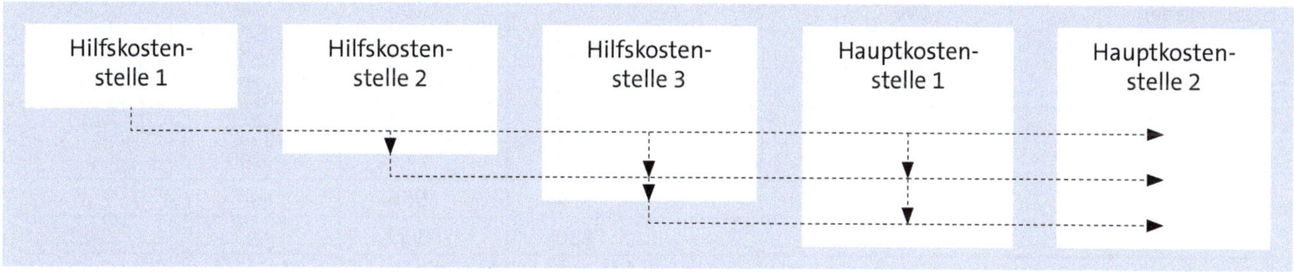

Abbildung 45: Innerbetriebliche Leistungsverrechnung nach dem Treppenverfahren

Beispiel

In einem Produktionsbetrieb werden die Gemeinkosten mithilfe des Stufenleiterverfahrens verteilt (Angaben in €):

		Werkstatt	Fertigung		Verwaltung	Vertrieb
			Fertigung I	Fertigung II		
Gehälter	3.000					
Sozialabgaben	600					
kalk. Abschreibungen	10.000					
Stromkosten	2.400					
Einzelkosten			33.872	26.900		

Dabei gilt:

a) Die Gehälter fallen im Verhältnis 1 : 15 : 10 : 2 : 2 an.

b) Die Sozialabgaben werden im gleichen Verhältnis verteilt.

c) Von den Abschreibungen entfallen 10 % auf die Verwaltung, der Rest gleichmäßig auf die beiden Fertigungsstellen.

d) Die Stromkosten werden nach tatsächlichem Verbrauch verteilt:

Material	100 Kilowattstunden
Fertigung I	400 Kilowattstunden
Fertigung II	500 Kilowattstunden
Verwaltung	100 Kilowattstunden
Vertrieb	100 Kilowattstunden

e) Die Werkstattkosten enthalten 120 für Fertigung I, sie sind ansonsten der Verwaltung zuzurechnen.

f) Die Verwaltungskosten sollen im Verhältnis 3 : 2 auf die Fertigungen I und II aufgeteilt werden.

g) Von den Vertriebskosten werden 280 der Fertigung I, der Rest der Fertigung II zugeordnet.

h) Die Einzelkosten betragen

Fertigung I	33.872
Fertigung II	26.900

Ergebnis:

Betriebsabrechnungsbogen						
		Kostenstellen				
		Werkstatt	Fertigung I	Fertigung II	Verwaltung	Vertrieb
Gehälter	3.000	100	1.500	1.000	200	200
Sozialabgaben	600	20	300	200	40	40
kalk. Abschreibungen	10.000	-	4.500	4.500	1.000	0
Stromkosten	2.400	200	800	1.000	200	200
		320	7.100	6.700	1.440	440
		↳	120	-	200	
			984	656	↵	
			280	160		↵
Gemeinkosten			8.484	7.516		
Einzelkosten			33.872	26.900		

Bei dem **Simultanverfahren** (auch **„Gleichungsverfahren"**) werden die **gegenseitigen** Leistungsbeziehungen berücksichtigt und durch mathematische Gleichungen dargestellt.

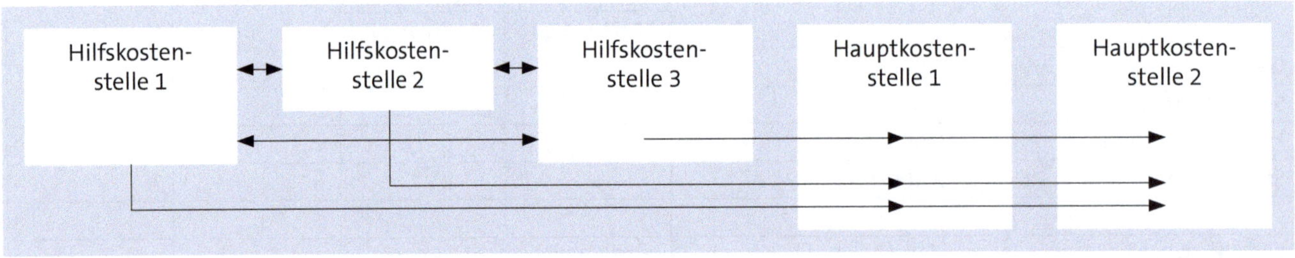

Abbildung 46: Innerbetriebliche Leistungsverrechnung nach dem Simultanverfahren

Ermittlung der Zuschlagsätze

Die Gemeinkosten, die mit dem BAB auf die Hauptkostenstellen verteilt worden sind, werden anschließend auf die Kostenträger verrechnet. Das geschieht durch prozentuale Zuschläge auf die Einzelkosten, wobei unterstellt wird, dass die Gemeinkosten in einem festen Verhältnis zu den Einzelkosten stehen.

Unter der Voraussetzung, dass sich dieses Verhältnis nicht ändert, können auf einfache Weise, nämlich durch Anwendung unveränderter Zuschlagsätze, auch die Kosten in späteren Perioden berechnet werden.

Beispiel

Im obigen Fall ergibt sich (Angaben in €):

	Fertigung I	Fertigung II
Gemeinkosten	8.484	7.516
Einzelkosten	33.872	26.900
Zuschlagsatz	25,05 %	27,94 %

1.4 Kostenträgerrechnung

Mit der Kostenträgerrechnung werden die **Kosten je Produkt** ermittelt. Zwei Grundformen sind gebräuchlich:

- Die **Kostenträgerzeitrechnung** ermittelt die Höhe der Kosten, die innerhalb einer Abrechnungsperiode für ein Produkt angefallen sind.
- Mit der **Kostenträgerstückrechnung**, die auch als **Kalkulation** bezeichnet wird, werden die Kosten errechnet, die für jeweils eine Produktionseinheit der Güter oder Dienstleistungen angefallen sind.

1.4.1 Kostenträgerzeitrechnung

In der Kostenträgerzeitrechnung werden für die Kostenträger die **Kosten einer Abrechnungsperiode** ermittelt. Durch die Gegenüberstellung von Kosten und Leistungen einer Periode wird der kurzfristige Betriebserfolg festgestellt. Nach dem – weit verbreiteten – Umsatzkostenverfahren kann folgendes Berechnungsschema genutzt werden:

	Materialeinzelkosten
+	Materialgemeinkosten
+	Fertigungslöhne
+	Fertigungsgemeinkosten
+	Sondereinzelkosten der Fertigung
=	**Herstellkosten der Erzeugung**
+/-	Bestandsveränderungen
-	aktivierte Eigenleistungen
=	**Herstellkosten des Umsatzes**
+	Vertriebsgemeinkosten
+	Verwaltungsgemeinkosten
=	**Selbstkosten des Umsatzes**
	Umsatzerlöse
-	Selbstkosten des Umsatzes
=	**Betriebsergebnis**

Abbildung 47: Berechnungsschema in der Kostenträgerzeitrechnung

1.4.2 Kostenträgerstückrechnung

Mit der Kostenträgerstückrechnung werden die **Kosten pro Kostenträger** ermitteln. Sie kann als Vorkalkulation, Zwischenkalkulation und Nachkalkulation genutzt werden. Dabei werden verschiedene Kalkulationsverfahren eingesetzt:

Divisionskalkulation
Wenn die Gesamtkosten bekannt sind und **gleichartige Produkte** hergestellt werden, ergeben sich die durchschnittlichen Kosten pro Einheit, wenn man die Gesamtkosten durch eine Mengengröße (Stück, Liter, Kilogramm o. Ä.) teilt. Der Umweg der Kostenzuordnung über einen BAB lässt sich dann vermeiden. Die Divisionskalkulation wird angewandt bei Produkten, die in großer Zahl hergestellt werden.

Beispiel

Die Schwarz GmbH stellt ausschließlich Fahrradständer her. Wenn die ermittelten Gesamtkosten durch die Zahl der hergestellten Fahrradständer geteilt werden, zeigt das Ergebnis, wie hoch die durchschnittlichen Kosten je Fahrradständer sind.

Gesamtkosten pro Monat	350.200 €
Zahl der Fahrradständer	824
Durchschnittskosten pro Fahrradständer	425 €

Die Divisionskalkulation kann keine sinnvollen Ergebnisse mehr liefern, wenn

- verschiedenartige Produkte hergestellt werden
- die Mengen je Zeiteinheit verschieden sind
- die Fertigungstechniken voneinander abweichen.

Kumulative Zuschlagskalkulation
Wenn die Einzelkosten und die Gemeinkosten jeweils nur insgesamt bekannt sind, kann ein einziger Zuschlagsatz zur Verteilung der Gemeinkosten gewählt werden. Er ergibt sich, indem die Summe der Gemeinkosten zur Summe der Einzelkosten in Beziehung gesetzt wird.

Beispiel

In einer Werkstatt werden Bratpfannen hergestellt. Die Summe der Einzelkosten (Wareneinsatz) beträgt in einem Monat 80.000 €, die Summe der Gemeinkosten für den gleichen Zeitraum 60.000 €. Der Zuschlagsatz beträgt dann

$$\frac{60.000\,€}{80.000\,€} \cdot 100 = 75\,\%$$

Bei einem Warenwert von 100 € ergibt sich so ein Gemeinkostenzuschlag i. H. v. 75 €, die Gesamtstückkosten betragen entsprechend 175 €.

Elektive Zuschlagkalkulation
Die Zuschlagkalkulation wird genauer, wenn die Zuschlagsätze für die Gemeinkosten differenzierter, nämlich mit Bezug zwischen der jeweiligen Kostenart und der Kostenstelle ermittelt werden. Je stärker die Gemeinkosten nach Kostenstellen aufgesplittert werden können, desto aussagefähiger ist der ermittelte Gemeinkostenzuschlag.

Äquivalenzziffernkalkulation
Die Äquivalenzziffernkalkulation ist eine Divisionskalkulation, die bei Sortenfertigung eingesetzt werden kann. Die Produkte sind dabei grundsätzlich sehr ähnlich, unterscheiden sich aber in bestimmten Eigenschaften.

Beispiele

- Ein Sägewerk stellt Bretter in verschiedenen Stärken her
- Eine Brauerei stellt verschiedene Sorten Bier her.

Die Kosten für die Produkte sind in diesen Fällen nicht identisch, sie stehen aber in einer festen Beziehung zueinander, weil z. B. die gleichen Einsatzstoffe in unterschiedlicher Menge verwandt werden oder lediglich die Arbeitszeit unterschiedlich ist.

Mit Äquivalenzziffern wird der Unterschied zwischen den Sorten abgebildet. Die Grundsorte (Einheitsprodukt) erhält die Äquivalenzziffer 1, die relativen Unterschiede werden durch den Wert der anderen Äquivalenzziffern ausgedrückt.

Beispiel

Wenn für einen Teller mit 25 cm Durchmesser 20 % mehr Aufwand entsteht als für die Grundsorte mit 20 cm Durchmesser, erhält er die Äquivalenzziffer 1,2.

Beispiel

Bei der Grau AG werden in einer Periode 200.000 Porzellanteller in drei Versionen produziert, die sich lediglich durch ihre Größe unterscheiden. Die Selbstkosten betragen insgesamt 1.800.000 €.

	1	2	3	4	5
	Äquivalenzziffer	**Produktionsmenge in Stück**	**Recheneinheit**	**Stückkosten je Sorte in Euro**	**Selbstkosten je Sorte in Euro**
			(1 • 2)		(4 • 2)
Durchmesser 20 cm	0,8	80.000	0,8 • 80.000 = 64.000	9 • 0,8 = 7,20	7,20 • 80.000 = 576.000
Durchmesser 25 cm	1,0	100.000	1,0 • 100.000 = 100.000	9 • 1,0 = 9,00	9,00 • 100.000 = 900.000
Durchmesser 15 cm	0,6	60.000	0,6 • 60.000 = 36.000	9 • 0,6 = 5,40	5,40 • 60.000 = 324.000
		200.000			1.800.000

Maschinenstundensatzkalkulation

Die Aussagekraft der Zuschlagskalkulation nimmt ab, wenn die Gemeinkosten durch den Einsatz von Maschinen zunehmen. In fertigungsintensiven Produktionsbetrieben ist deshalb ein Kostenverrechnungssatz notwendig, in dem das **Verursachungsprinzip** stärker Berücksichtigung findet. Wenn für einzelne Produkte bekannt ist, in welchem Ausmaß Maschinen in Anspruch genommen werden, bietet sich deshalb als Verrechnungssatz der Maschinenstundensatz an.

$$\frac{\text{Gesamtmaschinenkosten}}{\text{Maschinenstunden}} = \text{Maschinenstundensatz}$$

Beispiel

Anschaffungskosten	800.000 €	Abschreibungen	$\frac{800.000\text{ €}}{8\text{ Jahre}}$	100.000 €
Nutzungsdauer	8 Jahre			
Kalkulatorischer Zinssatz	10 %	Zinskosten	$\frac{800.000\text{ €} \cdot 10}{2 \cdot 100}$	40.000 €
Instandhaltungskosten	300 €/Monat		300 € • 12	3.600 €
Benötigte Fläche	20 m²	Raumkosten	20 • 8 € • 12	1.920 €
Monatliche Raumkosten	8 €/m²			
Energiebedarf	2.000 kWh/Monat	Energiekosten	2.000 • 12 • 0,12 €	2.880 €
Strompreis	0,12 €/kWh			
				148.400 €

Arbeitstage/Jahr	240	Arbeitszeit/Jahr	(240 • 8) - 150	1.770 Std.
Arbeitszeit/täglich	8 Std.			
Stillstandszeiten	150 Std./Jahr			
Maschinenstundensatz			$\frac{148.400\text{ €}}{1.770}$	**83,84 €**

INFO

Die durchschnittlichen kalkulatorischen Zinsen werden mit den halben Anschaffungskosten ermittelt, weil davon ausgegangen wird, dass ein Darlehen gleichmäßig über die Nutzungsdauer zurückgezahlt wird. Die durchschnittliche Zinsbelastung wird dann von der halben Darlehenssumme berechnet.

Die verbleibenden Gemeinkosten werden mithilfe eines allgemeinen Zuschlagsatzes verteilt.

Handelswarenkalkulation

Die Kalkulation in einem Handelsbetrieb unterscheidet sich von der Kalkulation in einem Produktionsbetrieb, weil die Waren eingekauft und unverändert wieder verkauft werden. Ein Produktionsprozess findet nicht statt. Die Kalkulation erfolgt deshalb einheitlich für alle Waren nach dem folgenden Schema:

	Listeneinkaufspreis	Bezugspreis-kalkulation	
-	Lieferrabatt		
=	**Zieleinkaufspreis**		
-	Skonto		
=	**Bareinkaufspreis**		
+	Bezugskosten		
=	**Bezugspreis**		Selbstkosten-kalkulation
+	Handlungskosten		
=	**Selbstkostenpreis**		
+	Gewinnaufschlag	Angebotspreis-kalkulation	
=	**Barverkaufspreis**		
+	Provision		
+	Kundenskonto		
=	**Zielverkaufspreis**		
+	Rabatt		
=	**Listenverkaufspreis**		

Beispiel		
	3.000,00 €	
10 %	300,00 €	
	2.700,00 €	
2 %	54,00 €	
	2.646,00 €	
pauschal	100,00 €	
	2.746,00 €	
51 %	1.400,46 €	
	4.146,46 €	
25 %	1.036,62 €	
	5.183,08 €	= 77 %
20 %	1.548,19 €	
3 %		
	6.731,27 €	= 90 %
10 %	747,92 €	
	7.479,19 €	

Abbildung 48: Schema Handelskalkulation

Die **Handelsspanne** beträgt

$$\frac{\text{Zielverkaufspreis - Bezugspreis}}{\text{Bezugspreis}} \cdot 100 = \frac{6.731{,}27\ € - 2.746{,}00\ €}{2.746{,}00\ €} \cdot 100 = 145{,}13\ \%$$

1.4.3 Prozesskostenrechnung

Bei der Prozesskostenrechnung wird angestrebt, insbesondere die indirekten Kosten aktiv zu beeinflussen und im Sinne eines umfassenden **Kostenmanagements** zu gestalten. Die Prozesskostenrechnung soll

- die Kostentransparenz insbesondere bei den indirekten Kosten erhöhen
- den Ressourcenverbrauch effizienter gestalten
- die Kapazitätsauslastung darstellen
- die Produktkalkulation verbessern

und dadurch strategische Entscheidungen verbessern. Sie wird i. d. R. ergänzend zu traditionellen Kostenrechnungssystemen genutzt.

Durch Analyse des Betriebsablaufes wird die Produktion entlang der **Wertschöpfungskette** in Leistungsbereiche untergliedert, deren Kosten erfasst werden. Die Herausforderung besteht darin, den Teilbereichen und darüber hinaus den konkreteren Detailaktivitäten die genau damit verbundenen Kosten möglichst verursachungsgerecht zuzuordnen. Dadurch wird besser als bei anderen Methoden erkennbar, wo genau **Kostentreiber** die Produktion verteuern. Das ermöglicht eine stellenbezogene und leistungsabhängige **Kostenplanung** und schließlich auch Kostenkontrollen.

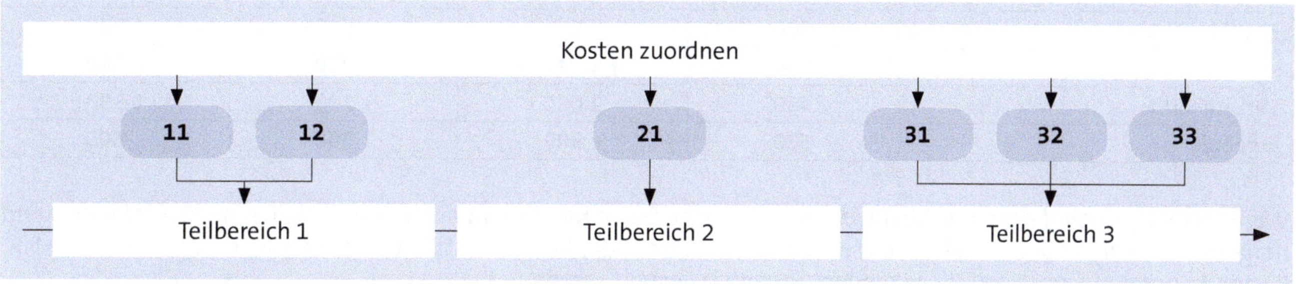

Abbildung 49: Prinzip der Prozesskostenrechnung

Die Prozesskostenrechnung erhöht die **Transparenz**, weil die Kosten nun konkreten Aktivitäten zugeordnet werden können. So können Schwachstellen und Kosteneinsparpotenziale erkannt und die Kostentreiber identifiziert werden, beispielsweise die

- Zahl der Produktvarianten,
- Zahl der Lieferanten,
- Zahl der Aufträge,
- Zahl der unterschiedlichen Bauteile und
- Zahl der Bestellungen.

Die Maßnahmen des Kostenmanagements zur Senkung und Vermeidung von Kosten können kurzfristig erfolgen, aber auch grundsätzliche Maßnahmen wie z. B. Umorganisationen oder Outsourcing nach sich ziehen.

1.5 Teilkostenrechnung

Bei der Vollkostenrechnung werden die gesamten in der Rechnungsperiode angefallenen Kosten auf die Kostenträger verteilt, in der Teilkostenrechnung werden dagegen nur die **variablen Kosten** berücksichtigt. Die fixen Kosten, die von der Ausbringungsmenge unabhängig sind, bleiben unberücksichtigt.

1.5.1 Begründung der Teilkostenrechnung

Die Gründe für die Kostenaufspaltung in fixe und variable Kosten ergeben sich aus den Mängeln der Vollkostenrechnung:

Die Fixkosten, die unabhängig von der Ausbringungsmenge anfallen, entstehen zum großen Teil durch unternehmerische Entscheidungen, z. B. durch Investitionen. Sie werden dadurch nicht verursachungsgerecht auf die Kostenträger verteilt.

Die Gemeinkosten werden den Kostenträgern mithilfe von Verteilungsschlüsseln zugeordnet. Es gibt aber keinen objektiv richtigen Verteilungsschlüssel, das Ergebnis ist deshalb weitgehend willkürlich.

Durch die Verteilung der Fixkosten in der Vollkostenrechnung werden Produkte auch mit Kosten belastet, die sie nicht verursacht haben. Es wird unterstellt, dass zwischen den Einzel- und Gemeinkosten eine proportionale Beziehung besteht.

Die Gemeinkosten sind zeit- und die Einzelkosten sind mengenabhängig. Die Orientierung an den Gesamtkosten führt zu betriebswirtschaftlich falschen Ergebnissen.

Beispiel

In der Kantine der Weiss GmbH sind für das 1. Quartal folgende Werte bekannt:

	Stammessen	**vegetarisch**	**Diät**	**gesamt**
Fertigungsmaterial	1.200	700	1.000	2.900
Variable Fertigungslöhne	80	80	120	280
	1.280	**780**	**1.120**	**3.180**
Fixkostenumlage	600	600	600	1.800
	1.880	**1.320**	**1.720**	**4.980**
Verkaufserlös	2.400	1.080	2.100	5.580
Ergebnis	**520**	**- 300**	**380**	**600**

Wenn der Küchenchef daraus schließt, das vegetarische Essen nicht mehr anzubieten, weil es nicht kostendeckend hergestellt werden könne, bleiben die variablen Kosten für die beiden restlichen Essen unverändert, aber die Fixkosten können nur noch auf diese beiden Angebote verteilt werden:

	Stammessen	**vegetarisch**	**Diät**	**gesamt**
Fertigungsmaterial	1.200	0	1.000	*2.200*
Variable Fertigungslöhne	80	0	120	*200*
	1.280	**0**	**1.120**	***2.400***
Fixkostenumlage	*900*	0	*900*	1.800
	2.120	**0**	***2.020***	***4.200***
Verkaufserlös	2.400	0	2.100	*4.500*
Ergebnis	***220***	**0**	***80***	***300***

Der Vergleich zeigt, dass es die falsche Entscheidung gewesen wäre, das vegetarische Essen nicht mehr anzubieten, denn das Betriebsergebnis insgesamt würde sich verschlechtern.

Die Betrachtungen im Rahmen der Teilkostenrechnung beziehen sich immer auf einen bestimmten **Zeitpunkt**. Wenn die Fixkosten kurzfristig abgebaut werden können oder wenn sie kurzfristig einer anderen Leistung zugeordnet werden können, kann sich ein abweichendes Bild ergeben, das zu neuen Überlegungen führen muss.

1.5.2 Absolute einstufige Deckungsbeitragsrechnung

In der Deckungsbeitragsrechnung werden die Kosten zunächst aufgeteilt in fixe und variable Kosten. Der **Deckungsbeitrag** ist dann definiert als Differenz zwischen Erlösen und variablen Kosten.

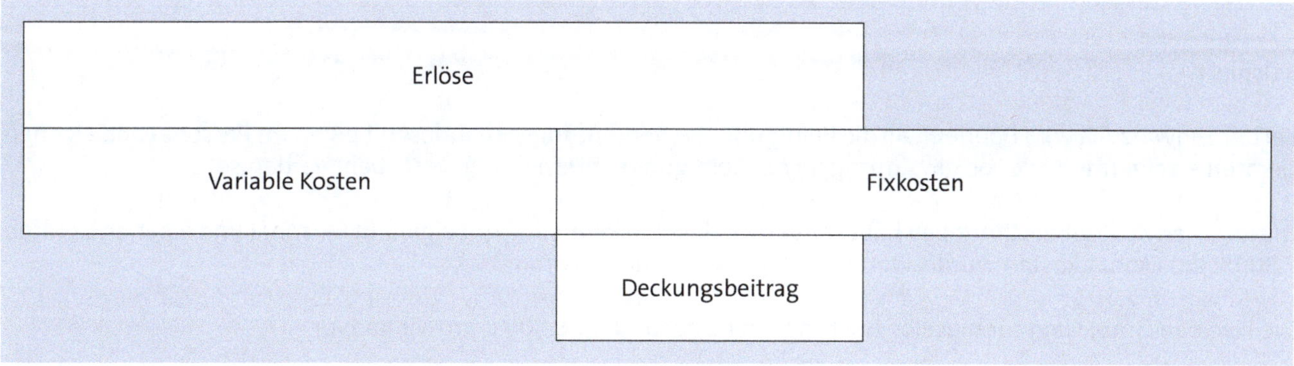

Abbildung 50: Ermittlung des Deckungsbeitrages

MERKE

Der Deckungsbeitrag entspricht dem Erlös, der über die variablen Kosten hinausgeht.

Berechnungstabelle

Gesamtdeckungsbeitrag		Stückdeckungsbeitrag	
	Umsatzerlöse		Verkaufspreis
-	variable Kosten	-	variable Stückkosten
=	**Gesamtdeckungsbeitrag**	=	**Stückdeckungsbeitrag**
-	Fixkosten der Periode	-	fixe Stückkosten
=	**Betriebsergebnis**	=	**Stückergebnis**

Abbildung 51: Berechnungsschema Deckungsbeiträge

$$\text{Stückdeckungsbeitrag (db)} = \frac{\text{Gesamtdeckungsbeitrag}}{\text{Absatzmenge}} \quad \text{oder} \quad = \frac{DB}{x}$$

1.5.4 Deckungsbeitragsrechnung als Entscheidungsrechnung

Eine Deckungsbeitragsrechnung kann als Teilkostenrechnung die Vollkostenrechnung nicht ersetzen. In bestimmten Fällen aber führt sie zu dem betriebswirtschaftlich **einzig sinnvollen** Ergebnis.

Fremdbezug oder Eigenfertigung

Bei der Entscheidung, ob ein Produkt oder eine Leistung selbst erbracht oder bezogen werden soll (**„make or buy“**), spielen Fixkosten keine Rolle, weil sie auf jeden Fall anfallen. Entscheidungsrelevant sind allein die variablen Kosten.

Beim Fremdbezug tritt an die Stelle der variablen Produktionskosten je Stück der Bezugspreis, es fallen also nur variable Kosten an.

MERKE

Ein Fremdbezug ist günstiger, wenn der Bezugspreis je Stück niedriger ist als die variablen Stückkosten.

Beispiel

Bei der Schwarz AG wird überlegt, ob die Reinigung des Verwaltungsgebäudes mit eigenem Personal und eigenen Geräten erfolgen soll oder ob ein Auftrag an ein Reinigungsunternehmen vergeben werden soll.

Die internen Kostenberechnungen haben ergeben, dass die Reinigung mit eigenem Personal und eigenen Geräten 7.500 € pro Monat kosten würde, worin 1.500 € Fixkosten enthalten sind.

Die Fixclean GmbH legt für dieselbe Leistung ein Angebot über 6.500 € pro Monat vor.

Entgegen erstem Anschein wird die Entscheidung zu Gunsten der Eigenleistung fallen, weil nur die variablen Kosten zu berücksichtigen sind, die mit 6.000 € niedriger liegen als das Angebot von 6.500 €.

Annahme eines neuen Auftrags
Bei vorhandenen Kapazitäten kann mithilfe der Deckungsbeitragsrechnung entschieden werden, ob ein Auftrag auch dann angenommen werden sollte, wenn die Vollkostenrechnung ergibt, dass **nicht alle Kosten gedeckt** sind.

Beispiel

Die Tungsten KG kalkuliert den Barverkaufspreis für einen Kühlschrank. Eine Kunde will maximal 540,00 € bezahlen.

	Vollkostenrechnung:			
	Bezugspreis		420,00 €	
+	variable Handlungskosten	15 %	63,00 €	
+	fixe Handlungskosten	21 %	88,20 €	
=	Selbstkosten		571,20 €	
+	Gewinnzuschlag	20 %	114,24 €	
=	Barverkaufspreis		685,44 €	
	Angebot des Kunden		540,00 €	
-	Selbstkosten		571,20 €	
=	**Verlust**		**31,20 €**	**Ablehnung des Auftrags**
	Teilkostenrechnung:			
	Bezugspreis		420,00 €	
+	variable Handlungskosten		63,00 €	
=	variable Selbstkosten		483,00 €	
	Barverkaufspreis		540,00 €	
=	**Beitrag zur Deckung der Fixkosten**		**57,00 €**	**Annahme des Auftrags**

Der Auftrag wird (bei freien Kapazitäten) angenommen, weil die variablen Kosten gedeckt sind und zusätzlich noch 57,00 € als Beitrag zur Deckung der Fixkosten verbleiben.

MERKE

Solange ein positiver Deckungsbeitrag erzielt wird, sollte bei konstanten Fixkosten ein zusätzlicher Auftrag angenommen werden.

1.6 Plan-, Normal und Ist-Kostenrechnung

1.6.1 Normalkostenrechnung

Die Normalkosten basieren auf den durchschnittlichen Istkosten mehrerer **vergangener Perioden**. Sie sind dadurch um Schwankungen und außergewöhnliche Vorfälle weitgehend bereinigt.

MERKE

Die Normalkostenrechnung nutzt die tatsächlich ermittelten durchschnittlichen Istkosten aus vergangenen Perioden.

Die Gegenüberstellung von Ist- und Normal-Gemeinkosten zeigt, ob im Vergleich mit vergangenen Perioden eine Über- oder Unterdeckung vorliegt.

Beispiel

	Material	Personal
Bezugsgrundlage	200.000 €	120.000 €
Normal-Gemeinkostenzuschlag	90 %	60 %
Normal-Gemeinkosten	180.000 €	72.000 €
Ist-Gemeinkosten	186.000 €	65.000 €
beurteilungsbezogene Unterdeckung	- 6.000 €	
beurteilungsbezogene Überdeckung		+ 7.000 €
Beurteilung	ungünstig	günstig

Bei Anwendung der Normalkostenrechnung ist nicht erkennbar, welche Kosten für einen Kostenträger tatsächlich entstanden sind. Beschäftigungsschwankungen können nur berücksichtigt werden, wenn die durchschnittlichen Istkosten in ihren variablen und fixen Anteil aufgespalten werden.

1.6.2 Plankostenrechnung

Mit der Plankostenrechnung können zukünftige Kosten für eine bestimmte Planungsperiode im Voraus geplant werden. Dazu werden die Istkosten mit den vorher ermittelten Plankosten verglichen. Die Plankosten sind dabei das Produkt aus der geplanten Verbrauchsmenge und den Planpreisen:

$$K_P = M_P \cdot P_P$$

MERKE

Bei der Plankostenrechnung werden die Kosten nicht aus der Vergangenheit abgeleitet, sondern sind das Ergebnis der betrieblichen Planung.

Starre Plankostenrechnung
Die starre Plankostenrechnung geht von einer konstanten Beschäftigung aus. Es erfolgt keine Aufteilung in fixe und variable Kosten. Unter diesen vereinfachten Annahmen ist der Plan-Kalkulationssatz einfach zu ermitteln:

$$\text{Plan-Kalkulationszinsatz} = \frac{\text{Plankosten}}{\text{Planbeschäftigung}}$$

Die Ermittlung der verrechneten Plankosten bei Istbeschäftigung erfolgt durch dann durch einfache Multiplikation:

$$\text{Verrechnete Plankosten bei Istbeschäftigung} = \frac{\text{Istbeschäftigung} \cdot \text{Plankosten}}{\text{Planbeschäftigung}}$$

Diese einfache Form der Plankostenrechnung ist nur anwendbar, wenn

- die Fixkosten vernachlässigbar gering sind.
- Ist- und Planbeschäftigung übereinstimmen. Andernfalls lassen sich Verbrauchsabweichungen nicht isolieren.

Flexible Plankostenrechnung
Die flexible Plankostenrechnung berücksichtigt unterschiedliche **Beschäftigungsgrade**, die sich z. B. durch niedrigere als die erwarteten Absätze ergeben können. Die Planwerte können so auf den Ist-Beschäftigungsgrad umgerechnet werden. Die Sollkostenfunktion lautet dann

$$K_S(X) = K_f + K_v \cdot X$$

Mit dieser Funktion können die Plankosten für Planbeschäftigung ermittelt und dann mit den Istkosten K_I bei Istbeschäftigung verglichen werden. Die Abweichung zwischen den Sollkosten K_S und den Istkosten K_I wird als **Verbrauchsabweichung** ΔV bezeichnet.

$$K_I - K_S = \Delta V$$

Sie zeigt, in welchem Umfang der Verbrauch über oder unter den Plandaten liegt.

Beschäftigungsabweichungen ΔB ergeben sich aus der Differenz zwischen Ist- und Planbeschäftigung, also den Sollkosten K_S und den proportional verrechneten Plankosten K_{verr}.

$$\Delta B = K_S - K_{verr} = K_S - K_P \cdot \frac{X_I}{X_P}$$

Die Beschäftigungsabweichung ist durch das Unternehmen nur bedingt zu beeinflussen, weil es auf die Auftragslage nur begrenzt, z. B. durch das Marketing, Einfluss hat.

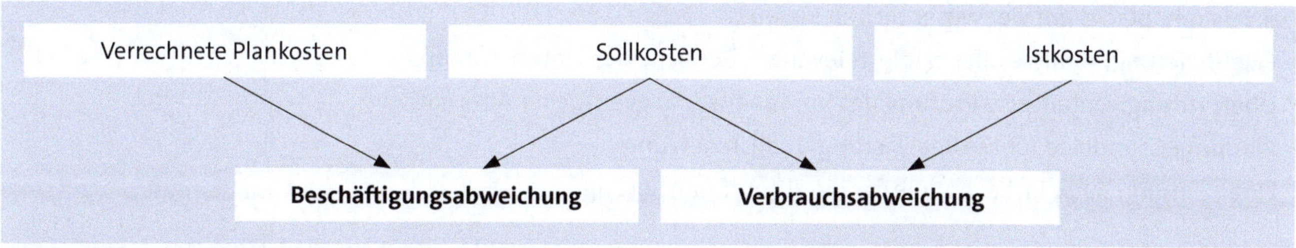

Abbildung 52: Beschäftigungs- und Verbrauchsabweichung

Beispiel

Die Klar AG stellt Kochtöpfe her. Sie plant für die nächste Periode die maximal mögliche Produktion von 10.000 Stück. Dafür werden 60.000 € Fixkosten und 90.000 € variable Kosten ermittelt. Tatsächlich werden in der Periode nur 8.000 Kochtöpfe hergestellt. Die Istkosten betragen 142.500 €.

Verrechnete Plankosten	$(60.000\,€ + 90.000\,€) \cdot \frac{8.000\text{ Stück}}{10.000\text{ Stück}}$	120.000 €
Sollkosten	$60.000\,€ + \left(90.000\,€ \cdot \frac{8.000\text{ Stück}}{10.000\text{ Stück}}\right)$	132.000 €

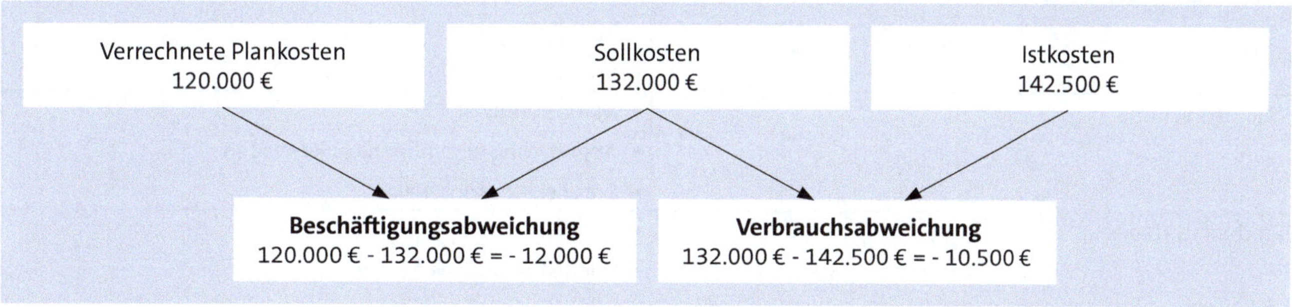

Die Beschäftigungsabweichung ergibt sich durch die Leerkosten der nicht genutzten Kapazitäten. Die Verbrauchsabweichung ist besonders kritisch zu sehen, weil die tatsächlichen Kosten höher sind als die erwarteten 120.000 € (80 % von 150.000 €).

1.6.3 Erstellen eines Businessplanes

Jede Geschäftsidee wird individuell entwickelt und umgesetzt. In einem Businessplan wird sie **systematisch** in all ihren Ausprägungen dargestellt. Er soll alle wichtigen Aspekte der unternehmerischen Tätigkeit enthalten und veranschaulichen, wie und womit das Unternehmen den **angestrebten Erfolg** erzielen will.

INFO

Der Businessplan ist nicht nur Voraussetzung für eine Neugründung, sondern hat sich zu einem Instrument der Unternehmensführung entwickelt.

Der Businessplan dient vier wesentlichen Zielen:

- **Qualifizierung:** Analyse aller erfolgsrelevanten Bereiche des Unternehmens
- **Überprüfung:** Detaillierte Prüfung des Vorhabens und eventueller Alternativen
- **Planung:** Grundlage für die Realisierung und Umsetzung
- **Finanzierung:** Basis insbesondere für die Fremdfinanzierung.

Der Businessplan gibt zunächst einen kurzen Überblick auf ca. drei Seiten. Ein ausführlicherer Teil enthält dann (auf 20 bis 30 Seiten) detaillierte Angaben:

Businessplan	
Inhalt	**Beispiele**
Historie	► Gründer ► Gründungsdatum ► Unternehmensgeschichte
Unternehmensorganisation	► Rechtsform ► Statuten/Verträge ► Beteiligungen ► Kapitalstruktur, Kapitalgeber
Beschreibung des Vorhabens	► Unternehmenszweck ► Beteiligungen ► Standort
Marktforschung	► Marktpotenzial ► Abgrenzung gegenüber Konkurrenten ► Entwicklungspotenzial
Produktstrategie	► Kundennutzen ► Alleinstellungsmerkmale ► Stärken und Schwächen ► Schutzrechte ► Konkurrenz ► Weiterentwicklungen
Preisstrategie	► Wettbewerbssituation ► Kostenplanung ► Besondere Konditionen
Kommunikationsstrategie	► Zielgruppen ► Werbemaßnahmen ► Öffentlichkeitsarbeit
Distributionsstrategie	► Zielgruppen ► Vertriebskanäle
Management	► Motive der Gründer ► Qualifikation ► Position im Unternehmen ► Anteile am Unternehmen
Organisation	► Personalausstattung ► Lohnpolitik ► Logistik

Businessplan	
Inhalt	**Beispiele**
Finanzplanung	► Kapitalbedarfsplan ► Eigen- und Fremdmittel ► Investitionsplanung ► Liquiditätsplanung ► Rentabilitätsvorschau ► Kostenstruktur ► Fremdproduktion ► Materialeinkauf
Chancen und Risiken	► Ausfall des Managements ► Störung oder Ausfall der Produktion und des Vertriebs ► Produkthaftpflicht ► Gesetzesänderungen, gesetzliche Auflagen ► Markttrends, konjunkturelle Entwicklung

Abbildung 53: Bestandteile eines Businessplans

1.7 Festlegung von Preisgrenzen

Für absatzmarktorientierte Entscheidungen stellen Preisuntergrenzen kritische Werte dar, weil bei einer Unterschreitung die langfristige **Existenz des Unternehmens gefährdet** werden kann. Betriebswirtschaftlich wird zwischen einer kurz- und einer langfristigen Preisuntergrenze unterschieden.

1.7.1 Kurzfristige Preisuntergrenze

Die kurzfristige Preisuntergrenze für ein Produkt liegt dort, wo die variablen Kosten gerade noch gedeckt sind, die fixen Kosten werden aber nicht berücksichtigt. Dann ist der Deckungsbeitrag, also die Differenz zwischen dem Erlös pro Stück und den variablen Kosten pro Stück, genau Null.

Kurzfristige Preisuntergrenze = variable Kosten pro Stück

Preis - variable Kosten pro Stück = 0

Beispiel

Bei der Rabe GmbH beträgt die Produktions- und Absatzmenge 2.000 Stück. Zu den Kosten ist bekannt:

	Variable Kosten	Fixe Kosten
Materialkosten	270.000 €	
Personalkosten	180.000 €	
Vertriebskosten	90.000 €	
Personalkosten		105.000 €
Verwaltungskosten		195.000 €
	540.000 €	**300.000 €**

Die kurzfristige Preisuntergrenze liegt bei $\frac{540.000\text{ €}}{2.000} = 270\text{ €}$.

Ein Unternehmen, das ein Produkt zu einem Preis in Höhe der variablen Kosten verkauft, erzielt einen – kalkulierten – Verlust in Höhe der Fixkosten. Deshalb können Produkte nur in Ausnahmefällen zum Preis der variablen Kosten verkauft werden.

1.7.2 Langfristige Preisuntergrenze

Langfristig müssen alle Kosten, also die variablen und die fixen, **gedeckt** sein. Deshalb gilt für die langfristige Preisuntergrenze

Preis - (variable + fixe Kosten pro Stück) = 0

Weil die gesamten Fixkosten konstant sind, sinken bei steigender Stückzahl die Gesamtkosten je Stück. Damit ist die langfristige Preisuntergrenze unmittelbar abhängig von der Ausbringungsmenge.

Beispiel

Die gesamten Kosten betragen im Beispiel oben 840.000 €. Langfristig errechnen sich bei unterschiedlichen Ausbringungsmengen unterschiedliche Preisuntergrenzen:

Ausbringungsmenge	Gesamtkosten	Gesamtkosten pro Stück	
1.000 Stück		$\frac{840.000\ €}{1.000}$	840 €
1.500 Stück		$\frac{840.000\ €}{1.500}$	560 €
2.000 Stück	840.000 €	$\frac{840.000\ €}{2.000}$	420 €
2.500 Stück		$\frac{840.000\ €}{2.500}$	336 €
3.000 Stück		$\frac{840.000\ €}{3.000}$	280 €

1.7.4 Anlegen von monatsfeinen Abgrenzungspositionen

Damit die Kostenrechnung ihre Aufgaben (vgl. dazu >> Kapitel C. 1) erfüllen kann, muss ihr zeitlicher Bezug festgelegt werden. Die Ermittlung eines **Periodenerfolges** kann erst durch eine sinnvolle Periodenabgrenzung gewährleistet werden. In vielen Fällen ist eine Jahresbetrachtung ungeeignet, weil damit die Grundlagen für Planungen und Entscheidungen zu spät vorlägen.

Nach dem Grundsatz der **Periodenabgrenzung** werden Kosten – unabhängig von dem Zeitpunkt, zu dem die entsprechenden Aufwendungen entstanden sind – erfasst, wenn sie tatsächlich anfallen. Entscheidend ist die eindeutige Zuordnung zu einer Rechnungsperiode.

Je kürzer aber die Bezugsperiode gewählt wird, desto schwieriger ist die eindeutige Zuordnung der Kosten, weil die Wahrscheinlichkeit erhöht wird, dass sich Aufwendungen bzw. Erträge und daraus resultierend Kosten und Leistungen auf mehrere Perioden beziehen. Periodenerfolge können aber nur dann sinnvoll und eindeutig miteinander verglichen werden, wenn Aufwendungen und Erträge eindeutig zugeordnet werden.

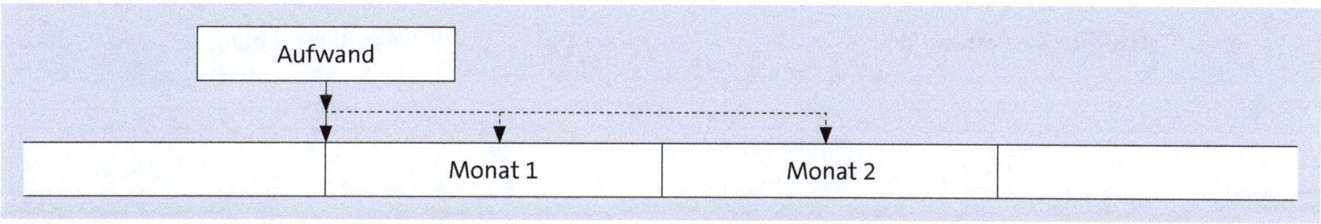

Abbildung 54: Periodengerechte Abgrenzung

Eine Periodenabgrenzung muss immer dann erfolgen, wenn

- Ausgaben und Einnahmen, die in der abgelaufenen Periode erfolgt sind, Aufwendungen bzw. Erträge späterer Perioden betreffen (z. B. im Voraus erhaltene Mieten)
- Aufwendungen bzw. Erträge, die der abgelaufenen Periode zuzurechnen sind, in späteren Perioden zu Einnahmen bzw. Ausgaben führen (z. B. nachträglich bezahlte Mieten).

Beispiel

Die Ginger GmbH erhält den Auftrag für die Produktion eines Einbauteils. Die Produktionszeit beträgt zwei Monate, das notwendige Material wird zum Preis von 952 € (brutto) zu Beginn der Produktion gekauft. Wenn sich die Kostenrechnung auf jeweils einen Monat bezieht, ist für eine periodengerechte Ermittlung eine Aufteilung erforderlich. Der Geschäftsfall ist in beiden Perioden anteilig zu berücksichtigen.

Periode 1

Materialaufwand	400			
Abgrenzung	400			
Vorsteuer	152	an	Bank	952

Periode 2

Materialaufwand	400	an	Abgrenzung	400

(Der Materialverbrauch führt zu Grundkosten, Aufwand und Kosten sind also gleich.)

1.8 Weitere Instrumente der Kostenanalyse

Die Erfordernis zur Schaffung von mehr Kostentransparenz und die Notwendigkeit zu einer stärkeren Beeinflussung der Kostenstruktur im Rahmen eines permanenten Kostenmanagements haben zu weiteren Ansätzen in der Kostenrechnung geführt.

1.8.1 Target Costing

Mit der **Zielkostenrechnung** (Target Costing) soll eine möglichst direkte Steuerung der Kosten unter ergebnis- und vor allem **marktorientierten Gesichtspunkten** erfolgen. Im Grunde wird die traditionelle Betrachtung „Welche Kosten entstehen, wie teuer ist deshalb ein Produkt?" umgekehrt in die Betrachtungsweise „Wie teuer darf ein Produkt sein?". Die Antwort auf diese Frage wird aber von den Nachfragern gegeben, der Anbieter muss sich an deren Verhalten orientieren.

Bereits zu Beginn der Produktentwicklung müssen bindende Kostenvorgaben existieren, die lenkenden Einfluss auf den Entwicklungsprozess haben. Das Produkt wird dann nach den ermittelten Zielkostenvorgaben entwickelt.

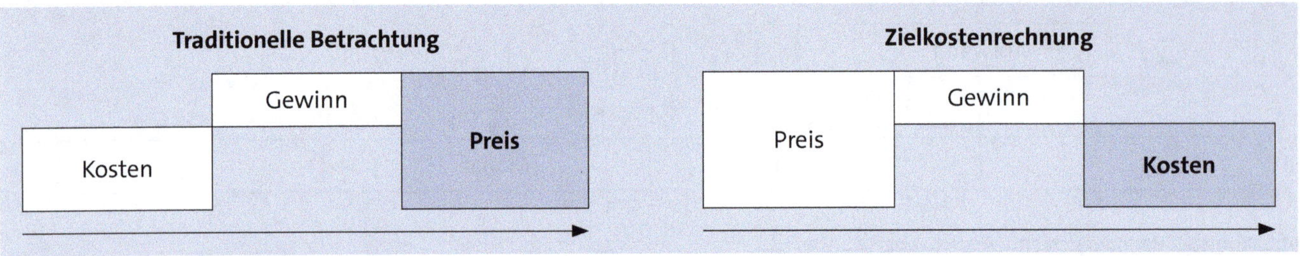

Abbildung 55: Prinzip der Zielkostenrechnung

Schafft es ein Anbieter frühzeitig, Instrumente zu entwickeln, um die **Marktanforderungen** in den Produktentwicklungsprozess mit einzubeziehen, bestehen große Kostenreduktionspotenziale, die nicht unbedingt mit einer Qualitätsreduktion einhergehen müssen.

Beispiel

Ein Touristikunternehmen plant eine Busreise nach Berlin. Eine Marktanalyse hat ergeben, dass ein Preis von maximal 400 € in der Zielgruppe akzeptiert wird. Das Unternehmen wird danach

- die Unterkünfte so auswählen,
- die eingeschlossenen Leistungen so reduzieren, dass der Preis für die Reise 400 € nicht überschreitet.

Bestimmend für die Zusammenstellung dieses Produktes ist also allein die Marktakzeptanz.

1.8.2 Break-even-Analyse

Die Break-even-Analyse zeigt den Einfluss von Änderungen der Kostenstruktur und die Anforderungen an die Absatzmenge. Er zeigt die Gewinnschwelle an, bei der gilt

Kosten = Erlöse

und somit Kostendeckung erreicht wird. Die Break-even-Analyse zeigt also die **Absatzmenge**, bei der – unter den gegebenen Bedingungen – die Gewinnzone beginnt.

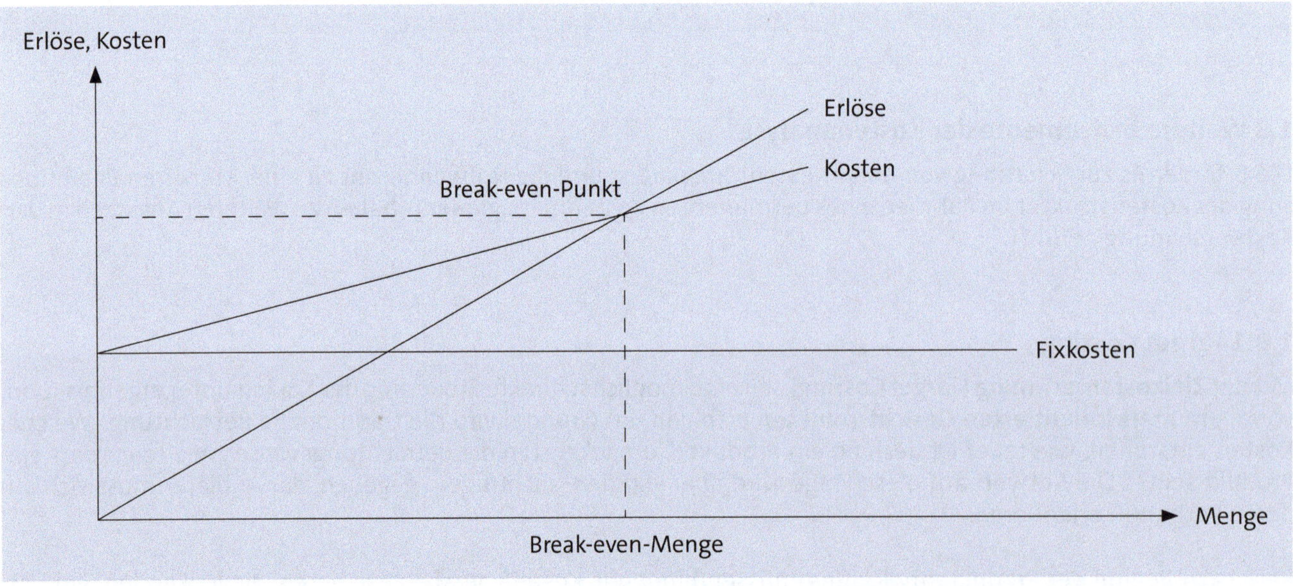

Abbildung 56: Break-even-Analyse

Folgende Zusammenhänge sind zu erkennen:

- Steigen die Fixkosten oder die variablen Kosten je Stück, wird der Break-even-Point erst bei einer größeren Menge erreicht
- Bei einem höheren erzielbaren Preis sinkt die zum Erreichen der Gewinnschwelle notwendige Absatzmenge

Wenn ein neues Produkt geplant ist, dessen künftige Absatzmenge nicht genau vorhersehbar ist, gibt der Break-even-Point an, wie hoch die Absatzmenge mindesten sein muss, um **Kostendeckung** zu erreichen.

Beispiel

In einer Schreinerwerkstatt wird überlegt, zukünftig einen modernen Schreibtisch herzustellen und auf dem Markt anzubieten. Folgende Daten sind bekannt:

Werkstattmiete pro Jahr	24.000,00 €
Herstellkosten pro Tisch	500,00 €
geplanter Verkaufspreis pro Tisch	800,00 €

Hieraus ergibt sich folgende Tabelle:

Produzierte Tische	Fixkosten	variable Kosten	Gesamtkosten	Verkaufserlös	Gewinn/Verlust
0	24.000 €	0 €	24.000 €	0 €	-24.000 €
1	24.000 €	500 €	24.500 €	800 €	-23.700 €
10	24.000 €	5.000 €	29.000 €	8.000 €	-21.000 €
80	**24.000 €**	**40.000 €**	**64.000 €**	**64.000 €**	**0 €**
100	24.000 €	50.000 €	74.000 €	80.000 €	6.000 €
1.000	24.000 €	500.000 €	524.000 €	800.000 €	276.000 €

Unter der Annahme, dass die produzierten Schreibtische tatsächlich verkauft werden können, wird der Break-even-Point bei einer Menge von 80 Tischen erreicht. Ab 81 Tischen würde die Schreinerwerkstatt Gewinn erzielen.

Kontrollfragen

Was versteht man unter „Kosten"?

Welche Aufgaben soll die Kosten- und Leistungsrechnung erfüllen?

Nach welchen Kriterien können die Kosten eingeteilt werden?

Was sind kalkulatorische Kosten?

Wie lassen sich Fixkosten beschreiben?

Warum nehmen die Kosten je Stück i. d. R. mit steigender Ausbringungsmenge ab?

Was sind „Gemeinkosten"?

Welche Kalkulationsverfahren kennen Sie?

Worin liegt der Unterschied zwischen Voll- und Teilkostenrechnung?

Was ist ein Stückdeckungsbeitrag?

Welche Aufgaben hat die Kostenstellenrechnung?

Wodurch unterscheiden sich Hilfskostenstellen und Hauptkostenstellen?

Wie wird die kurzfristige Preisuntergrenze ermittelt?

Wo liegt die langfristige Preisuntergrenze?

Worin liegt der Unterschied zwischen Normalkostenrechnung und Istkostenrechnung?

Welche Arten von Abweichungen werden in der Plankostenrechnung ermittelt?

Was ist die grundsätzliche Idee bei der Zielkostenrechnung?

Welche Ziele werden mit der Prozesskostenrechnung verfolgt?

Übungsaufgaben

Aufgabe 15

Der Kantinenpächter bei der Fuchs AG überlegt, sich an einer gewinnorientierten Großküche zu beteiligen. Dazu liegen ihm folgende Informationen vor:

- Im Monat Oktober wurden 60.000 Essen verkauft, die Gesamtkosten dafür belaufen sich auf 180.000 €.
- Im Monat November wurden 70.000 Essen verkauft, die Kosten dafür betragen insgesamt 200.000 €.

a) Berechnen Sie die variablen Kosten pro Essen.

b) Ermitteln Sie, wie hoch die gesamten Fixkosten sind.

Lösung s. Seite 186

Aufgabe 16

Die Taunus GmbH beabsichtigt, eine Expertentagung durchzuführen. Die Leiterin des Tagungsgebäudes möchte den neuen Kunden gewinnen, indem sie einen günstigen Preis anbietet. Sie will errechnen, wie hoch die kurzfristige Mietpreisuntergrenze für ihre Veranstaltungsräume bei Fremdvermietung (1 Tag) liegt. Das Gebäude verfügt über drei Veranstaltungsräume mit 30 m^2, 60 m^2 und 90 m^2. Weitere 5 Räume für die Verwaltung haben zusammen 180 m^2. Folgende Informationen liegen vor:

	Raum 1 30m^2	**Raum 2 60m^2**	**Raum 3 90m^2**
einmalige Reinigungskosten nach jeder Veranstaltung	100 €	200 €	300 €
Kostenpauschale Bestuhlung	100 €	100 €	100 €
Vermietungen pro Jahr	45	40	10

- Die Personalkosten für den Hausmeister betragen 21.120 € pro Jahr. Sie werden gleichmäßig auf alle Räume aufgeteilt.
- Die Heizkosten (5.760 € jährlich) werden proportional zu den Flächen aller Räume verteilt.
- Pro Jahr werden insgesamt 5.840 m^3 Wasser verbraucht. Die Stadtwerke berechnen 1,20 € je m^3. Sie werden im Verhältnis 1 : 1 : 2 : 4 auf die vier Abrechnungseinheiten (3 Tagungsräume und Verwaltungsbereich) verteilt.
- Ein Pkw wird von der Verwaltung und von dem Hausmeister genutzt und die Kosten entsprechend den im Vorjahr gefahrenen Kilometern verteilt. Die gesamten Kosten beliefen sich im Vorjahr auf 8.982 €. Der Hausmeister ist im Vorjahr 12.444 km gefahren, die Verwaltungsmitarbeiter 24.888. 50 % der Fahrten des Hausmeisters werden den Veranstaltungsräumen zu gleichen Teilen zugeordnet.
- Von den gesamten Abschreibungen des Gebäudes (12.000 €) entfallen auf jeden Veranstaltungsraum 1.500 €.

Ermitteln Sie den Preis, zu dem die Leitung des Tagungshauses die drei Räume jeweils für einen Tag vermieten kann, wenn Kostendeckung erreicht werden soll.

Lösung s. Seite 186

Aufgabe 17

Die Berg AG stellt Küchengeräte her. Sie erhält den Auftrag, für eine große Handelskette ein Sondermodell der Küchenmaschine „Orion“ herzustellen. 20.000 Stück werden abgenommen. Die Berg AG plant mit folgenden Daten:

	Betrag in €	**Anteil der variablen Kosten in %**
Umsatzerlöse	360.000	
Materialkosten	42.000	100
Löhne und Gehälter	8.000	100
Fertigungsgemeinkosten	50.000	60
Verwaltungsgemeinkosten	20.000	0
Vertriebsgemeinkosten	160.000	80
Selbstkosten	280.000	
Ergebnis	80.000	

a) Berechnen Sie die Menge, mit der die kurzfristige Gewinnschwelle erreicht wird.

b) Der Finanzvorstand möchte mindestens 50.000 € mehr erzielen. Ermitteln Sie, wie viele Lampen verkauft werden müssen, um dieses Ergebnis zu erreichen.

c) Der Einkauf teilt mit, dass die variablen Kosten je Stück um 10 % höher sein werden als geplant. Berechnen Sie die notwendige Preiserhöhung, wenn trotzdem 50.000 € Gewinn erzielt werden sollen. Die Fixkosten bleiben unverändert.

Lösung s. Seite 187

Aufgabe 18

Die Strahlemann AG verkauft eine Industrieleuchte zum Preis von 280 €. Die variablen Stückkosten betragen 200 €, bei einer Produktionsmenge von 1.000 Stück betragen die Gesamtkosten 250.000 €.

Ermitteln Sie die Break-even-Menge.

Lösung s. Seite 187

Aufgabe 19

Wie hoch muss der Deckungsbeitrag sein, wenn bei Fixkosten von 10.000 € und einer Produktionsmenge von 1.000 Stück die Gewinnschwelle erreicht werden soll?

Lösung s. Seite 188

Aufgabe 20

Ein Einzelhändler ermittelt den Listenverkaufspreis für Kochtöpfe. Auf den Listeneinkaufspreis von 30,00 € erhält er einen Mengenrabatt i. H. v. 10 % und einen Skonto i. H. v. 2 %. Seine Handlungskosten betragen 50 % vom Einstandspreis, als Gewinn strebt er 20 % an. Im Verkaufsgespräch gewährt er seinen Kunden einen durchschnittlichen Nachlass von 6 %.

a) Ermitteln Sie den Listenverkaufspreis für einen Kochtopf.

b) Berechnen Sie die Handelsspanne.

Runden Sie bei Ihren Berechnungen kaufmännisch.

Lösung s. Seite 188

Aufgabe 21

Vervollständigen Sie die folgende Skizze. Tragen Sie die korrekten Bezeichnungen in die leeren Felder ein

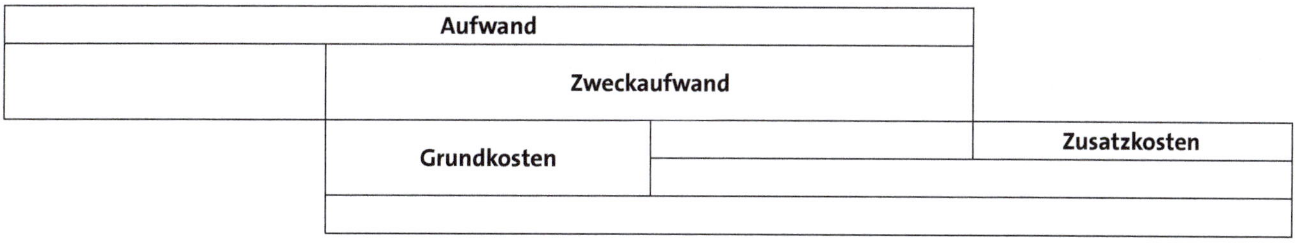

Lösung s. Seite 189

Aufgabe 22

Bei der Möller AG werden die beiden Produkte A und B hergestellt. Aus der vergangenen Abrechnungsperiode sind folgende Daten bekannt:

	Produkt A	Produkt B	
Produktionsmenge	750 Stück	800 Stück	
Verkaufte Menge	600 Stück	800 Stück	
Fertigungsmaterial je Stück	90 €	45 €	
Fertigungslöhne je Stück	80 €	180 €	
Maschinenlaufzeit je Stück	30 Minuten	45 Minuten	
Materialgemeinkosten	82.800 €		
Fertigungsgemeinkosten	166.200 €		davon 23.400 € abhängig von der Laufzeit der Maschine
Verwaltungs- und Vertriebsgemeinkosten	76.500 €		

Ermitteln Sie die Selbstkosten je Stück für A und B. Berücksichtigen Sie dabei die Maschinenlaufzeiten. Die Bezugsgröße für die Verwaltungs- und Vertriebsgemeinkosten sind die Herstellkosten des Umsatzes.

Lösung s. Seite 189

2. Controlling

2.1 Grundlagen des Controllings

Controlling wird i. d. R. als **System** beschrieben, das der Planung, Steuerung und Kontrolle innerhalb eines Unternehmens dient. Seine Ergebnisse richten sich hauptsächlich an unternehmensinterne Adressaten.

MERKE

Controlling unterstützt den Managementprozess bei der Zielfindung, Planung und Steuerung. Dazu werden Informationen aus allen Unternehmensbereichen gesammelt, analysiert und aufbereitet. Durch Präsentationen der Ergebnisse werden zieladäquate Entscheidungen vorbereitet.

2.1.1 Begriffsdefinitionen aus den gebräuchlichen Controlling-Konzeptionen

Eine einheitliche Definition des Begriffs Controlling hat sich nicht durchgesetzt, zudem gibt es unterschiedliche Schwerpunkte in der Literatur. In der Unternehmenspraxis hängt die Ausgestaltung des Controllings stark von den spezifischen Gegebenheiten ab. Die Übersicht zeigt wichtige Ansätze.

Autor	Beschreibung
Coenenberg	Controlling beschreibt die Vorstellung, wie ein Unternehmen gesteuert bzw. geführt werden soll. Konsequent ist dann „Controlling" ein Synonym für „Unternehmensführung".
Horváth	Controlling ist ein Teil der Unternehmensführung. Es übernimmt eine systembildende Funktion, die Planung, Kontrolle und Informationsversorgung ergebnisorientiert zu einem Gesamtsystem koordiniert.
Männle	Controlling ist die umfassende Informationsversorgung des Managements mit führungsrelevanten Informationen.
Pfohl	Controlling stellt eine erfolgsorientierte Unternehmenssteuerung dar. Es handelt es sich um Gewinnmanagement.
Reichmann	Durch eine zielbezogene und systemgestützte Informationsbeschaffung und Informationsverarbeitung zur Planerstellung werden die Führungsaufgaben unterstützt. Die Entscheidungsqualität wird dadurch auf allen Führungsebenen verbessert.
Wöhe	Planung, Steuerung und Überwachung stellen eine Entscheidungs- und Führungsunterstützung dar.

Die praxisorientierte Definition sieht den Manager als Kapitän auf einem Schiff, das der Controller als Lotse vor Kursabweichungen bewahren und zu seinem Ziel lenken soll. Der Controller unterstützt danach das Management als **Berater**, die zielbezogene, erfolgsorientierte Steuerung des Unternehmens mithilfe von Plänen wahrzunehmen. Deshalb kann Controlling auch als Regelkreis verstanden werden.

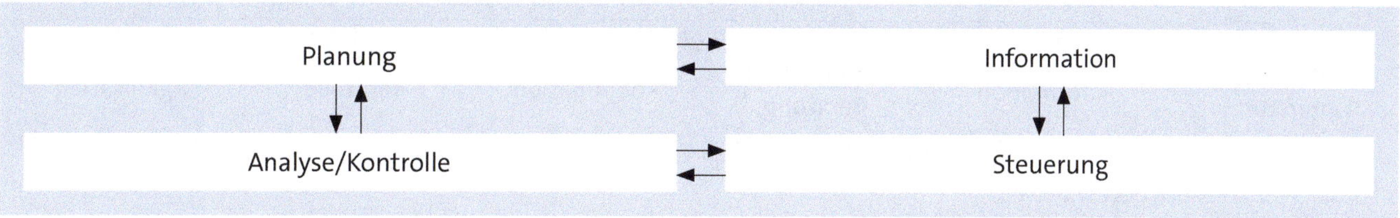

Abbildung 57: Regelkreis des Controllings

Aus dem **Kreislauf** von Information (Sammlung von Daten), Planung (Zielformulierung) Kontrolle (Soll-Ist-Vergleich), Abweichungsanalyse und Steuerung (Initiierung von Maßnahmen) wird ersichtlich, wie die Ergebnisse von Controllingmaßnahmen in den Planungsprozess rückgekoppelt werden.

2.1.2 Notwendigkeit des Controllings

Das Controlling schafft objektive **Entscheidungsgrundlagen** für die Unternehmensführung und trägt zu einer Entlastung des Managements bei. Die Qualität der unternehmerischen Entscheidungen wird verbessert, weil das Controlling die Datensammlung und -auswertung übernimmt und sich die Unternehmensleitung auf die eigentliche Entscheidungsfindung konzentrieren kann.

Ein leistungsfähiges Planungs-, Steuerungs- und Informationssystem ist für Unternehmen eine wichtige Grundlage zum Erhalt ihrer Flexibilität, um sich auf veränderte Umweltbedingungen einstellen zu können. Zu den tiefgreifenden Herausforderungen gehören:

- Veränderungen der **Unternehmensumwelt**
  Die schneller werdenden Veränderungen der Umwelt durch rechtliche Vorschriften, Wettbewerb, technischen Fortschritt und Ansprüche der Nachfrager verlangen detailliertere und häufigere Planungen.
- Ausweitung des **Wettbewerbs**
  Durch verbesserte Kommunikationsmöglichkeiten stehen Unternehmen zunehmend in weltweitem Wettbewerb.
- Unternehmen als **Black Box**
  Das Controlling analysiert die internen Geschäftsprozesse, bietet Planungsunterstützung und macht die Folgen von Unternehmensentscheidungen transparent.
- Steigende **Fixkostenanteile**
  Das Controlling schafft die notwendigen Instrumente und zeigt die Möglichkeiten, trotz zunehmender Fixkosten flexibel auf Marktänderungen zu reagieren.
- Zunehmende **Unsicherheit** bei Entscheidungen
  Weil sich die Märkte immer schneller verändern und die Produktlebenszyklen kürzer werden, benötigt die Unternehmensleitung kurzfristig komprimierte Informationen von hoher Genauigkeit und Relevanz.
- Notwendigkeit von **Innovationen**
  Weil Produkte in immer kürzeren Abständen auf den Markt gebracht werden, ist eine laufende Informationsversorgung notwendig für die permanente Produktentwicklung.

2.2 Unterstützung des Managements bei der Erreichung der Unternehmensziele

Controlling unterstützt die Führung eines Unternehmens, indem es die Teilsysteme auf das Unternehmensziel hin ausrichtet und **koordiniert**. Dazu müssen die Führungskräfte mit den notwendigen Informationen versorgt werden. Das Controlling gestaltet deshalb einen Prozess, in dem Vorgaben formuliert werden, der gleichzeitig aber auch Korrekturen erlaubt, wenn Abweichungen erkennbar sind. Daraus ergeben sich die klassischen Aufgaben des Controllings:

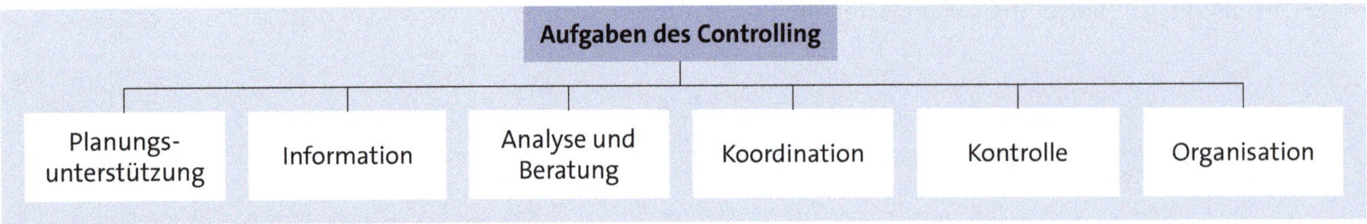

Abbildung 58: Aufgaben des Controllings

Planungsunterstützung
Eine Unternehmenssteuerung ist nur möglich, wenn Ziele formuliert worden sind. Die Planungsunterstützung bezieht sich auf die zeitliche und inhaltliche **Koordination** der betrieblichen Teilpläne. Sie werden daraufhin überprüft, ob sie untereinander und mit dem Unternehmensziel kompatibel sind. Sie werden dann zu einem abgestimmten Gesamtplan zusammengefasst. Den Abschluss der Planung bildet die Festlegung und Dokumentation der Planwerte mit Vorgaben, die zur Erreichung der Planziele eingehalten werden müssen.

Informationsversorgung

Das Controlling sorgt für die Bereitstellung richtiger, zeitnaher, vollständiger und entscheidungsrelevanter Informationen. Die Einrichtung von Informationssystemen soll die Entscheidungsträger einerseits entlasten, ihnen aber gleichzeitig die notwendigen Informationen in der erwarteten Qualität zur Verfügung stellen. Die regelmäßige Übermittlung von **betriebswirtschaftlichen Steuerungsinformationen** an die Führungskräfte erfolgt in strukturierter und komprimierter Form, hauptsächlich durch die Bereitstellung von Kennzahlen und die Entwicklung von Kennzahlensystemen.

MERKE

Das Berichtswesen regelt die innerbetriebliche Informationsversorgung.

Der Aufbau des Berichtswesens muss **unternehmensspezifisch** erfolgen, die Abbildung zeigt die Elemente:

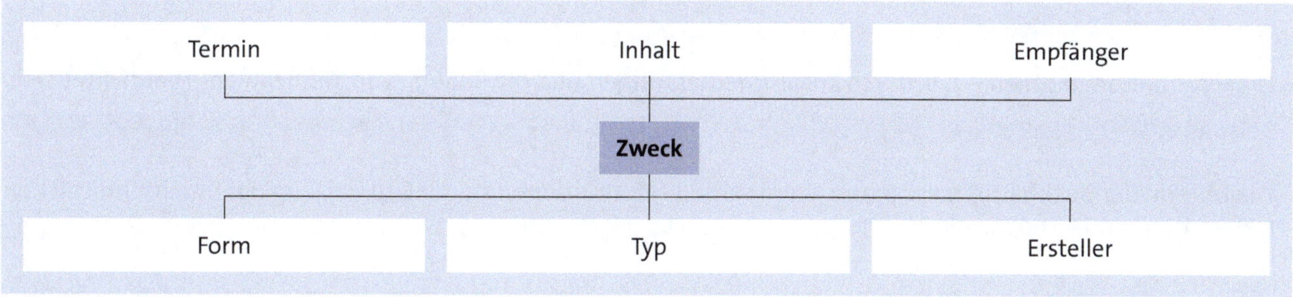

Abbildung 59: Elemente eines Berichtssystems

- Nach dem **Berichtszweck** werden die Berichte in die Kategorien Planung, Kontrolle und Dokumentation eingeteilt.
- Je nach **Anforderungen** werden Standardberichte, Bedarfsberichte oder Abweichungsberichte erstellt.
- Bei den **Inhalten** wird nach Informationsart, Informationsgegenstand und Informationsstruktur unterschieden.
- Die **Form** ergibt sich aus den formalen Gestaltungsmerkmalen wie visuelle Unterstützung, Umfang und Komprimierung.
- Primärer **Berichtersteller** ist der Controller bzw. die Controllingabteilung.
- Die **Berichtempfänger** können prinzipiell alle Mitarbeiter sein, Hauptzielgruppe ist aber das Management.
- Die meisten Berichte werden in einem festen **Zyklus** erstellt. In besonderen Situationen muss das Berichtswesen aber auch abweichend tätig werden.

Den Entscheidungsträgern müssen die erforderlichen Informationen

- rechtzeitig,
- in der notwendigen Verdichtung und
- problemadäquat

zur Verfügung gestellt werden.

MERKE

Die Einrichtungen, Mittel und Maßnahmen zur Erarbeitung, Weiterleitung, Verarbeitung und Speicherung von Informationen werden als **„Reporting"** bezeichnet.

Die Koordination und Durchführung der Berichtsaktivitäten erfordern die Einführung, Nutzung und Pflege von strategischen und operativen Informationssystemen, die zentraler Bestandteil eines jeden Controllingsystems sind. Es stellt allen Empfängern die relevanten Informationen zur Verfügung, meist als Gegenüberstellung von

Plan- und Istwerten. Der Aufbau erfolgt in enger Abstimmung mit den anderen Funktionsbereichen, vor allem mit dem Finanz- und Rechnungswesen. Dabei gelten folgende Grundsätze:

- Es sollen nur solche Informationen zur Verfügung gestellt werden, die der Adressat auch **beeinflussen** kann

  Beispiel

  Der Vertriebsleiter der Braun GmbH benötigt und erhält Informationen über Kunden und Aufträge, aber keine über die Produktion.

- Die Informationen müssen für die jeweiligen Empfänger entscheidungs- und problemorientiert **aufbereitet** sein

  Beispiel

  Die Verkaufszahlen werden für den Vertriebsleiter der Braun GmbH nach geografischen Aspekten und in sechs Preisklassen zusammengestellt.

- Die Informationen sollen – z. B. durch Zusammenfassungen und die Bildung von Kennzahlen – **verdichtet** sein

  Beispiel

  Die Leiterin der Buchhaltung der Braun GmbH erhält Informationen zu der Entwicklung der durchschnittlichen Lieferanten- und Kundenziele.

- Durch sinnvolle **Kombinationen** sollen neue und zusätzliche Entscheidungsgrundlagen gewonnen werden.

  Beispiel

  Wenn Angaben zu den Absatzzahlen mit der demografischen Entwicklung korreliert werden, können sich neue Überlegungen zu Produktionsmengen und zur Preisgestaltung ergeben.

Analyse und Beratung

Der Controller steht den Führungskräften als Berater zur Verfügung, indem er zum einen hilft, Entscheidungen betriebswirtschaftlich zu fundieren und ihre Ergebnisauswirkungen abzuschätzen, zum anderen unterstützt er das Management bei der Identifikation von Abläufen und Sachverhalten, die als problematisch erkannt worden sind, und der Erforschung ihrer Ursachen.

Um eine zielorientierte betriebswirtschaftliche Beratung des Managements zu ermöglichen, werden durch das Controlling Soll-Ist-Vergleiche und Abweichungsanalysen durchgeführt.

MERKE

> Als Beratung wird ein kommunikativer Austausch durch ein Gespräch, Brief, E-Mail o. Ä. bezeichnet, der zum Ziel hat, eine Aufgabe oder ein Problem zu lösen oder sich der Lösung anzunähern. Zur Beratung gehört auch eine Begleitung bei der Realisierung, um den Beratungserfolg langfristig zu sichern.

Die Beratung beschränkt sich nicht auf das Aufzeigen von Lösungen in kritischen Phasen oder die Entwicklung und Darstellung von Verbesserungsmöglichkeiten, das Controlling übernimmt auch die Verantwortung für die zielgerichtete Umsetzung.

Koordination

Das Controlling stellt ein funktionsfähiges **Planungs- und Kontrollsystems** bereit und koordiniert es mit dem Informationssystem, indem es Gestaltungs-, Anpassungs- und Abstimmungsaufgaben innerhalb dieser Teilbereiche veranlasst und durchführt. Die Teilsysteme werden so aufeinander abgestimmt, dass der Informationsbedarf gedeckt wird, ohne dass Überschneidungen entstehen.

Eine wichtige Aufgabe besteht darin, insbesondere das Rechnungswesen so aufzubauen, dass einerseits die notwendigen Informationen vollständig und rechtzeitig zur Verfügung stehen, und andererseits die Auswirkungen möglicher Handlungsalternativen adäquat abgebildet werden können.

Organisation des Controllings
Die jeweilige Leistungsfähigkeit eines Controllingsystems hängt wesentlich von den vorhandenen organisatorischen **Voraussetzungen** ab. Das Controlling muss in die Aufbauorganisation den Unternehmen eingebunden werden.

Weil die Unternehmensentscheidungen auf verschiedenen Hierarchieebenen getroffen werden, muss Controlling als funktionsübergreifende **Querschnittsfunktion** verstanden werden. Konsequent müssen bei der Eingliederung in die Aufbauorganisation drei Mindestanforderungen erfüllt sein:

- **Unabhängigkeit**
  Die Interessen anderer Organisationseinheiten dürfen die Erkenntnisse und Entscheidungen des Controllings nicht beeinflussen
- **Informationszugang**
  Der Zugang zu allen relevanten Daten aus allen Unternehmensbereichen muss gesichert sein
- **Autorität**
  Nur fachliche und persönliche Überzeugungskraft sichert den uneingeschränkten Zugang zu den notwendigen Informationen, die aus unterschiedlichen Quellen zusammengetragen werden müssen.

Die Abbildungen 60 bis 62 zeigen mögliche organisatorische Lösungen für das Controlling in der Aufbauorganisation:

Das Controlling wird als **Stab** in die Organisation eingebunden.

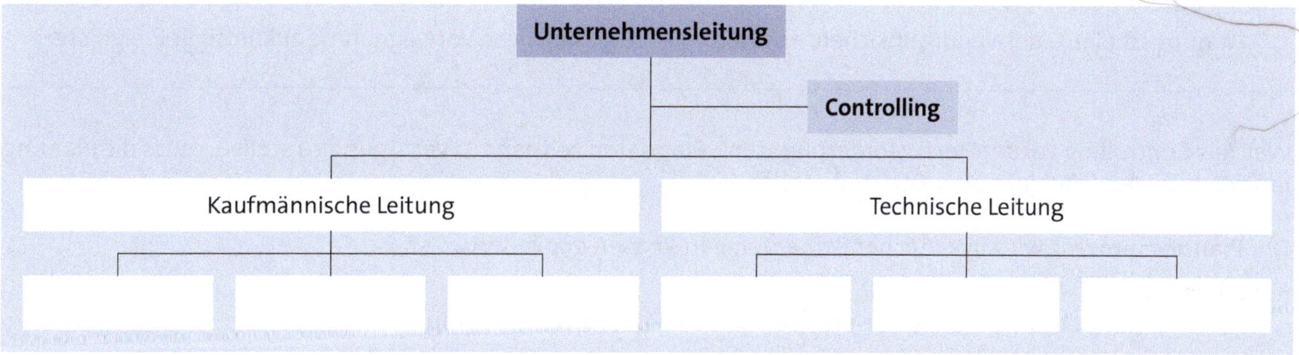

Abbildung 60: Beispiel für Controlling als Stabsstelle

Beispiel

Zur Steuerung des Konzerns mit seinen Tochterunternehmen richtet die Fuchs AG einen Stab ein, der dem Vorstand der Muttergesellschaft direkt zugeordnet ist.

Das Controlling ist Teil der **Linienhierarchie**.

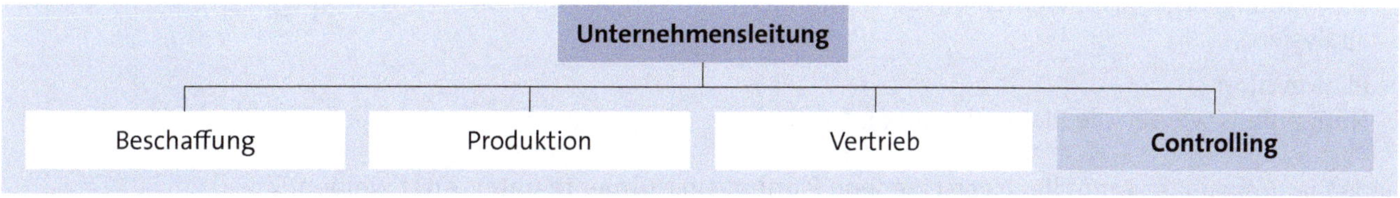

Abbildung 61: Beispiel für Controlling in der Linienhierarchie

Beispiel

Die relativ kleine Maus GmbH mit einer flachen Hierarchie organisiert ihr Controlling in der Linienorganisation. Das ermöglicht einen besseren Einblick in Abläufe, die Umsetzung von Maßnahmen ist leichter zu beeinflussen und zu kontrollieren.

Das Controlling ist in die Funktionsbereiche integriert.

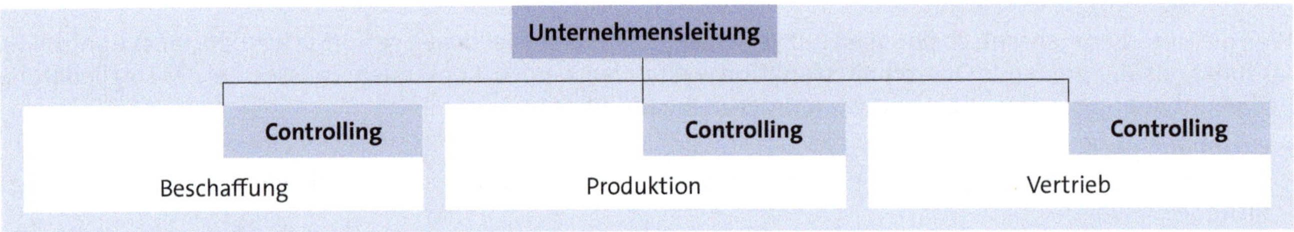

Abbildung 62: Beispiel für Controlling in den Funktionsbereichen

2.3 Planung und Prognose

2.3.1 Interne Unternehmensplanung

Durch die Planung wird festgelegt, wie und mit welchen Mitteln die Unternehmensziele erreicht werden sollen. Sie ist also ein Managementinstrument zur Unterstützung der Unternehmensführung.

MERKE

Planung ist eine – notwendig unsichere – systematische gedankliche Vorwegnahme zukünftiger Ereignisse.

Weil das Controlling vor der Herausforderung steht, Plandaten **zeitnah** zur Verfügung zu stellen, muss die Planung in kurzen Zyklen (Halbjahr oder Quartal) erfolgen.

Der **Planungsprozess** wird in zeitlicher Reihenfolge in Phasen gegliedert:

- **Zielbildung**
  Abgeleitet aus den Unternehmenszielen werden die Planungsziele formuliert.
- **Umfeldanalyse**
  Relevante Daten werden gesammelt, um eine möglichst sichere Entscheidungsgrundlage zu entwickeln.
- **Optionensuche**
  Die möglichen Alternativen zur Erreichung des Planungsziels werden formuliert und analysiert.
- **Optionenselektion**
  Die möglichen Entscheidungsalternativen werden bewertet und diejenige ausgewählt, mit der die Planungsziele am besten erreicht werden können.
- **Realisationsphase**
  Die ausgewählte Alternative wird umgesetzt.
- **Abweichungsanalyse**
  Die Planungsergebnisse werden mit den Planungszielen verglichen und bei Abweichungen werden die Gründe analysiert.
- **Planrevision**
  Nötigenfalls werden die Planungen angepasst.

Jede Planungsphase kann durch verschiedene Planungsinstrumente unterstützt werden.

Planungsverfahren

Besonders bei komplexen Unternehmensstrukturen können bei der Planung nicht alle Aufgaben gleichzeitig gelöst werden. Die **Abstimmung** zwischen den Hierarchieebenen kann grundsätzlich von unten nach oben (Bottom-Up), oder von oben nach unten (Top-Down) erfolgen.

- Bei der **Top-Down-Planung** wird der Planungsprozess von den hierarchisch höchsten Stellen eingeleitet, die nachgeordneten Stellen konkretisieren diese Planungen dann für ihren Bereich.

  Der Vorteil dieser Methode ist vor allem, dass **keine Konflikte** zwischen Teilplänen entstehen, die Zielsetzung entspricht in hohem Maße der Zielsetzung des Gesamtplans. Dagegen sind möglicherweise bei der Unternehmensleitung die notwendigen Detailkenntnisse nicht vorhanden.

- Bei der **Bottom-Up-Planung** verläuft der Planungsprozess von der untersten Planungsebene nach oben. Auf der jeweils höheren Hierarchieebene werden die Pläne koordiniert, zusammengefasst und an die nächste Ebene weitergeleitet.
  Die Vorteile bei diesem Verfahren liegen in den Möglichkeiten, realistische Informationen unmittelbar zu erhalten und in der **Identifikationsmöglichkeit** der beteiligten Mitarbeiter. Ein wesentlicher Nachteil liegt darin, dass sich die verschiedenen Teilpläne inhaltlich widersprechen können, so dass sie sich nicht gleichzeitig realisieren lassen.

- Im **Gegenstromverfahren** werden beide Planungsmethoden verknüpft. Durch die Unternehmensleitung wird ein Rahmenplan erstellt, aus dem vorläufige Teilpläne abgeleitet werden. Eine Überprüfung auf Realisierbarkeit erfolgt dann auf den unteren Planungsebenen. Wenn dabei Abweichungen vom Rahmenplan notwendig werden, erfolgt ein Rücklauf der überarbeiteten Pläne. Die Zusammenfassung zu einem übergeordneten Rahmenplan leistet wieder die oberste Hierarchieebene.
  Durch diese Kombination der beiden Planungsprinzipien sollen ihre jeweiligen Nachteile vermieden werden

2.3.2 Integrierte Unternehmensplanung

Ein zentrales Problem der Unternehmensführung liegt darin, die dezentral erstellten Teilpläne widerspruchsfrei und zielkonform zu koordinieren. Sie hängen miteinander zusammen und voneinander ab, häufig sind die Plandaten eines Bereichs Input-Größen für nachfolgende Planungen.

Die integrierte Unternehmensplanung fasst die Teilplanungen eines Unternehmens in einer einheitlichen Form zusammen. Sie berücksichtigt, dass GuV, Bilanz und Cashflow aufeinander aufbauen und aufeinander einwirken. Die Ertrags-, Finanz- und Bilanzplanung werden in einem **geschlossenen System** abgebildet. Die Folgen von Entscheidungen für das Ergebnis, die Finanzlage und die Bilanz werden dadurch frühzeitig erkennbar. Insbesondere steigt die **Qualität und Aussagekraft** der Ergebnisplanung, wenn die Abhängigkeiten zwischen den Teilplänen einfließen. Das vereinfacht die Ableitung der operativen Planung aus der strategischen Planung.

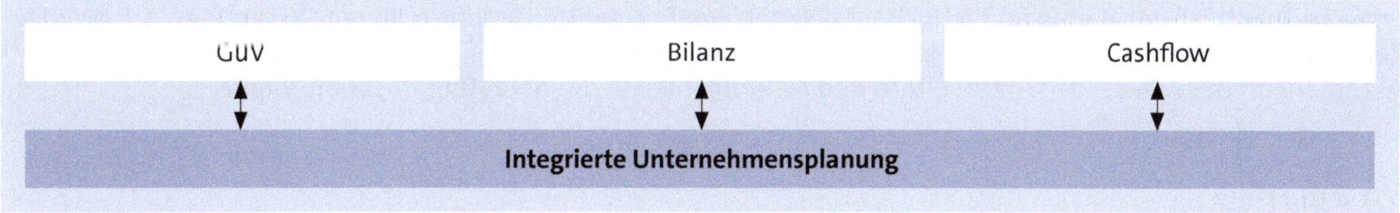

Abbildung 63: Integrierte Unternehmensplanung

MERKE

Bei der integrierten Planung werden alle Vorgänge und Geschäftsfälle in einem geschlossenen System abgebildet. Es umfasst die Bilanz, die GuV und den Cashflow.

Daraus ergeben sich die zentralen **Anforderungen** an eine integrierte Geschäftsplanung:

- Alle Detailpläne sollen voll in die Gesamtplanung integriert sein.
- Investitionen, Desinvestitionen und Abschreibungen sollen in der Planung des Jahresabschlusses berücksichtigt werden.
- Die aktuelle und die geplante Finanzierungssituation sollen vollständig abgebildet werden.
- Die gesamte Unternehmensplanung soll mit einer integrierten Planungssoftware erfolgen.

2.3.3 Rollierende Planung

Planungen sind nur dann sinnvoll, wenn sie auf aktuellen Berechnungen beruhen. Andernfalls führt der Vergleich mit den tatsächlichen Ergebnissen nicht zu sinnvollen Ergebnissen und mit den Entscheidungen, die darauf aufbauen, lassen sich die gewünschten Ergebnisse nicht erzielen. Als Konsequenz daraus müssen Planungssysteme eingesetzt werden, die auf möglichst **aktuellen Daten** beruhen.

Gleichzeitig verbietet sich aber aus Kapazitäts- und Wirtschaftlichkeitsgründen, die Planung und damit die erhobenen Daten und die entwickelten Prognosen in kurzen Abständen jeweils grundlegend neu durchzuführen. Akzeptable Informationen sollen mit möglichst geringem Aufwand zur Verfügung gestellt werden. Als Lösung bietet sich die rollierende Planung an.

Dabei besteht das Prinzip darin, Planungsperioden in einzelne Abschnitte einzuteilen und nach festgelegten Zeitintervallen (z. B. einem Monat) die bereits bestehende Planung zu überarbeiten. Die Daten des vorausgegangenen Abschnitts werden anhand neu gewonnener Daten und Erkenntnisse aktualisiert und so ergänzt, dass wieder eine Datenreihe für die definierte Planungsperiode entsteht. Der erste Abschnitt wird jeweils genauer und intensiver geplant, für spätere kann die Detaillierungstiefe geringer sein. Dadurch wird die Qualität erheblich besser, die Plandaten sind genauer.

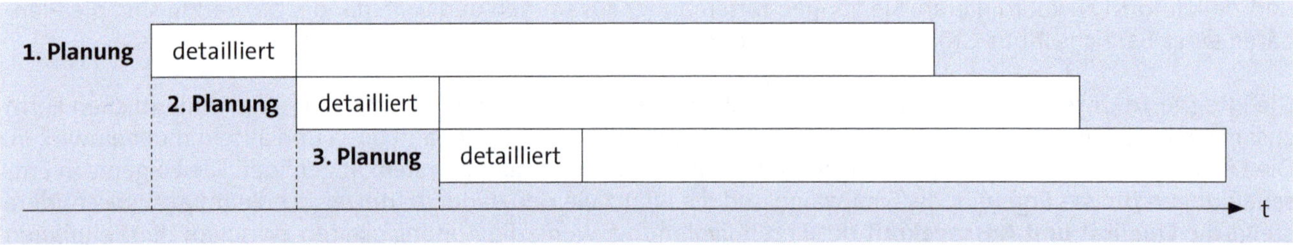

Abbildung 64: Rollierende Planung

Trotz der inhaltlich genaueren und zeitlich schnelleren Ergebnisse erfordert die rollierende Planung i. d. R. weniger Zeit- und Personalaufwand als eine Neuplanung. Allerdings können die regelmäßigen Planungsänderungen zu Akzeptanzproblemen bei den Mitarbeitern und zu Problemen in der Ablauforganisation führen.

2.3.4 Big Data

Durch immer größere, komplexere, schnelllebigere und zudem wenig strukturierte **Datenmengen** steht das Controlling vor neuen Herausforderungen, um die Datenmengen zu erfassen, zu speichern, zu durchsuchen, zu verteilen, zu visualisieren und vor allem zu analysieren.

MERKE

Big Data bezeichnet das digitale Erfassen und Speichern sehr großer Datenmengen für eine spätere Analyse.

Die veränderten Anforderungen an die Schlüsselmerkmale können mit einem 3-V-Modell verdeutlicht werden:

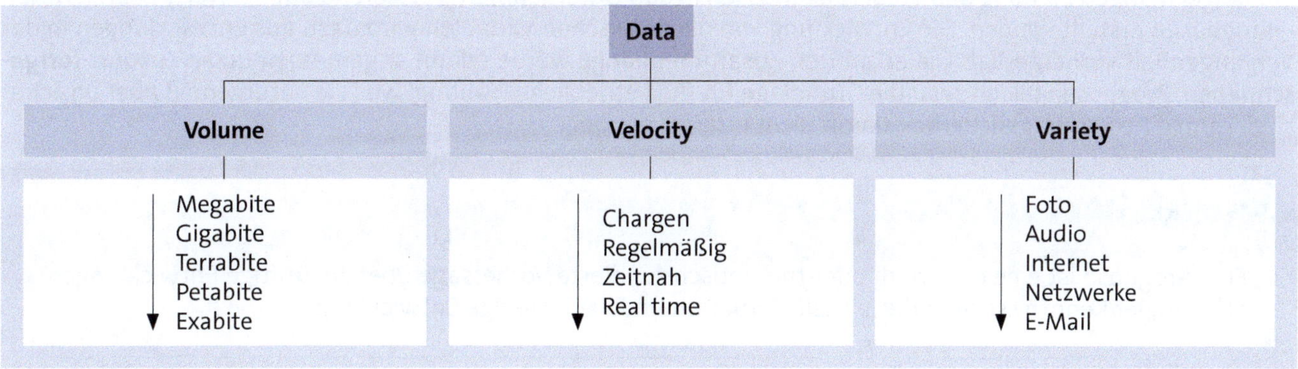

Abbildung 65: Big Data

- **Volume:** Die Datenmengen aus verschiedenen Quellen wachsen stetig an.
- **Velocity:** Die Verarbeitungsgeschwindigkeit wird immer höher.
- **Variety:** Die Daten fallen in unterschiedlichsten Formaten an.

Weil die Genauigkeit von Analysen und Prognosen von der zugrunde liegenden Datenbasis abhängt, bietet Big Data ein großes **Potenzial für das Controlling**, wenn die Möglichkeiten der Datenaufbereitung konsequent genutzt werden.

Daten aus unterschiedlichsten Quellen können dann analysiert werden, um

- Entscheidungen durch fundierte Informationen vorzubereiten,
- Kosten zu senken,
- Zeit zu sparen,
- neue Produkte und optimierte Angebote zu entwickeln,
- die Produktion zu optimieren und zu flexibilisieren.

2.3.5 Predictive Analytics

Weil eine Aufgabe des Controllings in der zielgerichtete Versorgung der Unternehmensführung mit entscheidungsrelevanten Informationen besteht, müssen sie dazu entsprechend gefiltert, analysiert, beurteilt und zielgerichtet verteilt werden können. Eine systematische Integration von vorausschauenden **Datenanalysen** in die Unternehmensteuerung verändert die Anforderungen und Aufgaben des Controllings.

MERKE

Predictive Analytics sind innovative, zukunftsgerichtete Datenanalysen, die in den Datenmengen unbekannte Korrelationen, versteckte Muster und andere für das Controlling relevante Informationen identifizieren können.

Durch Integration der Predictive Analytics in die unternehmerischen **Steuerungssysteme** unterstützen sie das Controlling dabei, Veränderungen interner und externer Faktoren frühzeitig zu erkennen und durch differenzierte Vorausplanung ein zielgerichtetes situationsadäquates Handeln für zukünftige Entwicklungen abzuleiten. Durch die verbesserte operative und die strategische Entscheidungsunterstützung können dann Wettbewerbsvorteile gegenüber Konkurrenten erreicht werden.

2.3.6 Prognoseentwicklung

Zur längerfristigen Planung und Steuerung müssen in den Unternehmen – basierend auf den verfügbaren Daten – Prognosen erstellt werden. Die Entwicklung von ökonomischen Variablen wird dazu aus Entwicklungen in der Vergangenheit vorhergesagt. Die erkannten Zusammenhänge werden dann angemessen in die Zukunft **fortgeschrieben**. Prognosen bilden zwar die Grundlage für die betriebliche Planung, weil sie naturgemäß aber unsicher sind, kann eine Planungssicherheit damit nicht erreicht werden.

MERKE

Eine Prognose ist eine empirisch oder theoretisch fundierte Vorhersage über zukünftige Entwicklungen anhand der Kenntnisse über die aktuelle Situation und die bisherige Entwicklung.

Um zukünftige Unternehmensprozesse an die Unternehmensziele anpassen zu können, stehen verschiedene **Prognosetechniken** zur Verfügung.

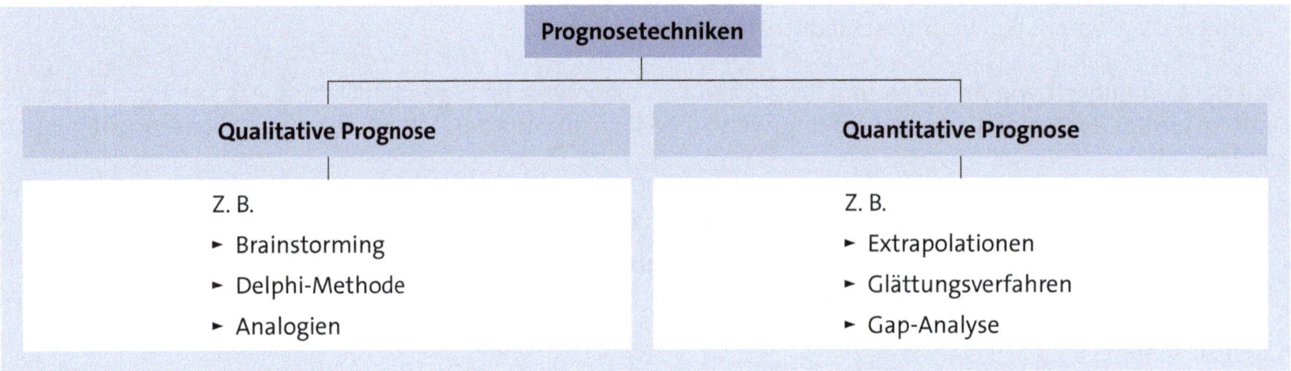

Abbildung 66: Prognosetechniken

- **Qualitative** Prognosen sind subjektive Einschätzungen. Sie versuchen Trends und zukünftige Entwicklungen vorherzusehen. Sie sind wenig konkret, ihre Aussagen können nicht durch Zahlen belegt werden.
- Mit **quantitativen** Verfahren werden empirische Daten rechnerisch ausgewertet. Künftige Zustände und Entwicklungen werden in ihrer Größenordnung vorhergesagt und führen zu konkreten, in Zahlen ausgedrückten Resultaten.

INFO

In der Kostenrechnung sind Prognosen besonders zur Ermittlung der Plankosten notwendig. Trendexplorationen werden z. B. bei den Gemeinkostenzuschlagsätzen und in der Normalkostenrechnung eingesetzt.

2.4 Strategisches und operatives Controlling

Das strategische Controlling analysiert das Erfolgspotenzial innerhalb des gegebenen Umfelds. Es unterstützt das Management mit **langfristigen** (≥ 5 Jahre), qualitativ ausgerichteten Daten und Informationen. Zu den Hauptaufgaben des strategischen Controllings zählen

- die Mitarbeit an langfristigen Zielsetzungen.
- die Mitarbeit bei der Entwicklung von Strategien.
- die Koordination der strategischen Planung durch die konfliktfreie Zusammenführung von Teilplänen.

Das operative Controlling konzentriert sich auf **kurz- und mittelfristige** Überlegungen, um alle Möglichkeiten für den wirtschaftlichen Erfolg des Unternehmens ausnutzen zu können. Zu den Hauptaufgaben des operativen Controllings zählen

- die Versorgung der Entscheidungsträger mit entscheidungsnotwendigen Informationen,
- die Planungsunterstützung der operativen Einheiten,
- die Durchführung von Soll-Ist-Vergleichen,
- die Durchführung von Abweichungsanalysen,
- die Organisation des Controllings.

Innerhalb eines Unternehmens wird i. d. R. eine Kombination aus strategischem und operativem Controlling praktiziert, denn strategisches und operatives Controlling lassen sich nicht strikt voneinander trennen, sie ergänzen sich gegenseitig. Das strategische Controlling benötigt ein funktionierendes operatives Controlling, um selbst effektiv und effizient arbeiten zu können. Durch die funktionierende Verzahnung mit dem operativen Controlling können Probleme und Abweichungen von Zielen durch das strategische Controlling erkannt werden, bevor sich die Auswirkungen in operativen Zahlen niederschlagen.

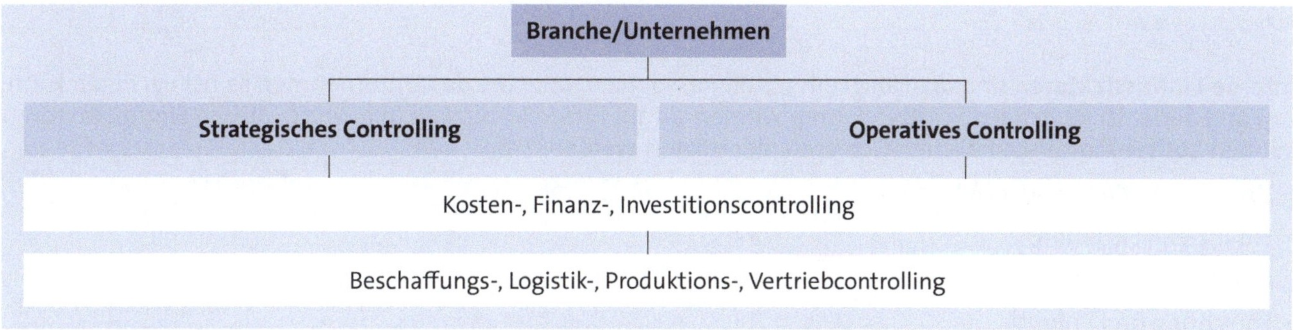

Abbildung 67: Beispiel für das Zusammenwirken von strategischem und operativem Controlling

Die Übersicht zeigt die wesentlichen Unterschiede zwischen strategischem und operativem Controlling:

	Strategisches Controlling	**Operatives Controlling**
Zeitraum	zukunftsorientiert, i. d. R. > 5 Jahre	gegenwartsorientiert, i. d. R. $\leq$ 1 Jahr
Orientierung	extern Chancen und Risiken	intern Kosten und Leistungen
Ziele	Langfristige Existenzsicherung Erfüllung der strategischen Vorgaben	Optimierung der Unternehmensprozesse Erfolgssicherung
Steuerungsgrößen	Messung der Zielerreichung (z. B. durch Deckungsbeiträge und Kennzahlen)	Vergleich von Erfolgspotenzialen und ihrer Ausnutzung

Abbildung 68: Strategisches und operatives Controlling

2.4.1 Strategische Controllinginstrumente

Weil Unternehmen in einer Umwelt agieren, die sich permanent verändert, müssen im Rahmen des strategischen Controllings diese externen Einflussfaktoren erkannt und analysiert werden. Die Beschaffung, Analyse und Aufbereitung von Informationen z. B. über

- Umwelt,
- Branche,
- Wettbewerber und
- Marktentwicklungen

ist notwendig, um die zukünftige Position des Unternehmens einschätzen und seine Erfolgsfaktoren und -potenziale erkennen zu können. Die dazu eingesetzten Controllinginstrumente müssen folglich Aussagen über das Erfolgspotenzial des Unternehmens ermöglichen.

SWOT-Analyse
Die SWOT-Analyse dient der Positionsbestimmung und der Entwicklung von Unternehmensstrategien. Durch die Identifikation von internen Stärken und Schwächen und von Chancen und Risiken, die sich aus der Unternehmensumwelt ergeben,

- soll etwaiger interner Handlungsbedarf festgestellt werden.
- sollen mögliche Quellen für Wettbewerbsvorteile erkannt werden.

Die SWOT-Analyse untersucht, ob sich die spezifischen Stärken und Schwächen des Unternehmens so in der Unternehmensstrategie wiederfinden, dass angemessen auf Veränderungen der Unternehmensumwelt **reagiert** werden kann.

Interne Einflussfaktoren		Externe Einflussfaktoren	
S	W	O	T
Strength	Weakness	Opportunities	Threats
Stärke Stabilität	Schwäche	Gelegenheiten Chancen	Bedrohungen Gefahr

Abbildung 69: SWOT-Analyse

Interne Einflussfaktoren sind die Fähigkeiten und Ressourcen, über die das Unternehmen selbst verfügen kann. Anhand der entscheidenden Erfolgsfaktoren werden sie auf ihre Relevanz hin überprüft. Interne Einflussfaktoren können auf sehr unterschiedlichen Gebieten identifiziert werden, z. B.

- Wissen und Können der Mitarbeiter,
- Finanzielle Situation,
- Aufbau- und Ablauforganisation,
- Forschung und Entwicklung,
- Kunden,
- Lieferanten und
- Unternehmenskultur.

Alle diese Faktoren sind von internen Entscheidungen abhängig und deshalb von dem Unternehmen beeinflussbar.

Auf **externe Einflussfaktoren** hat das Unternehmen dagegen keinen direkten Einfluss. Sie ergeben sich aus den Trends und Veränderungen der unternehmerischen Umwelt, z. B.

- dem Kundenverhalten,
- den Wertvorstellungen,
- der konjunkturellen Situation,
- den technischen Veränderungen,
- den gesetzlichen Vorschriften,
- den politischen Rahmenbedingungen sowie
- den ökologischen Einflüssen.

Als **Chancen** dürfen bei der Analyse nur solche Faktoren berücksichtigt werden, die aufgrund der vorhandenen oder strategischen Ressourcen auch **tatsächlich genutzt** und zudem in die Unternehmenspolitik integriert werden können.

Risiken stellen dagegen die Bereiche dar, in denen das Unternehmen nicht gut aufgestellt erscheint und in denen deshalb dringend Maßnahmen zur **Gegensteuerung** ergriffen werden müssen.

Beispiel

Ein Steuerberater schätzt seine Situation so ein:

Interne Einflussfaktoren		Externe Einflussfaktoren	
S	**W**	**O**	**T**
Stärken	Schwächen	Chancen	Bedrohungen
Stabiler Mandantenstamm, starke örtliche Vernetzung	Keine Fachkenntnisse zu IFRS und US-GAAP	Neues Gewerbegebiet in der Nähe	Erweiterung der Befugnisse von Bilanzbuchhaltern

Mit der SWOT-Analyse können vier grundsätzliche **Unternehmensstrategien** identifiziert werden:

		Interne Analyse	
		Stärken (Strengths)	Schwächen (Weaknesses)
Externe Analyse	Chancen (Opportunities)	**Matchingstrategie** Neuen Chancen, die zu den Stärken des Unternehmens passen	**Umwandlungsstrategie** Risiken zu Chancen entwickeln
	Risiken (Threads)	**Neutralisierungsstrategie** Risiken durch Nutzung der Stärken abwehren	**Verteidigungsstrategie** Vorhandene Schwächen dürfen nicht zu Bedrohungen werden

Abbildung 70: SWOT-Analyse

Die SWOT-Analyse gibt lediglich Hinweise darauf, ob und gegebenenfalls an welchen Stellen Reaktionen erforderlich sind. Sie kann aber nicht zeigen, welche Maßnahmen in einer konkreten Situation ergriffen werden müssen.

Gap-Analyse
Mittels der Gap-Analyse kann festgestellt werden, ob die geplanten Ziele für definierte Geschäftsbereiche erreicht werden können , wenn die derzeitige Geschäftspolitik in Zukunft **fortgesetzt** wird. Dazu werden Abweichungen zwischen der gewünschten Entwicklung (strategische Soll-Vorgabe) eines Unternehmens und der voraussichtlichen Entwicklung bei Beibehaltung der aktuellen Geschäftspolitik analysiert.

Messgrößen können dabei z. B. Umsatz, Absatzmenge, Anzahl der Kunden, geografische Verbreitung u. Ä. sein. Ausgehend von der geplanten Entwicklung kann im Vergleich festgestellt werden, ob sich Abweichungen davon ergeben. Erkennbar wird also, wie sich die Situation wahrscheinlich entwickeln wird, wenn **keine Gegenmaßnahmen** vorgenommen werden.

Die Gap-Analyse identifiziert strategische und operative Lücken.

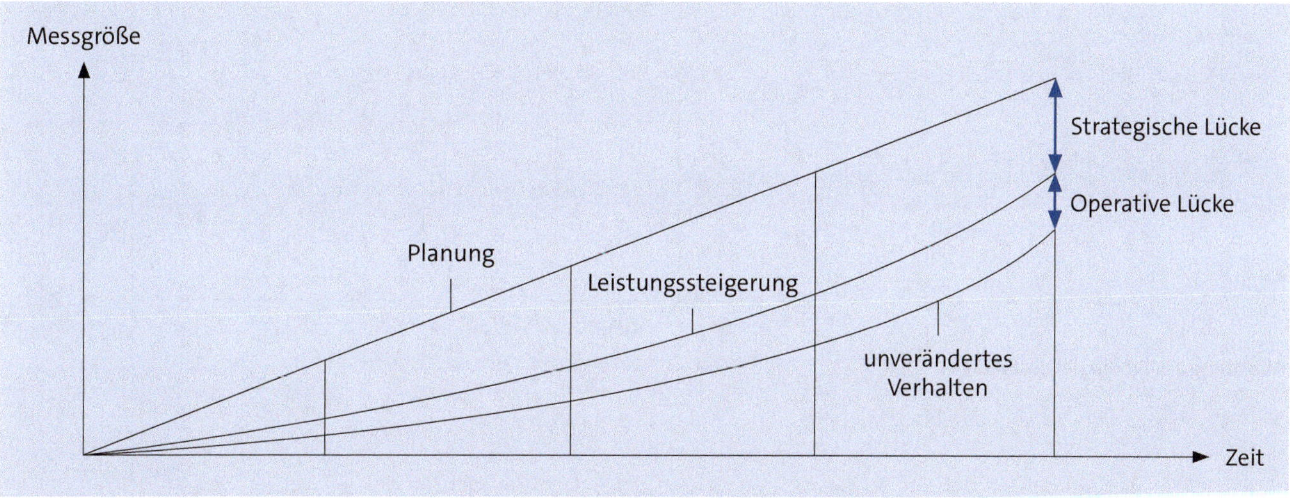

Abbildung 71: Gap-Analyse

Die **strategische Lücke** ist die Differenz zwischen der strategischen Sollvorgabe und dem erzielbaren Ergebnis. Es wird erkennbar, in welchem Umfang mit der gegebenen Unternehmensstruktur die gesetzten strategischen Ziele erreichbar sind.

Die strategische Lücke kann nur durch zusätzliche strategische Maßnahmen geschlossen werden. Sie zeigt also die Notwendigkeit, **neue Strategien zu entwickeln** und bestehende Zielvorstellungen zu überprüfen.

Um Strategien zur Schließung der strategischen Lücke zu entwickeln, kann die **Produkt-Markt-Matrix** eingesetzt werden, die grundsätzlich vier Strategien für vorhandene/neue Produkte und bestehende/neue Märkte aufzeigt:

	Bestehende Märkte	**Neue Märkte**
Bestehende Produkte	**Marktdurchdringung** Zusätzliche Marketingmaßnahmen	**Marktentwicklung** Erschließung neuer Märkte
Neue Produkte	**Produktentwicklung** ► Produktinnovationen ► Produktdifferenzierungen	**Diversifikation** Neue Produkte auf neuen Märkten

Abbildung 72: Produkt-Markt-Matrix

Die **operative** Lücke ist die Differenz zwischen der prognostizierten Entwicklung bei Weiterführung des bestehenden Geschäfts und dem erwarteten Ergebnis bei Optimierung der bestehenden Situation.

Die operative Lücke lässt sich durch Verbesserung der aktuellen Maßnahmen schließen. Dazu können Rationalisierungspotenziale genutzt und weitere Erfolgspotenziale erschlossen werden.

Die Gefahr bei Anwendung der GAP-Analyse liegt darin, dass strategische Überlegungen nur innerhalb bestehender Geschäftsbereiche durchgeführt werden und eine Gesamtbetrachtung unterbleibt. Zudem bleiben Einflussfaktoren, die sich nicht quantitativ darstellen lassen, unberücksichtigt.

Produktlebenszykluskonzept
Mit dem Produktlebenszyklus wird die Absatz-, Umsatz- oder Gewinnentwicklung bei einem Produkt **im Zeitablauf** dargestellt. Dabei wird unterstellt, dass es eine Gesetzmäßigkeit gibt, nach der Produkte, die eine begrenzte Lebensdauer haben, sechs typische Entwicklungsphasen durchlaufen. Die Länge der Phasen kann dabei sehr unterschiedlich sein.

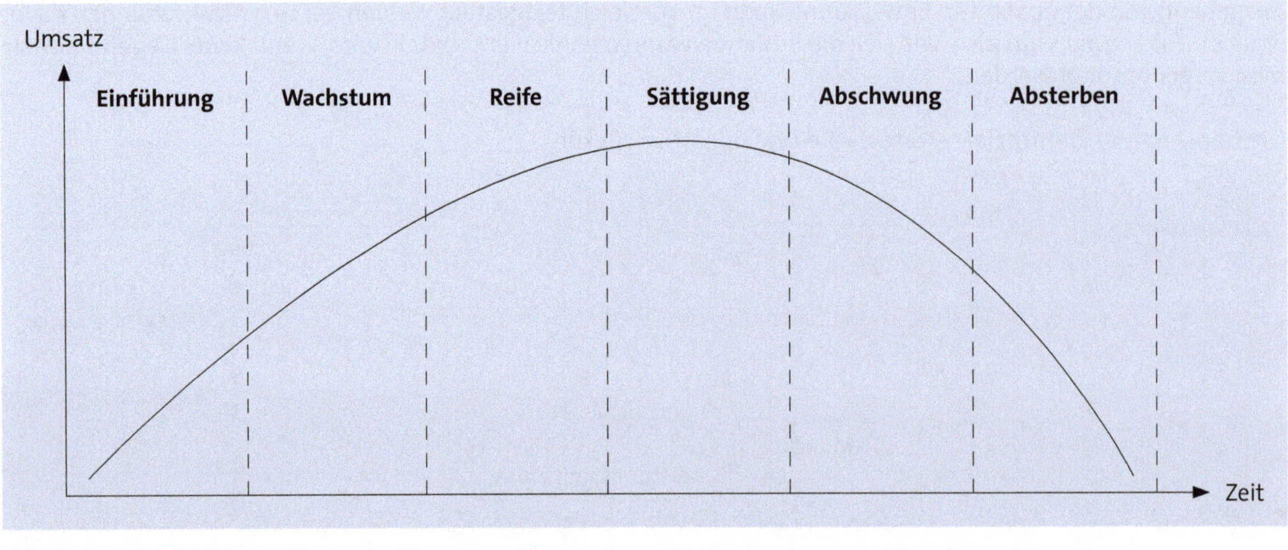

Abbildung 73: Produktlebenszyklus

- Die **Einführungsphase** beginnt, sobald das Produkt auf dem Markt erhältlich ist. Die entstandenen Kosten sind noch nicht gedeckt. Je unbekannter das Produkt ist, desto länger ist die Einführungsphase, weil die Kunden den Nutzen erst kennen lernen müssen.
- In der **Wachstumsphase** wird das Produkt bekannt. Wenn es die Ansprüche der Nachfrager erfüllt, führen die Wiederholungskäufe zu höheren Umsätzen, die Gewinnschwelle wird überschritten. Bei steigender Produktionsmenge sinken die Stückkosten aufgrund des Fixkostendegressionseffektes. In dieser Phase treten meist neue Konkurrenten auf.
- In der **Reifephase** erreicht der Umsatz das absolute Maximum, allerdings verlangsamt sich das Umsatzwachstum.
- In der **Sättigungsphase** findet kein Umsatzwachstum mehr statt, nahezu alle Interessenten kennen das Produkt, es gibt keine neuen Kunden mehr. Durch Veränderungen im Design, beim Preis u. Ä. kann die Sättigungsphase zeitlich gestreckt werden.
- In der **Abschwungphase** geht der Umsatz zurück, die Kunden wenden sich anderen Produkten zu. Diese Phase ist gekennzeichnet durch niedrige Gewinne. Relaunches versprechen keinen Erfolg mehr.
- In der **Absterbephase** scheidet das Produkt vollständig aus dem Markt aus.

ACHTUNG

In manchen Darstellungen wird der Produktlebenszyklus nur in vier Phasen unterteilt. Auch die Bezeichnung der Phasen ist nicht überall einheitlich.

Mit der Produktlebenszyklusanalyse steht dem Controlling ein Instrument zur Verfügung, um rechtzeitig darauf aufmerksam zu machen, wenn Produkte am Ende ihres Lebenszyklus durch neue **ersetzt** werden müssen. Durch entsprechend zeitliche Staffelung können die Lebenszyklen verschiedener Produkte desselben Anbieters so gestaltet werden, dass der Gesamtumsatz relativ konstant gehalten werden kann.

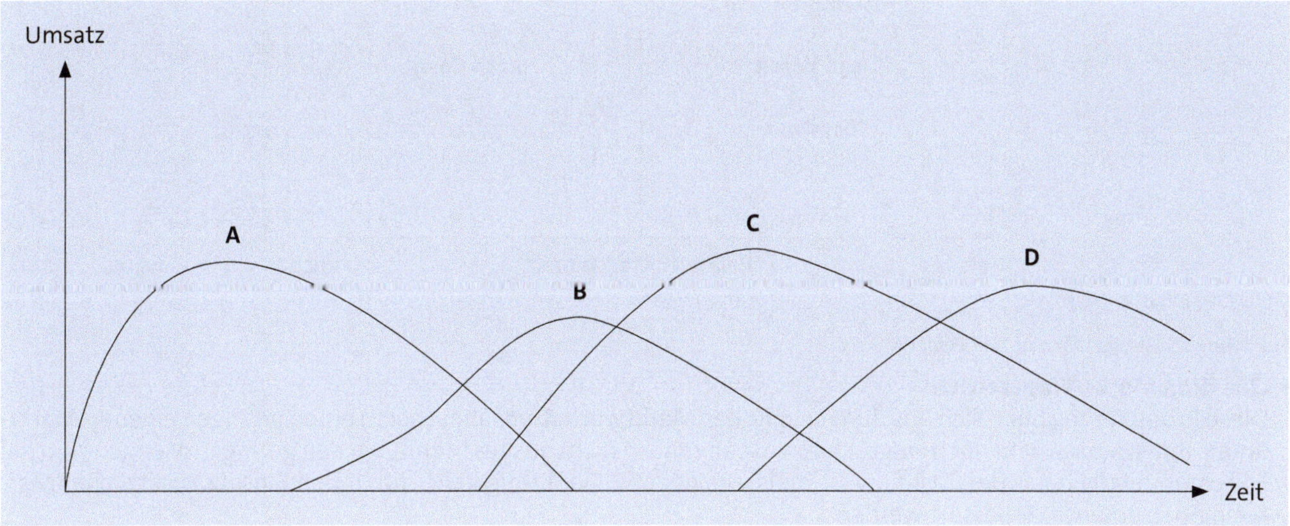

Abbildung 74: Lebenszyklen mehrerer Produkte

Tatsächlich ist der Verlauf eines Produktlebenszyklus **nicht gesetzmäßig**. Er ermöglicht aber, die Bedeutung von Produkten systematisch zu beobachten und ihre Entwicklungsmöglichkeiten abzuschätzen, um strategische Entscheidungen frühzeitig treffen zu können.

Portfolioanalyse

Mithilfe einer Portfolioanalyse kann festgestellt werden,

- ob die Produktpalette des Unternehmens ausgewogen ist und
- welche Strategien bei den einzelnen Produkten verfolgt werden sollten.

Dazu werden **strategische Geschäftsfelder** (SGF) gebildet, bewertet und ihre voraussichtliche Entwicklung prognostiziert. In einer typischen Portfolioanalyse wird in einem zweidimensionalen Koordinatensystem die Diagrammfläche in vier Quadranten aufgeteilt.

Bei der **Vier-Felder-Matrix** werden auf der senkrechten Achse der Erfolgsfaktor „Marktwachstum" und auf der waagerechten der Erfolgsfaktor „relativer Marktanteil" abgetragen. Die Matrixfelder werden mit – nicht immer einheitlichen – einprägsamen Bezeichnungen versehen:

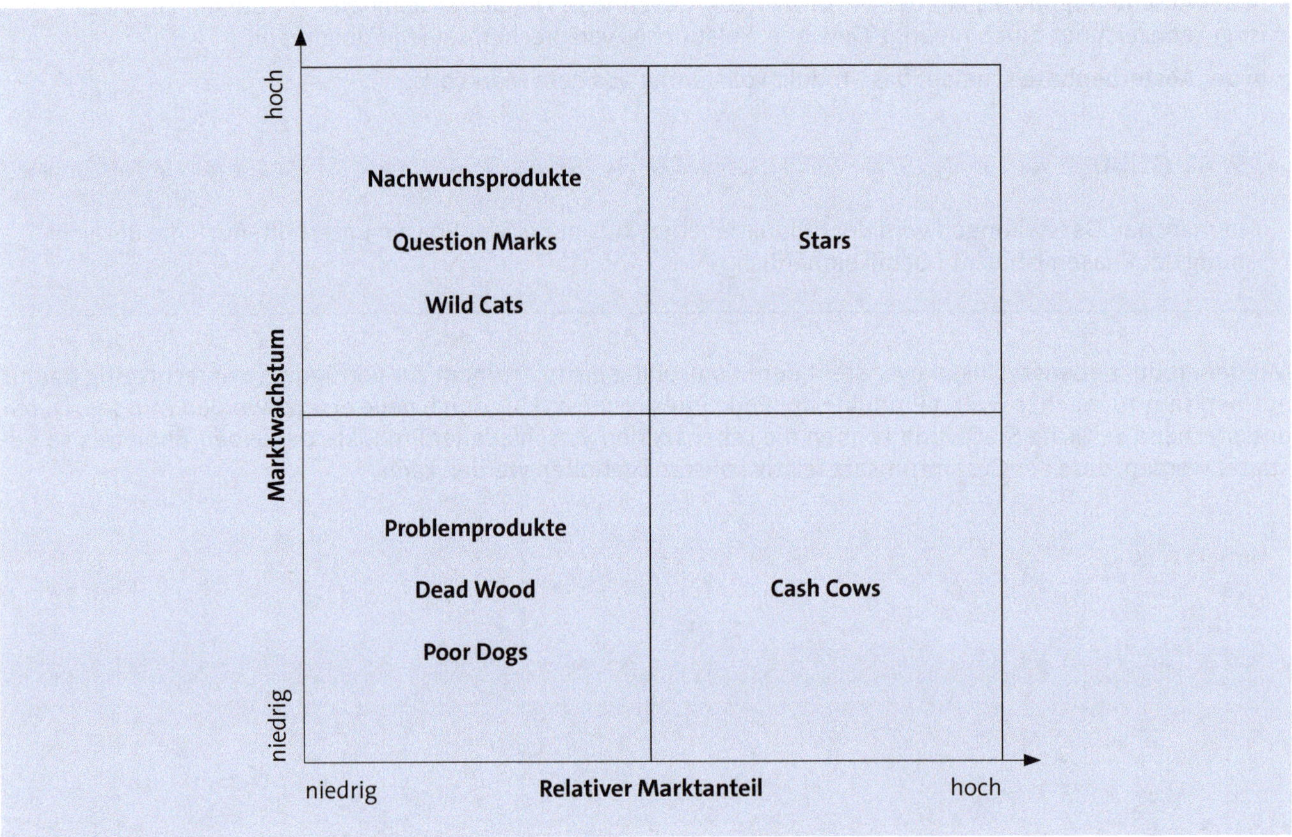

Abbildung 75: Beispiel für eine Vier-Felder-Matrix

- **Question Marks/Fragezeichen**
  Diese Produkte zeichnen sich aus durch ein **hohes Marktwachstum**, aber (noch) einen geringen eigenen Marktanteil. Ihr Potenzial wird hoch eingeschätzt, ist aber noch nicht ausgeschöpft. Bei den geringen Mengen sind die Fixkosten relativ hoch, der Cashflow ist meistens negativ. Der Erfolg kann durch den Einsatz zusätzlicher Marketinginstrumente verbessert werden.
- **Stars/Sterne**
  Die Produkte verfügen bereits über ein hohes Marktwachstum und über einen **hohen eigenen Marktanteil**. Die gestiegenen Umsätze führen zu positiven Deckungsbeiträgen und zu einem ausgeglichenen Cashflow. Durch zusätzliche Anstrengungen kann die Position noch ausgebaut werden.
- **Cash-Cows/Milchkühe**
  Mit diesen Produkten wird ein hoher Umsatz erzielt, es ist aber **kein weiteres Entwicklungspotenzial** zu erwarten. Der Umsatz erreicht ein Maximum, die Kapazitäten sind vollständig ausgelastet. Der positive Cashflow kann dazu genutzt werden, Nachwuchsprodukte zu fördern, die sich zu Cash-Cows entwickeln können.
- **Poor Dogs/Arme Hunde**
  Die Produkte versprechen keinen oder nur geringen weiteren Umsatz bei einem geringen Marktanteil. Cashflow und Deckungsbeitrag nehmen ab, die Produkte sollten vom Markt genommen werden.

Balanced Score Card
Die erworbenen Wettbewerbsvorteile eines Unternehmens müssen ständig überprüft und die **relevanten Erfolgsfaktoren** ausgewertet werden. *Norton/Kaplan* haben dazu vier strategisch bedeutende „Perspektiven" beschrieben, mit denen die Unternehmensleistung bewertet und damit auch gesteuert werden kann. Sie zeigen, wie der Erfolg der Unternehmensstrategie, gemessen in finanziellen Ergebnissen, von den unternehmensinternen Voraussetzungen abhängt. In der Balanced Score Card (BSC) werden deshalb die Perspektiven Finanzen, Kunde, Innovation und Prozesse integriert und ganzheitlich betrachtet. Die Inhalte der Perspektiven werden im Unternehmen jeweils individuell festgelegt.

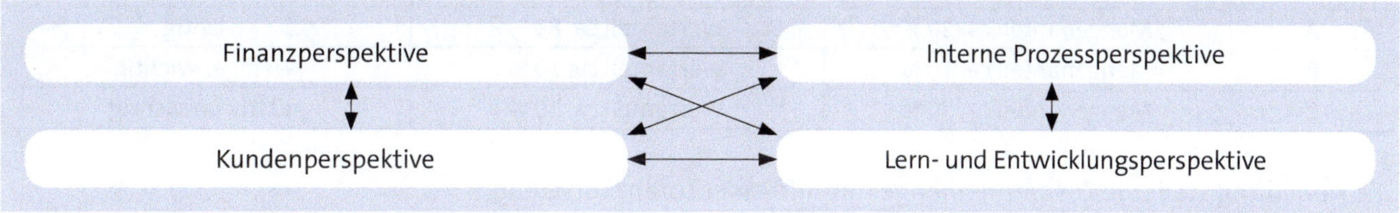

Abbildung 76: Perspektiven der Balanced Score Card

- Die Ziele der **Finanzperspektive** beziehen sich auf die Existenzsicherung des Unternehmens. Sie soll zeigen, ob die Strategien des Unternehmens erfolgreich sind.
- Die **Kundenperspektive** betrachtet den Zusatznutzen der Kunden und soll gewährleisten, dass die angestrebten finanziellen Ziele erreicht werden. Durch Kundenbindung und Gewinnung neuer Kunden soll der angestrebte Marktanteil erreicht bzw. vergrößert werden.
- Die interne **Prozessperspektive** bezieht sich auf die Prozessschritte in der Wertschöpfungskette des Unternehmens. Die Teilprozesse sollen über Messgrößen möglichst wirtschaftlich gesteuert werden.
- Durch Berücksichtigung der **Lern- und Entwicklungsperspektive** soll sichergestellt werden, dass die vorhandenen Kompetenzen und das vorhandene Wissen ausreichen, um die strategischen Unternehmensziele zu erreichen.

Bereich	**Inhalt**	**Typische Kennzahlen**
Finanzperspektive	Klassische finanzielle Kennzahlen	Umsatz, Auftragseingang, Rentabilität, Forderungen
Kundenperspektive	Kundeneinstellungen, Kundenbeurteilungen	Kundenzufriedenheitsindex, Kundenneugewinnungsrate, Kundenrentabilität
Interne Prozessperspektive	Beschreibung der internen Abläufe in Bezug auf Zeit, Qualität und Kosten	Durchlaufzeiten, Lieferzeiten, Erreichbarkeit der Servicemitarbeiter, Prozessinnovationen
Lern- und Entwicklungsperspektive	Offenheit gegenüber zukünftigen Entwicklungen, Reaktionen auf Neuerungen, Vorbereitung der Mitarbeiter auf neue Herausforderungen	Mitarbeiterzufriedenheit, Mitarbeiterqualifizierung

Abbildung 77: Überblick über die Balanced Score Card

2.4.2 Operative Controllinginstrumente

Beim operativen Controlling steht die **Ausnutzung der Erfolgspotenziale** im Zentrum der Überlegungen. Durch möglichst optimale Koordination der einzelnen Managementaktivitäten soll ihre Effizienz gesteigert werden. Für verschiedene Funktionsbereiche stehen – neben den allgemeingültigen – dazu zusätzliche spezifische Instrumente zur Verfügung.

ABC-Analyse
Mit der ABC-Analyse kann eine **Rangreihenfolge** von Objekten (z. B. Kunden, Umsatz, Produkte) nach Wichtigkeit und Bedeutung erstellt werden. Sie ist ein sehr einfaches betriebswirtschaftliches Analyseverfahren, bei dem die Daten in drei Klassen A, B und C mit absteigender Bedeutung eingeteilt werden.

Die ABC-Analyse ist angelehnt an die 80/20-Regel (**Paretoprinzip**), wonach 20 % des Aufwandes (z. B. Zeit, Kundenbetreuung) zu 80 % des Erfolges beitragen, während die restlichen 80 % nur 20 % zum Erfolg beitragen. Dabei wird das gegenläufige Verhalten von Menge und Bedeutung deutlich. Die ABC-Analyse ermöglicht,

- „wesentliche" von „unwesentlichen" Daten zu unterscheiden.
- Rationalisierungsmöglichkeiten zu erkennen.
- unwirtschaftliche Maßnahmen zu vermeiden.

Klasse	Prozentanteil		Bedeutung
A	Mengenanteil ca. 20 %	Wertanteil ca. 80 %	wichtig
B	Mengenanteil ca. 10 %	Wertanteil ca. 10 %	weniger wichtig
C	Mengenanteil ca. 70 %	Wertanteil ca. 10 %	relativ unwichtig

Die Abbildung stellt die Zusammenhänge mithilfe einer Lorenzkurve dar.

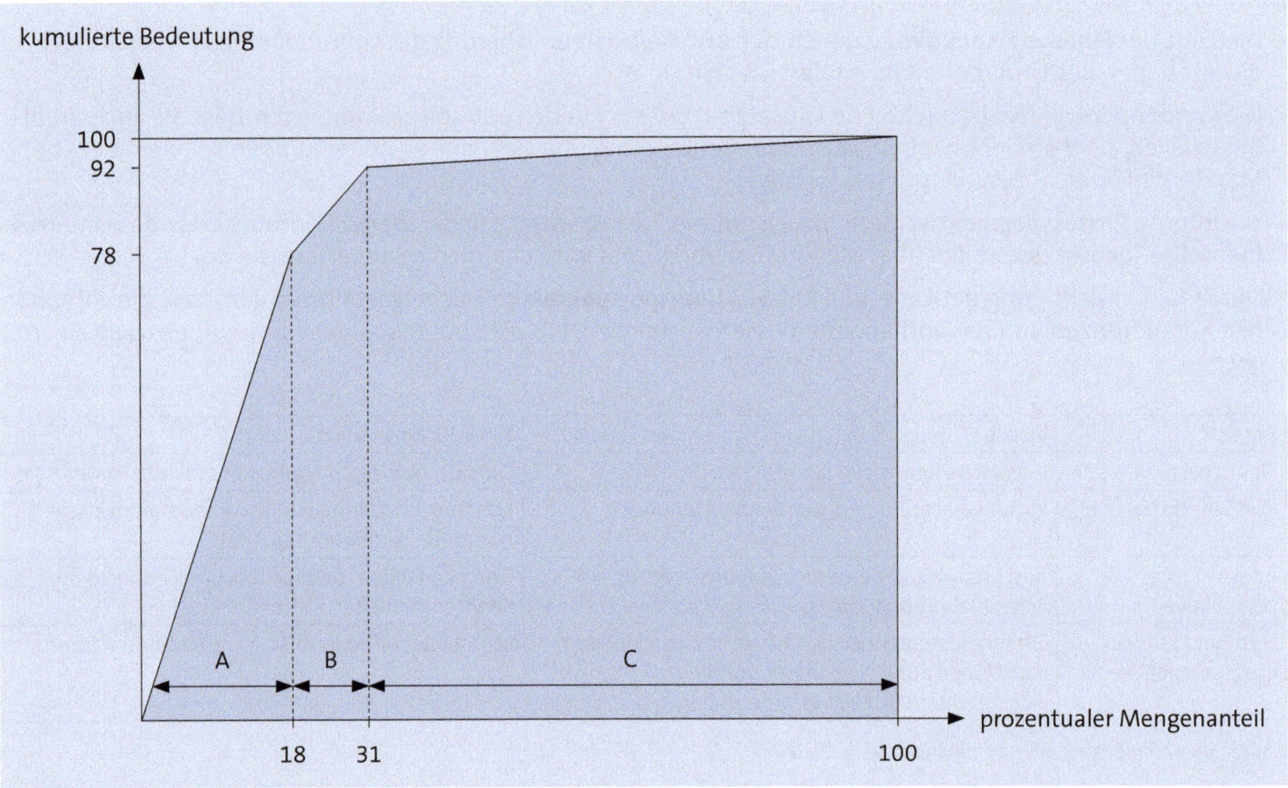

Abbildung 78: ABC-Analyse

So können wesentliche von unwesentlichen Informationen unterschieden und gezielt festgestellt werden, in welchen Bereichen es sich lohnt, eine weitere Optimierung anzustreben. Da die Informationsbeschaffung Kosten verursacht, kann auch eine höhere Wirtschaftlichkeit erreicht werden.

Nutzwertanalyse
Die Nutzwertanalyse ist ein **Entscheidungsverfahren**, das Handlungsalternativen nach den Präferenzen der Entscheidungsträger ordnet. Die Entwicklung von Lösungen kann übersichtlich, nachvollziehbar und trotzdem eindeutig erfolgen. Die möglichen Alternativen werden verglichen, der Nutzwert ergibt sich dann als ein relativer Wert.

Die Berechnung der Nutzwerte erfolgt durch Multiplikation der Kriterienbewertung mit der festgelegten Gewichtung. Die Alternative mit dem höchsten Nutzwert wird präferiert.

Zunächst werden die **Kriterien** formuliert, die für die Entscheidung wesentlich sind. Jedes Kriterium muss positiv ausgedrückt sein („Je mehr, desto besser"). Die Kriterien werden entsprechend ihrer Bedeutung gewichtet. Die Entscheidungsalternativen werden festgelegt.

Für jede Alternative und jedes Kriterium werden Gewichte („Punkte") vergeben.

Mithilfe einer **Entscheidungsmatrix** werden Alternativen nach den vereinbarten Beurteilungskriterien bewertet. Sie macht unterschiedliche Einflussgrößen transparent und gibt einen Zielerfüllungsgrad an.

Die Summe der Bewertungen bestimmt das Ergebnis und damit die Entscheidung. Die Alternative mit den meisten Punkten wird gewählt.

Beispiel

Die Pico AG beabsichtigt, ein neues EDV-System einzuführen. Drei Alternativen A, B und C stehen zur Auswahl. Um eine Entscheidung treffen zu können, werden zunächst die Entscheidungskriterien und ihre relative Gewichtung festgelegt:

Kriterium		**Relative Gewichtung**	
	Preis		30 %
	Bedienung		15 %
	Kompatibilität		15 %
	Service		5 %
	Leistungsfähigkeit		35 %

Anschließend werden die Alternativen nach den Kriterien bewertet und entsprechend der vorgenommenen Gewichtung ein Ergebnis ermittelt:

		Alternative A		**Alternative B**		**Alternative C**	
Kriterium	**Gewicht**	**Wert**		**Wert**		**Wert**	
Preis	30	10	300	6	180	8	240
Bedienung	15	5	75	8	120	8	120
Kompatibilität	15	4	60	10	150	10	150
Service	5	6	30	8	40	6	30
Leistungsfähigkeit	35	10	350	10	350	8	280
			815		840		820

Die Pico AG sollte sich für die Alternative B entscheiden.

Der große Vorteil dieses Verfahrens liegt in seiner **hohen Flexibilität**, es kann für unterschiedlichste Entscheidungssituationen eingesetzt werden.

2.5 Budgetierung

Mit einer Budgetierung wird die operative Unternehmensplanung in finanzielle Größen umgesetzt. Die **verfügbaren Mittel** werden dabei für eine bestimmte Periode so eingeteilt, dass die strategischen Ziele möglichst erreicht werden. Bereichsbezogene Teilbudgets werden zu einem Gesamtbudget zusammengeführt. In einem Abstimmungs- und **Koordinationsprozess** müssen die Bedürfnisse und Interessen der verschiedenen Organisationseinheiten dabei gegeneinander abgewogen werden.

Das Budget wird i. d. R. für ein Geschäftsjahr aufgestellt und gegebenenfalls an die tatsächliche Entwicklung angepasst. Mit der Budgetierung wird die Verantwortung die Ziele im Rahmen ihres vereinbarten Budgets zu erreichen, auf die einzelnen Unternehmensbereiche übertragen.

MERKE

Ein Budget ist ein zielorientierter, in wertmäßigen Größen formulierter Plan für eine festgelegte Periode.

Das Budget

- zeigt, welcher Beitrag zur Erreichung der strategischen Ziele vorgesehen ist.
- konkretisiert die Unternehmensziele für einzelne Unternehmensteile.
- dient der Abstimmung und Koordination der Teilpläne.
- verdeutlicht die Leistung der verantwortlichen Führungskräfte.
- ist ein Führungs- und Motivationsinstrument.

Damit sie tatsächlich ihre Funktion erfüllen können, müssen Budgets.

- mit klar umrissenen Verantwortlichkeiten verbunden sein.
- in den Vorgaben und im Ergebnis messbar sein.
- von den Verantwortlichen beeinflussbar sein.
- herausfordernd, aber erreichbar sein.
- unter Mitwirkung der Betroffenen entwickelt werden.

Die Umsetzung kann sehr unterschiedlich gestaltet sein:

- **Kostenbudget**
  Der Organisationseinheit (Abteilung, Kostenstelle) wird ein Kostenrahmen vorgegeben. Die Kosten können weiter nach Kostenarten gegliedert werden.
- **Umsatzbudget**
  Den Entscheidungseinheiten werden Umsatzziele (z. B. je Produkt, je Kunde) vorgegeben.
- **Programmbezogenes Budget**
  Aus vorgegebenen Zielen werden die benötigten Ressourcen abgeleitet.
- **Zero-Base-Budgeting**
  Alle Bereiche des Unternehmens müssen ihre Investitionswünsche periodisch so neu definieren und begründen, als würde das Unternehmen neu gegründet. Dadurch werden die bisherigen Festlegungen in Frage gestellt und erneut überprüft. Eine einfache Fest- und Fortschreibung von Budgets wird so vermieden.

- **Vertikale Budgetierung**
  Die Budget werden für die Unternehmensbereiche entsprechen der hierarchischen Organisation entwickelt.

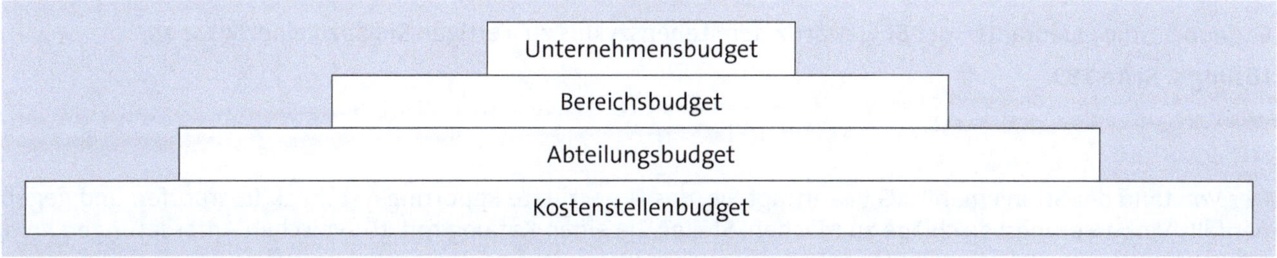

Abbildung 80: Vertikale Budgetierung

- **Horizontale Budgetierung**
  Mehrere Unternehmenseinheiten sind in die Leistungserstellung involviert und stellen ein Teilbudget.

Budget		
aus Abteilung 1	aus Bereich A	aus Kostenstelle 22

Abbildung 81: Horizontale Budgetierung

- **Better Budgeting**
  Die traditionelle Budgetierung wird in kleinen Schritten weiterentwickelt, um die Effizienz zu verbessern. Maßnahmen sind z. B. Verringerung der Detailtiefe der Planung und eine verbesserte IT-Unterstützung.
- **Advanced Budgeting**
  Weil unterstellt wird, dass mittelfristig die Bedeutung von Budgets abnimmt, werden kurzfristige Maßnahmen eingeleitet, um eine Steigerung der Planungsqualität und eine Verringerung der Ressourcen zu erreichen. Dazu werden Benchmarks in die Planung einbezogen.
- **Beyond Budgeting**
  Eine grundlegende Abkehr von Plan- und Budgetierungsgrößen führt zu einer Dezentralisierung von Verantwortung. Relative Ziele treten an die Stelle von fixen Budgetgrößen. Der Verzicht von Planvorgaben erfordert auch eine Änderung der Unternehmenskultur.

Kontrollfragen

Was verstehen Sie unter „Controlling"?

Welche wesentlichen Aufgaben des Controllings können Sie nennen?

Welche Instrumente des strategischen Controllings kennen Sie?

Welche Instrumente des operativen Controllings kennen Sie?

Wie kann das Controlling in die Aufbauorganisation integriert werden?

Welche Anforderungen müssen an das Berichtswesen gestellt werden?

Was bedeutet „SWOT"? Wofür stehen die Buchstaben?

Welche Aufgabe hat (ganz allgemein) eine ABC-Analyse?

Warum ist „Big Data" ein Thema im Controlling?

Worin besteht die Besonderheit der BSC?

Aus welchen Phasen besteht ein Produktlebenszyklus?

Übungsaufgaben

Aufgabe 23

Ordnen Sie die Quadranten der BCG-Matrix dem Lebenszyklus zu. Fertigen Sie dazu eine Skizze an.

Lösung s. Seite 189

Aufgabe 24

Der Vorstand der Strahlemann AG beauftragt Sie, das IT-gestützte Reportingsystem zu überprüfen und gegebenenfalls Verbesserungsvorschläge zu machen. Stellen Sie einen Katalog mit 10 typischen Anforderungen an das Reporting zusammen. Unterscheiden Sie dabei zwischen

a) Informationsanforderungen

b) Systemanforderungen

c) Benutzerfreundlichkeit

Erläutern Sie Ihre Auswahl.

Lösung s. Seite 190

Aufgabe 25

Die Geschäftstätigkeit in Werk B der Strahlemann AG, wo Leuchten für den öffentlichen Raum gefertigt werden, umfasst die vier strategischen Geschäftsfelder Mastleuchten, Glockenleuchten, Zylinderleuchten und Bodenleuchten. In allen vier Geschäftsfeldern konkurriert die Strahlemann AG mit vier anderen Herstellern. Diese fünf Unternehmen sind für 100 % der Umsätze auf dem Gesamtmarkt verantwortlich.

Die erwarteten Marktanteile für die Konkurrenzunternehmen und für die jeweiligen Gesamtmärkte im Jahr 02 sowie die Umsätze der Strahlemann AG in 02 sind in den folgenden Tabellen dargestellt:

Prognostizierte Marktanteile 02					
	Strahlemann AG	**A & B AG**	**C & D AG**	**E & F AG**	**G & H AG**
Mastleuchten	14 %	26 %	12 %	33 %	15 %
Glockenleuchten	20 %	15 %	24 %	9 %	32 %
Zylinderleuchten	12 %	18 %	40 %	14 %	16 %
Bodenleuchten	40 %	5 %	27 %	7 %	21 %

Entwicklung des Gesamtmarktes in Mio. €		
	01	**Prognose 02**
Mastleuchten	42,2	48,5
Glockenleuchten	18,5	17,2
Zylinderleuchten	20,5	23,0
Bodenleuchten	30,4	34,4

Umsatz der Strahlemann AG in Mio. €	
	Prognose 02
Mastleuchten	6,70
Glockenleuchten	3,44
Zylinderleuchten	2,76
Bodenleuchten	13,76

Erstellen Sie für die Situation in 02 eine grafische Darstellung eines Portfolios (BCG-Matrix).

Lösung s. Seite 190

Aufgabe 26

Der Ausbildungsleiter der Strahlemann AG bittet Sie, den Auszubildenden den Zusammenhang zwischen Produktlebenszyklus und Portfolioanalyse zu erläutern.

a) Skizzieren Sie einen typischen Produktlebenszyklus und erläutern Sie, wozu dieses strategische Planungsinstrument eingesetzt wird.

b) Zeigen Sie den Zusammenhang zwischen den beiden Instrumenten mit folgender Tabelle:

Phase im Produktlebenszyklus				
Portfoliofeld				

Lösung s. Seite 191

Aufgabe 27

Bei einer Analyse der Läger in Werk B der Strahlemann AG hat das Controlling festgestellt, dass kein Unterschied zwischen Gütern mit hoher und geringer Kapitalbindung gemacht wird. Um unnötige Kapitalbindung zu vermeiden, soll bei der Disposition zukünftig die wertmäßige Bedeutung der Vorratsgüter berücksichtigt werden. Dazu soll eine ABC-Analyse des Bestandes mit folgender Einteilung durchgeführt werden:

Kategorie	Wertanteil
A-Klasse	ca. 70 %
B-Klasse	ca. 20 %
C-Klasse	ca. 10 %

Aus der Lagerbuchhaltung erhält das Controlling folgende Informationen:

Artikelnummer	Stückpreis in €	Jahresbedarf in Stück
100	12,50	7.300
102	80,00	5.400
123	330,00	5.400
136	22,15	17.200
137	1.800,00	520
141	0,67	145.000
155	1,58	62.000
160	46,83	2.300
164	10,20	21.600
177	4,75	44.500
178	18,03	8.300
181	804,10	2.300
184	0,75	110.000
193	23,00	1.630
199	2,80	28.000

Lösung s. Seite 192

Aufgabe 28

Was gehört zu den Aufgaben eines Controllers? Kreuzen Sie an.

1.	Erfassung von Belegen für das interne Rechnungswesen.	
2.	Aufbau von strategischen und operativen Informationssystemen.	
3.	Kontrolle der Mitarbeiter im Rechnungswesen.	
4.	Durchführung von Abweichungsanalysen.	

Lösung s. Seite 193

Aufgabe 29

Skizzieren Sie die Unterschiede zwischen strategischem und operativem Controlling. Nutzen Sie die Tabelle.

	Operatives Controlling	Strategisches Controlling
Zeithorizont		
Ziel		
Instrumente		
Primäre Orientierung		
Gegenstand		
Messbarkeit		

Lösung s. Seite 193

Aufgabe 30

Ergänzen Sie folgenden Satz:
„Controlling unterstützt das Management bei der ______________, ______________ und ______________."

Lösung s. Seite 193

Aufgabe 31

Nennen Sie vier Instrumente des strategischen Controllings.

Lösung s. Seite 193

Aufgabe 32

Nennen Sie die vier Bereiche, die bei einer typischen Balanced Score Card berücksichtigt werden und ordnen sie ihnen jeweils zwei sinnvolle Kennzahlen zu.

Bereich	Inhalt	Typische Kennzahlen

Lösung s. Seite 194

3. Jahresabschlussanalyse

3.1 Ziele, Aufgaben und Anlässe

Der Jahresabschluss soll nach § 264 Abs. 2 HGB am Ende einer Abrechnungsperiode die tatsächliche Vermögens-, Finanz- und Ertragslage eines Unternehmens vermitteln.

Der Jahresabschluss ist aber unter handelsrechtlichen und eventuell steuerlichen Aspekten aufgestellt worden. Für **betriebswirtschaftliche** Fragestellungen ist er nur sehr bedingt aussagefähig.

ACHTUNG

Der veröffentlichte Jahresabschluss ist für eine betriebswirtschaftliche Analyse ungeeignet.

3.1.1 Ziele der Jahresabschlussanalyse

Die Jahresabschlussanalyse ist Teil einer umfassenderen Unternehmensanalyse. Um ein genaueres, durch **gezielte Gestaltungen unbeeinflusstes** tieferes Verständnis der wirtschaftlichen Lage eines Unternehmens erreichen zu können, muss der Jahresabschluss einer fundierten Analyse unterzogen werden. Dazu werden aus dem vorhandenen Datenmaterial Kennzahlen gebildet, die anschließend mit anderen Informationen in einen sinnvollen aussagefähigen Zusammenhang gebracht werden.

Die Jahresabschlussanalyse umfasst sowohl die kritische Durchsicht und Auswertung aller Teile des Jahresabschlusses als auch von anderen **internen und externen Quellen** zur Informationsgewinnung über die aktuelle wirtschaftliche Lage und die prognostizierbare Entwicklung eines Unternehmens. Sie wird eingesetzt zur

- Kontrolle unternehmenspolitischer Entscheidungen
- Beurteilung der Unternehmensleitung
- Beurteilung des Ausmaßes der Zielerreichung
- Feststellung der wirtschaftlichen Position im Vergleich zu anderen Unternehmen
- Beurteilung von Entwicklungsmöglichkeiten
- Ermittlung von ungenutzten Potenzialen
- Unterstützung der Ermittlung des aktuellen Unternehmenswertes
- internen Kontrolle
- u. a. m.

Da allerdings davon ausgegangen werden kann, dass der Jahresabschluss nicht ohne aktiven Einfluss der Unternehmensleitung auf Form und Inhalt erstellt worden ist, müssen bei der Jahresabschlussanalyse die Informationen entsprechend relativiert, aggregiert, ausgewertet, interpretiert und den Interessenten kommuniziert werden.

3.1.2 Adressaten der Jahresabschlussanalyse

Die Interessenten an der Auswertung von betrieblichen Zahlen sind die Personen, Personengruppen und Institutionen, die zu dem Unternehmen in irgendeiner Weise in Beziehung stehen („Stakeholder"):

- Die **Anteilseigner** haben ein Interesse an der Rentabilität ihres investierten Kapitals und der langfristigen Wertsteigerung ihres Vermögens.
- Der **Aufsichtsrat** vertritt die Interessen der Eigentümer und kann die Auswertung als Grundlage für seine Beurteilungen und Entscheidungen nutzen.
- Die **Arbeitnehmer** interessieren die Sicherheit ihrer Arbeitsplätze und die abschätzbare Gehaltsentwicklung.
- Die **Gläubiger** sind interessiert an der jederzeitigen Zahlungsfähigkeit des Unternehmens.
- Die **Konkurrenten** werden ihre eigenen Strategien unter Berücksichtigung der Ertrags- und Finanzlage der Wettbewerber entwickeln.
- Die **Lieferanten** streben eine langfristige Geschäftsverbindung an.
- Die **Kunden** sind daran interessiert, dass das Unternehmen seinen Liefer- und Garantieverpflichtungen nachkommen kann.

- **Kontrollinstanzen** wie Abschlussprüfer, das Kartellamt, die Finanzverwaltung und andere informieren sich im Rahmen ihrer Aufgabenstellung.
- Die Öffentlichkeit erwartet eine korrekte und nachvollziehbare Rechenschaftslegung der Unternehmen.

3.1.3 Zeitbezug der Analyse

Die Jahresabschlussanalyse ist grundsätzlich **retrospektiv**, sie untersucht einen Jahresabschluss, der bereits vorliegt, also zu einem früheren Zeitpunkt erstellt worden ist. Damit sind seine Werte und folglich auch daraus entwickelten Kennzahlen niemals aktuell. Durch einen Nachtragsbericht können zwar zusätzliche Erkenntnisse gewonnen werden, eine vollständige Aktualisierung kann aber nicht gelingen.

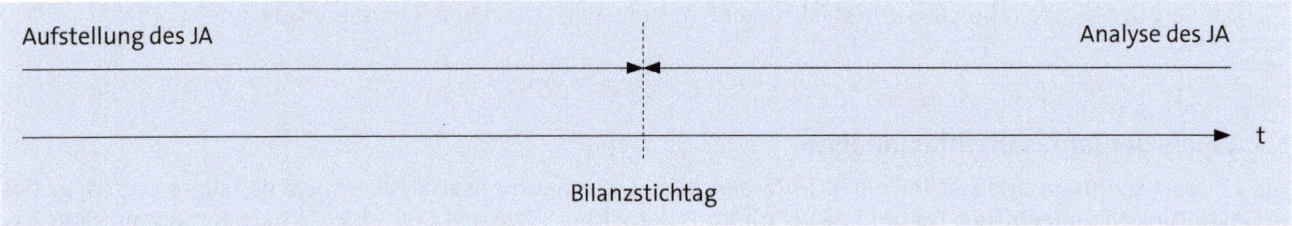

Abbildung 82: Zeitbezug der Jahresabschlussanalyse

Da Kennzahlen nur im Vergleich sinnvoll zu interpretieren sind, muss bei der Analyse vorausgesetzt werden, dass

- die Daten nach denselben Kriterien aufbereitet worden sind und
- die Bewertungen nach denselben Grundsätzen erfolgt sind.
  Zusätzlich ergeben sich **methodische Probleme**, weil einerseits zeitpunktbezogene und andererseits zeitraumbezogene Daten in die Analyse einfließen. Berechnungen können sich auf monatliche, jährliche oder auch längere Zeiträume beziehen.

Beispiel

Bei der Ermittlung der Eigenkapitalrentabilität

$$\frac{\text{Jahresüberschuss}}{\text{durchschnittliches Eigenkapital}} \cdot 100$$

wird die stichtagsbezogene Größe „Jahresüberschuss" mit der zeitraumbezogenen Größe „Eigenkapital" in Beziehung gesetzt. Mit der Berechnung des durchschnittlichen Eigenkapitals soll dieser methodische Mangel abgemindert werden.

Während der Jahresabschluss sich auf einen vergangenen Zeitraum bezieht, sollen sich die Schlüsse, die aus einer Analyse gezogen werden, auf **zukünftige Entwicklungen** beziehen.

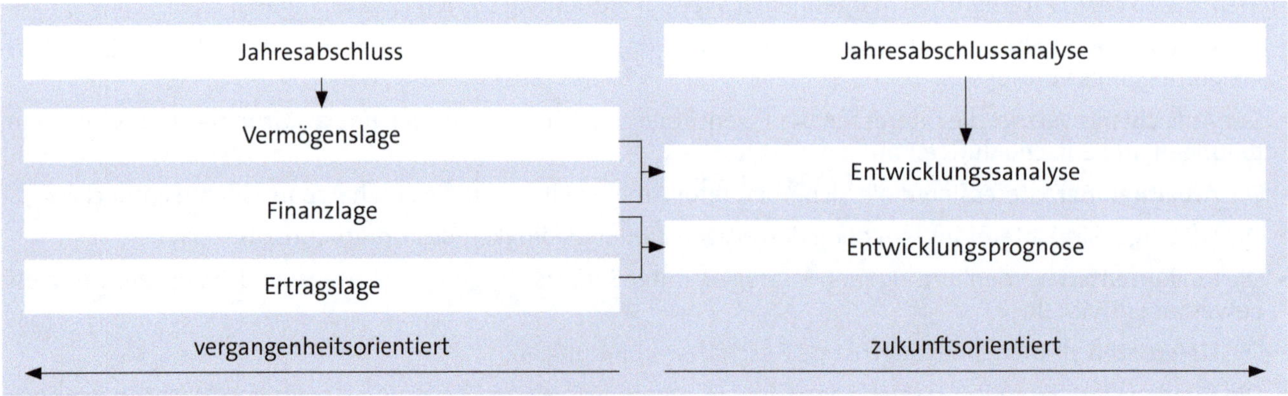

Abbildung 83: Zeitorientierung der Analyse

3.1.4 Aufbereitung

Um eine sinnvolle Auswertung vornehmen zu können, muss eine **Aufbereitung** des Jahresabschlusses erfolgen. Die handels- und steuerrechtlich, aber auch interessenbezogen motivierten Angaben werden damit einer **betriebswirtschaftlichen Analyse** zugänglich gemacht.

Die einzelnen Positionen der Bilanz werden zu aussagefähigen und sinnvoll analysierbaren Größen zusammengefasst. Das Ergebnis dieser Aufbereitung der Bilanz ist eine **Strukturbilanz**.

Abbildung 84: Grundschema einer Strukturbilanz

ACHTUNG

Rückstellungen und Verbindlichkeiten werden in der Strukturbilanz als Fremdkapital dargestellt. Diesen Begriff gibt es in der Bilanz nach § 266 HGB nicht.

Welche Form die Strukturbilanz für Auswertungszwecke genau haben soll, hängt eng mit dem **Erkenntnisinteresse** der Analysten zusammen. Zur Aufbereitung der Bilanz werden unterschiedliche Instrumente eingesetzt:

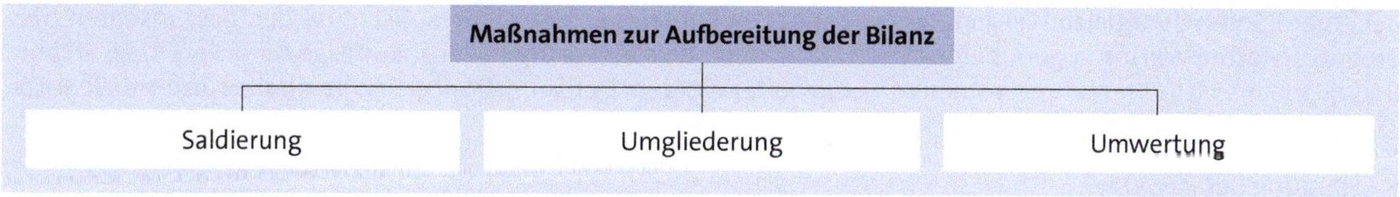

Abbildung 85: Aufbereitungsmaßnahmen

- **Saldierungen**
  Aufrechnung von Bilanzpositionen oder Teilen davon mit Positionen auf der anderen Bilanzseite.

  Beispiele

  Firmenwert und Disagio werden mit dem Eigenkapital saldiert, weil sie keine Vermögensgegenstände sind.

- **Umgliederungen**
  Bereits vorhandene Positionen werden einer anderen Position zugeordnet.

  Beispiel

  Die passiven Rechnungsabgrenzungsposten werden dem Fremdkapital zugeordnet.

- **Umwertungen**
  Die in der Bilanz ausgewiesenen Beträge entsprechen nicht immer den wirklichen Werten. Es sind Unterbewertungen (stille Reserven) und Überbewertungen denkbar.

Beispiel

Grundstücke müssen mit den Anschaffungskosten bewertet werden, haben aber oft einen höheren Marktwert.

3.1.5 Vergleichsmaßstäbe

Die Ergebnisse einer einzelnen isolierten Auswertung sind **kaum aussagefähig**, sie können nicht interpretiert werden, weil ein Vergleichs- und Bewertungsmaßstab fehlt.

MERKE

Erst ein Vergleich ermöglicht im Rahmen einer Jahresabschlussanalyse eine Beurteilung.

Im **Betriebs- oder Branchenvergleich** werden die Jahresabschlüsse verschiedener (ähnlich strukturierter) Unternehmen zu einem bestimmten Zeitpunkt miteinander verglichen. Dadurch erst wird erkennbar, ob die absolut festgestellten Werte relativ besser oder schlechter sind als bei den Wettbewerbern bzw. im Durchschnitt der Branche.

Der Branchenvergleich ist i. d. R. die Analyseart, die Externen die besten Aufschlüsse bietet.

Im **Zeitvergleich** werden mehrere aufeinander folgende Jahresabschlüsse eines einzelnen Unternehmens analysiert. Gegenüber der Analyse nur eines einzelnen Jahresabschlusses wird dadurch ein erheblicher Erkenntnisgewinn möglich, denn die Veränderung von einzelnen Positionen und erst recht die Entwicklung von Kennzahlen im Zeitablauf ermöglichen eine bessere Beurteilung als die statische Einzelanalyse und damit auch eine bessere Prognose über die zukünftige Entwicklung.

Bei einem **Soll-Ist-Vergleich** werden die tatsächlichen Zahlen aus dem Jahresabschluss den gewünschten bzw. prognostizierten Werten gegenübergestellt. Damit können gegenwärtige oder zukünftige Anforderungen erkannt und gegebenenfalls Korrekturmaßnahmen eingeleitet werden. Der Soll-Ist-Vergleich beinhaltet also vier Schritte:

- Bestimmung der Sollwerte
- Erfassung der Istwerte
- Durchführung einer Abweichungsanalyse
- Einleitung von Korrekturmaßnahmen.

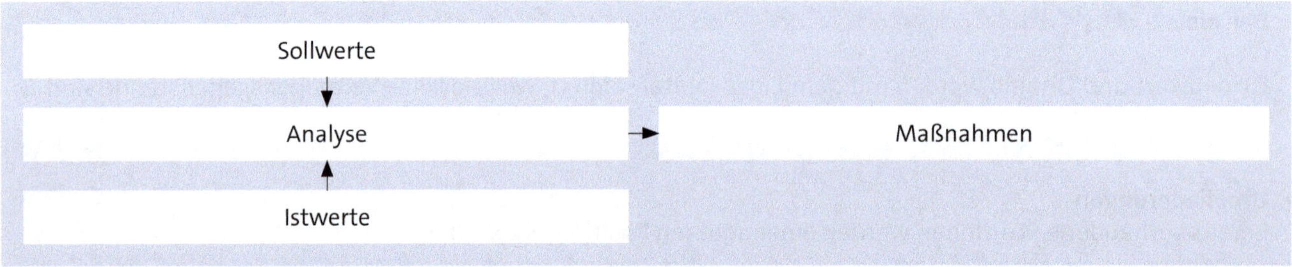

Abbildung 86: Soll-Ist-Vergleich

Bei Unternehmen, deren Aktivitäten regelmäßig erheblichen Schwankungen unterliegen, sollten Vergleiche über mehrere (z. B. fünf) Jahre erfolgen, um Trends oder Auffälligkeiten überhaupt erkennen zu können.

Beispiele

Schiffbau, Bauindustrie

3.2 Rating

Beim Rating wird der systematische Versuch unternommen, auf der Grundlage von Teilanalysen ein objektives und ganzheitliches Bild über einen Darlehensnehmer zu erhalten, um das **Kreditausfallrisiko** einschätzen zu können. Dabei spielen auch qualitative Faktoren wie Management, Controlling, Produktion und Marktumfeld eine erhebliche Rolle.

MERKE

Als „Rating" bezeichnet man die Beurteilung der Bonität eines Schuldners. Es zeigt die erwartete Ausfallwahrscheinlichkeit von Krediten.

Bei den Kriterien zur Feststellung der Bonität wird zwischen quantitativen und qualitativen Merkmalen unterschieden:

Rating

Hard Facts (quantitativ)	**Soft Facts (qualitativ)**
z. B.	z. B.
▸ Eigenkapital	▸ Kunden und Lieferanten
▸ Vermögensstruktur	▸ Produktqualität
▸ Liquidität	▸ Branche
▸ Rentabilität	▸ Marktanteil
▸ Cashflow	▸ Personalführung

Abbildung 87: Rating

Grundsätzlich können interne oder externe Ratings eingesetzt werden.

Ein **internes Rating** erfolgt durch die Bank und wird nicht veröffentlicht. Es handelt sich i. d. R. um eine Kombination aus mathematisch-statistischen Verfahren und Experteneinschätzungen. Unternehmen, die z. B. ein Darlehen benötigen, werden mithilfe eines bankenspezifischen Kennzahlensystems analysiert. Zusammen mit einer Analyse der qualitativen Faktoren wird ein Scoring erstellt, um eine möglichst zuverlässige Prognose zu der individuellen Bonität erstellen zu können.

Ein Scorewert kann z. B. mit einem Punktsystem dargestellt werden: Bei einem Score von 100 Punkten ist das Kreditrisiko gleich oder nahe null. Je niedriger der Scorewert, desto höher ist das Risiko. Dann kann ein Schwellenwert festgelegt werden, bei einem niedrigeren Wert werden dann keine Darlehen gewährt.

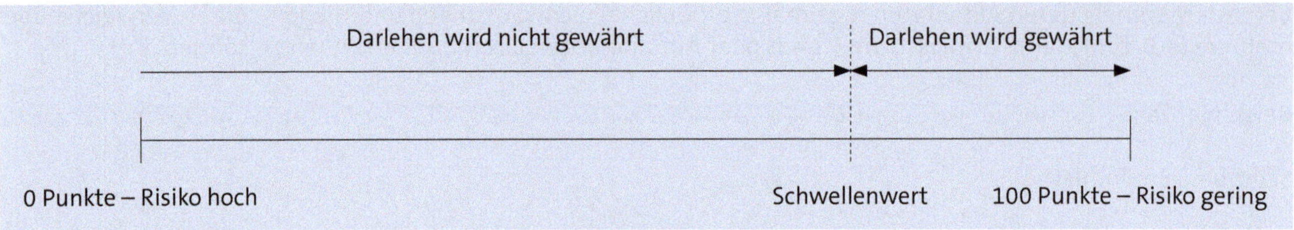

Abbildung 88: Kreditscoring

Alternativ zu bankeigenen Ratingverfahren kann auf das Urteil von **Ratingagenturen** zurückgegriffen werden. Sie sind darauf spezialisiert, Unternehmen, Wertpapiere und auch Länder weltweit zu bewerten.

Die Kreditnehmer werden in **Bonitätsklassen** eingestuft, für die Ausfallwahrscheinlichkeiten ermittelt werden können. Je besser die Ratingklasse, desto geringer ist das Ausfallrisiko von Krediten. Ratings sind also nicht nur ein Kontrollinstrument, sondern sie sind auch eine **Analyse der Stärken und Schwächen** eines Unternehmens und bieten ihnen damit auch eine Chance, die eigene Position zu überprüfen.

Um Bonitätsklassen bilden zu können, wird eine Einstufung anhand einer definierten Skala vorgenommen. Die Bezeichnungen können dabei leicht unterschiedlich sein.

Beispiel

Bonitätsstufen der Agentur Standard & Poor's

Ratingklasse	Beschreibung	Aussage zur Bonität	
AAA	Schuldner höchster Bonität geringstes Ausfallrisiko	ausgezeichnet	Investment Grade
AA+	Sichere Anlage geringes Ausfallrisiko		
AA			
AA-			
A+	geringes Ausfallrisiko Bei unvorhergesehenen negativen Ereignisse ergeben sich aber Auswirkungen auf die Bonität	sehr gut	
A			
A-			
BBB+	mittleres Ausfallrisiko anfällig bei negativer Wirtschaftsentwicklung	gut	
BBB			
BBB-		überdurchschnittlich	
BB+	hohes Ausfallrisiko befriedigende Sicherheit, dass Zins und Tilgung geleistet werden können		Speculative Grade
BB		durchschnittlich	
BB-			
B+	sehr hohes Ausfallrisiko geringe Sicherheit, dass Zins und Tilgung geleistet werden können	unterdurchschnittlich	
B-		Bestand des Unternehmens gefährdet Insolvenzgefahr	
CCC+	nur bei günstiger Entwicklung droht kein Zahlungsausfall		
CCC			
CCC-			
CC	hohe Wahrscheinlichkeit eines Zahlungsausfalls		
C			
D	Zahlungsausfall		

Die Bewertung des Kreditrisikos darf sich „nicht ausschließlich oder automatisch" auf externe Ratings stützen. Die Banken müssen mit eigenen Methoden feststellen, ob das Kreditrisiko in den **Eigenkapitalanforderungen** ausreichend berücksichtigt ist.

Die Übersicht stellt die beiden grundsätzlichen Möglichkeiten des Ratings gegenüber:

	Bankinternes Rating	**Externes Rating**
Ziel	Kreditentscheidung	Information für Dritte
Kosten	Werden von der Bank getragen, Berücksichtigung bei den Konditionen	Werden durch das Unternehmen getragen
Unternehmensgröße	Segmentierung nach Unternehmensgröße	geeignet für Unternehmen mit einem Umsatz von mindestens 10 Mio. €
Quantitative Analyse	Mathematisch-statistische Verfahren überwiegen Vergleich mit Schwellenwerten Entwicklungen im JA Bilanzpolitik 5 - 12 Kriterien	Expertenschätzungen überwiegen Vergleich mit Schwellenwerten Entwicklungen im JA Bilanzpolitik 18 - 150 Kriterien
Qualitative Analyse	Tatsachen und Einschätzungen 9 - 52 Kriterien	Leitfadengestützt 250 - 450 Kriterien
Rating	durch Software, geringe Abweichungen möglich	durch Ratingkomitee

Abbildung 89: Externes und internes Rating

Weil das Ergebnis eines Ratings die **Kreditkonditionen** beeinflusst, müssen Unternehmen mit schlechter Bonität mit einer Verteuerung der Kredite, einer Reduzierung oder im Extremfall mit einer Kündigung der Kreditlinie rechnen. Unternehmen mit guter Bonität dagegen können auf dem Kapitalmarkt einen Vorteil erreichen.

Weil die **Unternehmensfinanzierung** durch das Rating erheblich beeinflusst wird, müssen Anstrengungen unternommen werden, um die notwendige Einstufung erreichen zu können.

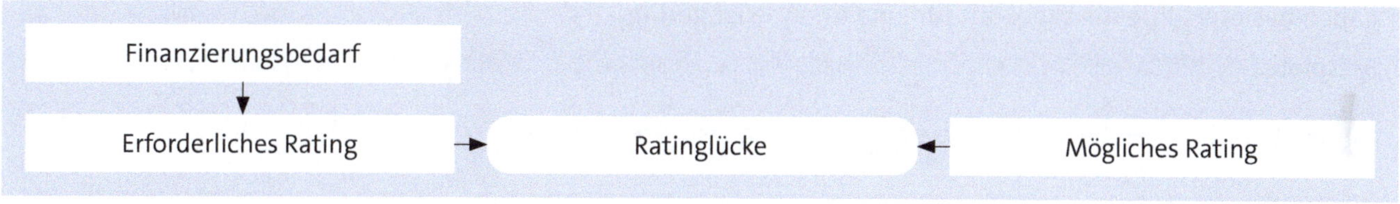

Abbildung 90: Rating bei Finanzierungsbedarf

Bei der aktuellen Beurteilung kann auf die Ergebnisse früherer Ratings des eigenen Unternehmens und (sofern vorhanden) die veröffentlichten Ratingsysteme zurückgegriffen werden. So wird erkennbar, welche **Kriterien** einen besonderen Einfluss auf das Ratingergebnis haben und deshalb vorrangig angepasst werden müssen.

Eine **zielgerichtete Präsentation** von Informationen gegenüber der Kredit gebenden Bank und die interne Analyse der eigenen Situation können sich positiv auf das Ratingergebnis auswirken. Deshalb muss gewährleiste sein, dass alle notwendigen Informationen für den Kontakt zur Bank so aufbereitet werden, dass die Bonitätsermittlung positiv beeinflusst wird. Kennzahlen spielen dabei eine entscheidende Rolle.

3.3 Kennzahlen

Kennzahlen sind das zentrale Instrument der Jahresabschlussanalyse. Sie können grundsätzlich in allen Organisationsformen eingesetzt werden, wenn auch mit unterschiedlicher Zielrichtung und Detaillierungstiefe. Kennzahlen geben in konzentrierter Form Auskunft über **quantitativ erfassbare betriebliche Sachverhalte**. Sie verdichten Unternehmensinformationen zu sinnvollen und aussagefähigen Größen und sollen dadurch komplexe Zusammenhänge auf relativ einfache Weise darstellen, um einen möglichst schnellen und doch umfassenden

Überblick zu erhalten. Kennzahlen liefern eine Vielzahl von quantitativen Informationen über die technische, organisatorische und wirtschaftliche Leistungsfähigkeit der Organisation.

Abhängig von den Rahmenbedingungen können mit Kennzahlen verschiedene Ziele verfolgt werden:

- Interne **Leistungsbeurteilung:** Kennzahlen dienen der Erfassung des Ist-Zustandes und zeigen die Entwicklung im Zeitablauf.
- **Positionsbestimmung** im externen Vergleich: Orientierung an anderen, aber ähnlichen Unternehmen, um Verbesserungsmöglichkeiten zu erkennen.
- Bestimmung von **Unternehmenszielen:** Auf der Basis von Zielwerten von Kennzahlen kann ein permanenter Verbesserungsprozess erfolgen.
- **Qualitätsmanagement:** Kennzahlen können ein Element bei der Ausrichtung kontinuierlicher Verbesserungsprozesse sein.
- **Öffentlichkeitsarbeit:** Kennzahlen können die Leistungsfähigkeit dokumentieren und die Erfolge transparent machen.

Kennzahlen lassen sich in unterschiedliche Gruppen einteilen:

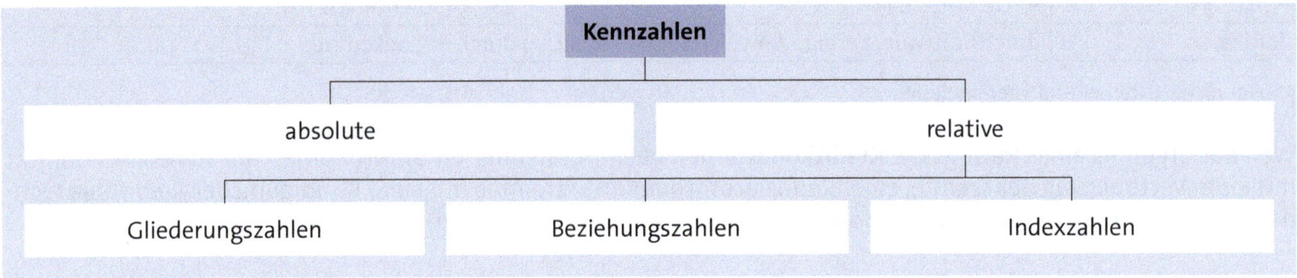

Abbildung 91: Arten von Kennzahlen

- **Absolutzahlen** werden direkt aus dem Rechnungswesen übernommen. Sie können auf Mengen- oder Wertangaben basieren. Ihre Aussagekraft für eine Analyse ist gering.

  Beispiele

  Jahresüberschuss, Höhe des Anlagevermögens, Bilanzsumme

- **Gliederungszahlen** geben den Anteil einer Teilgröße an der zugehörigen Gesamtgröße an. Sie zeigen das relative Gewicht einzelner Größen als Teil einer Gesamtheit.

  Beispiel

  Die Eigenkapitalquote gibt den Anteil des Eigenkapitals am Gesamtkapital an.

- Bei **Beziehungszahlen** werden zwei logisch zusammenhängende Größen zueinander in Beziehung gesetzt, zwischen denen eine Ursache-Wirkungs-Beziehung vermutet wird. Bei Veränderungen können allerdings die Ursachen dafür allein mit der Beziehungszahl nicht festgestellt werden, weil die Werte im Nenner oder im Zähler dafür verantwortlich sein können.

  Beispiel

  Zur Berechnung der Umsatzrentabilität wird der Jahresüberschuss auf den Umsatz bezogen.

- Mithilfe von **Indexzahlen** können Veränderungen von Kennzahlen im Zeitablauf dargestellt werden. Die Anfangswerte zum Beginn des Betrachtungszeitraums erhalten dazu den Basiswert 100. Die Werte zu späteren Zeitpunkten werden dann im Verhältnis zu diesem Basiswert ermittelt.

Beispiele

Das Umsatzwachstum kann so die Veränderung des Umsatzes seit der Basisperiode als prozentuale Größe angeben. Verbreitet sind Aktien- und Preisindices.

Wie die Kennzahlen genau gestaltet werden, ist abhängig vom Erkenntnisinteresse und von den Daten, die zur Verfügung stehen. Ihre wichtigsten Funktionen sind:

- **Wahrnehmungsfunktion**
  Kennzahlen machen komplexe Zusammenhänge transparent und bewusst. Sie ersetzen intuitive und undifferenzierte Urteile durch nachprüfbare Daten und stellen sie komprimiert dar.
- **Kommunikationsfunktion**
  Kennzahlen ermöglichen eine sachliche Diskussion und kritische Auseinandersetzung mit den beschriebenen Entwicklungen.
- **Anreizfunktion**
  Kennzahlen erlauben präzise und herausfordernde Zielsetzungen.
- **Controllingfunktion**
  Kennzahlen erlauben objektive und nachprüfbare Vergleiche. Sie ermöglichen, Fehlentwicklungen entgegenzuwirken.

3.4 Kennzahlensysteme

In Kennzahlensystemen werden mehrere Kennzahlen logisch geordnet und so miteinander **verknüpft**, dass ein Ursache-/Wirkungszusammenhang erkennbar wird. Dadurch wird die Gesamtsituation eines Unternehmens deutlicher erkennbar als durch einzelne Kennzahlen.

- Bei dem **Du Pont-Kennzahlensystem** werden zur Ermittlung des Return on Investment die Umsatzrentabilität und der Kapitalumschlag in ihre Bestandteilen jeweils so weit aufgespalten, dass eine Analyse der Haupteinflussfaktoren auf den Return on Investment möglich wird.
- Eine Weiterentwicklung des Du Pont-Systems stellt das **ZVEI-Kennzahlensystem** dar. Im Anschluss an eine Wachstumsanalyse werden – ausgehend von der zentralen Kennzahl „Eigenkapitalrentabilität" – insgesamt etwa 200 Kennzahlen zur Ertragskraft und zu den Unternehmensrisiken miteinander verknüpft.
- Bei dem **RL-System**, das speziell für den Controllingbereich entwickelt wurde, sind die zentralen Kennzahlen die Liquidität und die Rentabilität. In einem allgemeinen Teil werden die Liquidität und das ordentliche Ergebnis analysiert, ein Sonderteil beschäftigt sich mit unternehmensspezifischen Kennzahlen wie z. B. Deckungsbeiträgen und Fixkosten.

3.5 Durchführung der Jahresabschlussanalyse

3.5.1 Finanzwirtschaftliche Jahresabschlussanalyse

Die finanzwirtschaftliche Analyse untersucht einerseits die Kapitalverwendung und andererseits die Finanzierungsquellen.

3.5.1.1 Vermögensstruktur

Bei der Vermögensstrukturanalyse handelt es sich um eine reine vertikale Betrachtung der Aktivseite der Bilanz.

Abbildung 92: Analyse der Vermögensstruktur

Die Vermögensstrukturanalyse untersucht die Zusammensetzung der Vermögensgegenstände nach der Dauer der **Vermögensbindung**. Sie gibt Auskunft über die unterschiedliche Liquidierbarkeit der Vermögensgegenstände, von der wiederum die Anpassungsmöglichkeiten an positive oder negative Beschäftigungsänderungen abhängt.

Zur Beurteilung der Vermögensstruktur existieren zahlreiche Kennzahlen. Ihre Aussagefähigkeit ist im Einzelfall sehr unterschiedlich, weil sie natürlich abhängig sind von der Zusammensetzung der Ausgangskomponenten, weil sie sich teilweise gegenseitig beeinflussen und weil bei einigen zu ihrer sinnvollen Interpretation ergänzende Informationen erforderlich sind.

Intensität des Anlagevermögens
Die Anlageintensität zeigt den Anteil des Anlagevermögens am Gesamtvermögen. Sie gilt als wichtigste Kennzahl zur Beurteilung des Anteils des langfristig gebunden Vermögens.

$$\text{Anlagenintensität} = \frac{\text{Anlagevermögen}}{\text{Gesamtvermögen}} \cdot 100$$

Die Kennzahl ist stark **branchenabhängig**. Produktionsbetriebe haben durch intensiven Maschineneinsatz und Automatisierung im Allgemeinen eine hohe Anlagenintensität und sind dadurch im Hinblick auf die fixen Kosten weniger flexibel als Handels- oder Dienstleistungsunternehmen.

Beispiel

Die Anlagenintensität der Energiebranche ist ca. dreimal höher als in der Holzbranche.

Weil das Anlagevermögen Kapital langfristig bindet, ist die Kennzahl ist ein **Maß für die Flexibilität** eines Unternehmens.

Eine im Vergleich **hohe Anlageintensität** deutet darauf hin, dass die Vermögensgegenstände noch relativ neu und auf aktuellem technischem Stand sind. Dann können in nächster Zeit wenig Reparatur- und Wartungskosten erwartet werden, Ersatzinvestitionen sind vorläufig nicht erforderlich. Allerdings besteht bei Marktveränderungen ein höheres Risiko, denn bei Zahlungsschwierigkeiten kann das Anlagevermögen kaum in liquide Mittel umgewandelt werden.

Je niedriger der Anteil des langfristigen Vermögens am Gesamtvermögen ist, desto

- schneller lässt sich das Vermögen liquidieren.
- niedriger sind der Kapitalbedarf und die Kosten des Kapitaldienstes.
- geringer sind – unter sonst gleichen Bedingungen – die Fixkosten.
- weniger haben Beschäftigungsänderungen Auswirkungen auf den Erfolg.
- höher ist tendenziell die Kapazitätsausnutzung.
- größer ist die Anpassungsfähigkeit an geänderte Anforderungen des Marktes.

Eine zu geringe Anlagenintensität kann aber darauf hindeuten, dass das Unternehmen überwiegend über alte Anlagen verfügt, die bereits weitgehend abgeschrieben sind und daher nur noch über einen geringen Buchwert verfügen. Interessant sind die chronologische Entwicklung und der Vergleich mit anderen Unternehmen der Branche.

INFO

Die Anlagenintensität kann durch Leasing oder Outsourcing leicht manipuliert werden. Deshalb sind zur Beurteilung der Kennzahl weitere Informationen erforderlich.

Intensität des Umlaufvermögens
Als Pendant zur Anlagenintensität wird die

$$\text{Arbeits- oder Umlaufintensität} = \frac{\text{Umlaufvermögen}}{\text{Gesamtvermögen}} \cdot 100$$

ermittelt. Die Summe aus den für einen bestimmten Zeitpunkt ermittelten Werten der Anlagen- und Umlaufintensität ist immer 100 %.

Ein hoher Anteil des Umlaufvermögens wird i. d. R. positiv bewertet, weil Vermögensgegenstände des Umlaufvermögens relativ **leicht liquidierbar** sind. Allerdings kann eine hohe Umlaufintensität auch auf hohe Lagerbestände hindeuten, die erklärungsbedürftig wären.

Vermögensintensität
Das Verhältnis zwischen Anlage- und Umlaufvermögen zeigt die Kennzahl Vermögensintensität (auch „Konstitution"):

$$\text{Vermögensintensität} = \frac{\text{Anlagevermögen}}{\text{Gesamtvermögen}}$$

Bei einem Wert von 1 haben das Anlage- und das Umlaufvermögen jeweils einen Anteil von 50 % am Gesamtvermögen.

Die Vermögensintensität ist – wie die Anlagen- und die Umlaufintensität – stark branchenabhängig.

Die Kennzahlen zur Vermögensstruktur müssen sehr vorsichtig interpretiert werden, denn ihre **Aussagekraft** wird durch mehrere Probleme eingeschränkt:

- Die **Zuordnung** von Vermögensgegenständen zum Umlauf- oder Anlagevermögen gibt nur bedingt Auskunft über die jeweilige Dauer der Kapitalbindung. Der eiserne Bestand ist (wertmäßig) dauerhaft im Unternehmen gebunden, aber trotzdem Teil des Umlaufvermögens. Die Höhe des langfristig gebundenen Kapitals erscheint dadurch zu niedrig.
- Das Umlaufvermögen wird mit durchschnittlich **aktuelleren Preisen** in die Bilanzpositionen eingehen. Bei steigenden Preisen führt das zu einer niedrigeren Anlagenintensität.

- Die Erkenntnismöglichkeiten aus der isolierten Analyse dieser Kennzahlen sind gering. Insbesondere kann kein Wert angegeben werden, nach dem die Vermögensstruktur gut oder schlecht ist. Die Aussagekraft der Kennzahlen nimmt allerdings zu, wenn ihre Entwicklung über mehrere Jahre hinweg beobachtet wird.

Altersstruktur des Sachanlagevermögens
Die Altersstruktur des Sachanlagevermögens wird ermittelt, weil angenommen werden kann, dass ein Unternehmen mit neueren Fertigungsanlagen eher in der Lage sein wird, seine Marktposition auch auf Dauer zu behaupten bzw. weiter auszubauen. Außerdem lassen sich Erkenntnisse darüber gewinnen, ob in naher Zukunft Ersatzinvestitionen notwendig werden, die zusätzliches Kapital erfordern.

Das Alter des Sachanlagevermögens kann mithilfe des **Anlagenabnutzungsgrades** ermittelt werden:

$$\text{Anlagenabnutzungsgrad} = \frac{\text{kumulierte Abschreibungen auf das SAV}}{\text{Sachanlagen zu AK bzw. HK am Ende des GJ}} \cdot 100$$

Er zeigt prozentual, in welchem Umfang das Sachanlagevermögen bereits abgeschrieben ist. Je höher die Kennziffer, desto älter sind die Anlagen. Ein hoher Anlagenabnutzungsgrad deutet auf ein relativ hohes Alter der Anlagen und einen damit verbundenen **Investitionsbedarf** in der nahen Zukunft hin. Bei einem niedrigen Anlagenabnutzungsgrad kann angenommen werden, dass Investitionen vorgenommen worden sind und damit die Produktionseinrichtungen dem aktuellen technischen Stand entsprechen.

Wie der Abnutzungsgrad zu beurteilen ist, hängt vor allem von der Branchenzugehörigkeit des Unternehmens ab. Dabei ist zu berücksichtigen, dass die gewählte Abschreibungsmethode seine Höhe entscheidend beeinflusst. Eine Vergleichbarkeit ist insofern nicht selbstverständlich gegeben.

Investitionsquote
Der Anlagenabnutzungsgrad muss im Zusammenhang mit der **Investitionspolitik** des Unternehmens analysiert und bewertet werden, weil das Ausmaß der Anlagenabnutzung weitgehend durch die Investitionstätigkeit des Unternehmens bestimmt wird. Die Investitionsquote

$$\text{Investitionsquote} = \frac{\text{Gesamte Nettoinvestitionen}}{\text{Anlagevermögen zu AK bzw. HK am Anfang des GJ}} \cdot 100$$

setzt die Nettoinvestitionen ins Verhältnis zum Anlagevermögen, weil die Höhe der Investitionen wesentlich von der Unternehmensgröße abhängt.

	Bruttoinvestitionen
-	Abschreibungen
=	**Nettoinvestitionen**

Die Kennzahl **Investitionsdeckung**

$$\text{Investitionsdeckung} = \frac{\text{Jahresabschreibungen auf das SAV}}{\text{Nettoinvestitionen des GJ in Sachanlagen}}$$

stellt einen Zusammenhang her zwischen den Abschreibungen und den Investitionen. Je größer diese Kennzahl ist, desto größer ist die **Investitionsneigung** in dem Unternehmen. Eine hohe Investitionsquote legt die Annahme von Rationalisierungen oder Erweiterungsinvestitionen nahe, eine niedrige Investitionsquote lässt auf notwendige Ersatzinvestitionen schließen.

Die Interpretation ist aber unbedingt durch weitere Analysen zu ergänzen, denn diese Kennzahlen werden massiv beeinflusst durch Miete oder Leasing von Anlagevermögen und durch die genutzten Abschreibungsmöglichkeiten.

Abschreibungsquote und Abschreibungsintensität
Mithilfe der Abschreibungsquote soll die durchschnittliche **Nutzungsdauer** der Vermögensgegenstände ermittelt werden.

$$\text{Abschreibungsquote} = \frac{\text{Jahresabschreibungen auf das SAV}}{\text{Sachanlagevermögen zu AK bzw. HK am Anfang des GJ}} \cdot 100$$

Sie gibt als Prozentsatz an, in welchem Umfang im abgelaufenen Geschäftsjahr die historischen Anschaffungs- und Herstellungskosten des Sachanlagevermögens abgeschrieben worden sind. Je höher der ermittelte Prozentsatz ist, desto kürzer ist offensichtlich die angenommene Nutzungsdauer und damit der kurzfristige **Investitionsbedarf**. Allerdings kann eine hohe Abschreibungsquote auch auf einen relativ neuen und technisch aktuellen Bestand der Anlagen hindeuten, während bei einer abnehmenden Abschreibungsquote die letzten Investitionen wahrscheinlich länger zurückliegen.

Die Problematik bei der **Interpretation** der Abschreibungsquote ist darin zu sehen, dass die Abschreibungen häufig nicht allein nutzungsbedingt vorgenommen werden.

Beispiel

Eine gesunkene Abschreibungsquote kann durch die Auflösung stiller Reserven begründet sein.

Die Kennzahl **Abschreibungsintensität** lässt in ähnlicher Weise Rückschlüsse auf die Nutzungsdauer des Sachanlagevermögens zu:

$$\text{Abschreibungsintensität} = \frac{\text{planmäßige Abschreibungen}}{\text{betriebliche Leistung bzw. Umsatzerlöse}} \cdot 100$$

Umschlagshäufigkeit der Vorräte
Die Läger für die Roh-, Hilfs- und Betriebsstoffe müssen einerseits so dimensioniert sein, dass keine Lieferengpässe und Produktionsstörungen auftreten, andererseits soll aber die Lagerdauer möglichst kurz sein, um die Kosten durch die Kapitalbindung niedrig zu halten. Die Kennzahl

$$\text{Umschlaghäufigkeit der Vorräte} = \frac{\text{Umsatzerlöse}}{\text{Durchschnittlicher Bestand an Vorräten}}$$

gibt an, wie oft der Bestand an Vorräten in einer Periode durch eine entsprechende Umsatzbewegung umgeschlagen worden ist. Je höher die Umschlaghäufigkeit ist, desto geringer ist offenbar das **durch die Lagerhaltung gebundene Kapital**.

Allerdings kann es in bestimmten Fällen auch sinnvoll sein, die Vorräte zu erhöhen. Gründe dafür können z. B. sein:

- Erwartete Preissteigerungen, die höher ausfallen als die Kosten der Kapitalbindung
- Einführung neuer Produktionstechnik
- Ausweitung der Produktion
- Veränderte Mengenrabattstaffeln
- Umstellung der Lagerhaltung
- Verbesserung der jederzeitigen Lieferfähigkeit.

Aus dem reziproken Wert der Umschlaghäufigkeit kann entnommen werden, wie viele Tage die Vorräte durchschnittlich im Unternehmen lagern, bevor sie verbraucht werden.

$$\text{Umschlagsdauer des Vorratsvermögens} = \frac{\text{Durchschnittlicher Bestand an Vorräten}}{\text{Umsatzerlöse}} \cdot 365$$

Unter Liquiditätsgesichtspunkten soll die **Umschlagsdauer** möglichst gering sein, ein Anstieg deutet auf eine suboptimale Vorratshaltung hin, die auf der Beschaffungsseite durch ein ineffizientes Beschaffungswesen und auf der Absatzseite durch eine Überschätzung der Absatzmöglichkeiten verursacht sein kann.

Im Branchenvergleich kann die

$$\text{Vorratsintensität} = \frac{\text{Durchschnittlicher Bestand an Vorräten}}{\text{Bilanzsumme}} \cdot 100$$

einen Anhaltspunkt bei der Einschätzung der Vorratspolitik bieten. Ihre Aussagekraft ist jedoch eingeschränkt, weil der Wert der Vorräte im Rahmen der Bilanzpolitik durch die gezielte Anwendung bestimmter **Bewertungsmethoden** leicht und erheblich beeinflusst werden kann.

Umschlaghäufigkeiten der Forderungen

Für den unternehmerischen Erfolg ist die **zeitnahe Realisierung** der Forderungen unverzichtbar. Forderungen binden Kapital, müssen teuer finanziert werden, schmälern die Rendite und bergen Ausfallrisiken. Das gilt umso mehr, als Schuldner nicht selten ihr Verhalten an die Erfahrungen mit einem Gläubiger anpassen, also verspätet und erst nach Mahnung zahlen. Der unerwartete Ausfall von Forderungen durch Zahlungsunfähigkeit oder mangelnde Zahlungsbereitschaft stellt ein erhebliches Risiko für die Liquidität und damit eine existenzielle Gefahr dar. Ein wirkungsvolles, schnell reagierendes und trotzdem kundenorientiertes Forderungsmanagement reduziert den Finanzierungsbedarf.

Die Umschlagshäufigkeit der Forderungen kann aus der Kennzahl

$$\text{Umschlaghäufigkeit der Forderungen} = \frac{\text{Umsatzerlöse}}{\text{Durchschnittlicher Bestand der Forderungen}}$$

ermittelt werden. Daraus kann die durchschnittliche Laufzeit in Tagen berechnet werden:

$$\text{Debitorenlaufzeit} = \frac{365}{\text{Umschlaghäufigkeit der Forderungen}}$$

Die Kennzahlen beschreiben das **Zahlungsverhalten der Kunden** und die Zeit, nach der Umsatzerlöse liquiditätswirksam werden. Die Interpretation kann zu unterschiedlichen Schlüssen führen:

- Eine lange Debitorenlaufzeit kann zeigen, dass durch ein verbessertes Forderungsmanagement – etwa durch gezielte Gewährung von Skonti und den Ausbau eines effizienten Mahnwesens – der Eingang von Zahlungsmitteln noch beschleunigt werden könnte.
- Eine lange Debitorenlaufzeit kann aber auch zeigen, dass eine Umsatzerhöhung auch um den Preis von risikoreicheren Geschäften durchgeführt worden ist. Einen Hinweis dazu kann die Veränderung der Forderungsausfallquote liefern.

$$\text{Forderungsausfall - Quote} = \frac{\text{ausgefallene Forderungen}}{\text{gesamter Forderungsbestand}} \cdot 100$$

- Eine lange Debitorenlaufzeit kann weiter darauf hindeuten, dass Kunden besonders attraktive Konditionen eingeräumt worden sind, um die eigene Marktposition zu festigen oder auszubauen.
- Eine verkürzte Debitorenlaufzeit kann zeigen, dass Verbesserungen im Forderungsmanagement vorgenommen worden sind, die zu früheren Zahlungseingängen geführt haben.

TIPP

Die Umschlaghäufigkeit der Forderungen sollte grundsätzlich möglichst hoch sein, denn das deutet auf kurze Kundenziele und eine niedrige Kapitalbindung durch ein effizientes Forderungsmanagement hin.

Anlagendeckungsgrade

Der Bildung von Deckungsgraden liegen Vorstellungen zur **Fristenkongruenz** zugrunde, die zwischen Kapitalbindung und Kapitalverfügbarkeit bestehen sollte: Vermögensgegenstände, die langfristig im Unternehmen verbleiben, sollen auch langfristig finanziert sein. Die übrigen Vermögensgegenstände, z. B. die meisten Gegenstände des Umlaufvermögens, können auch mit kurzfristigen Mitteln finanziert sein.

Deckungsgrad A

Der Deckungsgrad A (auch Goldene Bilanzregel) beschreibt, in welchem Ausmaß das Anlagevermögen durch Eigenkapital finanziert ist.

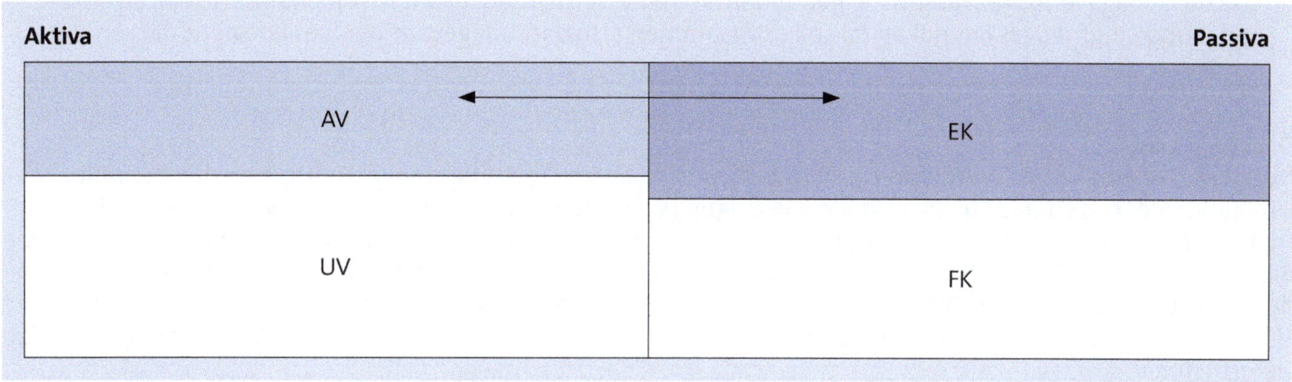

Abbildung 93: Deckungsgrad A

Die Fristenkongruenz ist erreicht, wenn

$$\frac{EK}{AV} \geq 1 \quad \text{oder} \quad \frac{EK}{AV} \cdot 100 \geq 100\,\%$$

INFO

Das gesamte Anlagevermögen soll, weil es der Organisation langfristig dient, durch Eigenkapital gedeckt sein, das ebenfalls langfristig gebunden ist. Bei einem Deckungsgrad von beispielsweise 60 % müssten 40 % des Anlagevermögens mit Fremdkapital finanziert werden.

Deckungsgrad B

Die Überlegungen zum Deckungsgrad A werden insofern modifiziert, als die Tatsache berücksichtigt wird, dass ein Teil des Fremdkapitals ebenfalls langfristig zur Verfügung steht und deshalb bei der Beurteilung der Finanzierung des Anlagevermögens berücksichtigt werden kann. Er zeigt an, in welchem Ausmaß das Anlagevermögen **langfristig finanziert** ist.

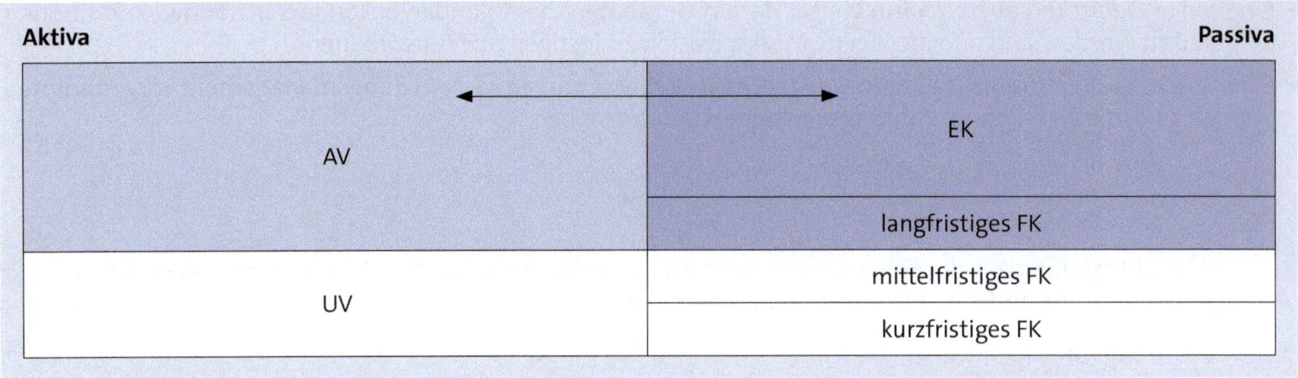

Abbildung 94: Deckungsgrad B

$$\frac{\text{EK + langfristiges FK}}{\text{AV}} \geq 1$$

TIPP

Da das Anlagevermögen langfristig gebunden ist, sollte es i. d. R. auch langfristig finanziert sein. Eigenkapital und langfristiges Fremdkapital sollen zusammen also das Anlagevermögen mindestens decken.

Deckungsgrad C

Mit dem Deckungsgrad C wird berücksichtigt, dass es auch im Umlaufvermögen (entgegen der Definition, das Umlaufvermögens stünde nur kurzzeitig zur Verfügung) Vermögensgegenstände geben kann, die tatsächlich langfristig gebunden sind, weil sie sehr wohl für die Betriebsbereitschaft zwingend erforderlich sind. Der **„Eiserne Bestand“**, ein Sicherheitsbestand an Waren bzw. Roh-, Hilfs- und Betriebsstoffen zur Aufrechterhaltung der Produktions- und Lieferbereitschaft, muss im Sinne der Fristenkongruenz ebenfalls langfristig finanziert sein. Seine Höhe ist sehr unterschiedlich und abhängig vom Bedarf, vom Bestellrhythmus, von der Bestellmenge, von den Lieferfristen u. a.

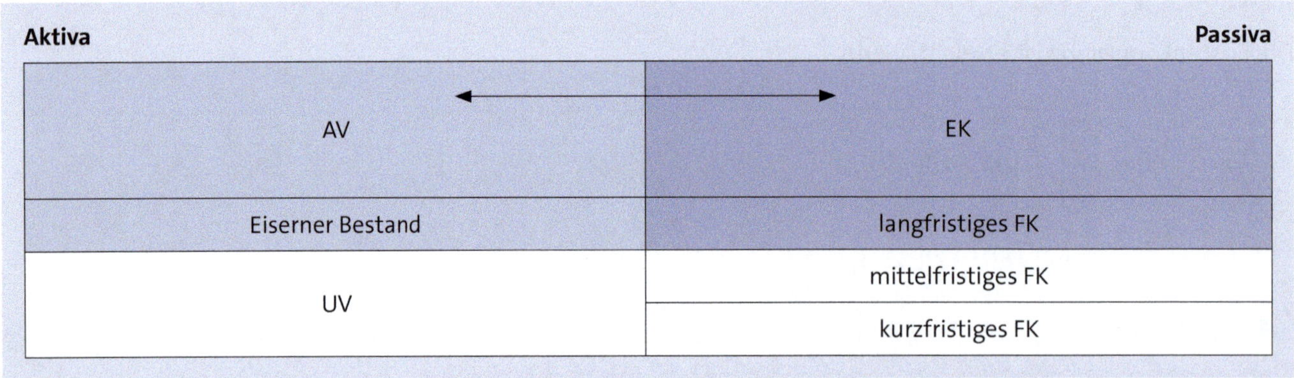

Abbildung 95: Deckungsgrad C

$$\frac{\text{EK + langfristiges FK}}{\text{AV + Eiserner Bestand im UV}} \geq 1$$

MERKE

Durch Eigenkapital und langfristiges Fremdkapital sollen das gesamte Anlagevermögen und zusätzlich der Eiserne Bestand gedeckt sein. Der Wert soll deshalb > 1 sein.

Beispiel

Die Gegenüberstellung von Vermögen und Schulden in einer Strukturbilanz ergibt folgendes Bild:

AKTIVA			Bilanz in Tsd. €		PASSIVA
AV		80	EK		60
UV			FK		
Vorräte		60	langfristig		50
davon Eisener Bestand	20		mittelfristig		30
Kasse, Bank		30	kurzfristig		30
		170			170

Daraus ergeben sich als horizontale Kennzahlen:

$$\text{Deckungsgrad A} = \frac{\text{EK}}{\text{AV}} \geq 1 \quad = \frac{60}{80} = 0{,}75 \rightarrow \text{Bedingung nicht erfüllt}$$

$$\text{Deckungsgrad B} = \frac{\text{EK + langfristiges FK}}{\text{AV}} \geq 1 \quad = \frac{60 + 50}{80} = 1{,}38 \rightarrow \text{erfüllt}$$

$$\text{Deckungsgrad C} = \frac{\text{EK + langfristiges FK}}{\text{AV + Eiserner Bestand}} \geq 1 \quad = \frac{60 + 50}{80 + 20} = 1{,}1 \rightarrow \text{erfüllt}$$

ACHTUNG

Die Deckungsgrade A, B, C werden auch als Deckungsgrade I, II, III bezeichnet.

Diese Finanzierungsregeln können nur Hinweise und Anhaltspunkte sein, weil ihre Erfüllung allein keineswegs die Zahlungsfähigkeit sichert oder garantiert. Ihre **Schwächen** resultieren vor allem daraus, dass sie an Bilanzpositionen gebunden sind:

- Die Höhe der Bilanzansätze stimmt mit den erwarteten Zahlungsströmen nicht überein.
- Die Fälligkeitstermine der verglichenen Größen sind nicht bekannt.

Beispiele

Ein Vermögensgegenstand des Anlagevermögens kann in allernächster Zeit ersetzt werden, ein Teil des Umlaufvermögens gehört zum Eisernen Bestand, eine Verbindlichkeit kann am nächsten Tage fällig sein.

- Die festgestellten Beziehungen sind stichtagsbezogen, sie beschreiben die Situation zu einem ganz bestimmten Zeitpunkt, der zudem noch in der Vergangenheit liegt.
- Bei der Bewertung der Vermögensgegenstände gibt es Spielräume und Gestaltungsmöglichkeiten.
- Es gibt nur in besonderen Fällen Hinweise auf die Entwicklung nach Aufstellung der Bilanz.
- Unvorhersehbare Ereignisse können trotz Einhaltung der Finanzierungsregeln zu Liquiditätsproblemen führen.
- Kostengesichtspunkte, Gewinnaussichten und Autonomieaspekte spielen bei den Finanzierungsregeln keine Rolle.
- Vergleiche zwischen verschiedenen Tätigkeitsfeldern sind nicht sinnvoll.

Trotz dieser offenkundigen Probleme bieten die horizontalen Finanzierungsregeln vertiefte Erkenntnisse:

- Sie bieten einfache und transparente Entscheidungshilfen, die gegebenenfalls im Einzelfall modifiziert werden können oder modifiziert werden müssen.
- Im Vergleich über mehrere Perioden sind Veränderungen erkennbar, die – gleiche Vorgehensweise vorausgesetzt – wertvolle Hinweise erlauben über die finanzielle Entwicklung.
- Da die Regeln allgemein gebräuchlich sind, spielt ihre Einhaltung bei der Einschätzung und Bewertung durch Externe (z. B. Banken) eine wichtige Rolle.

3.5.1.2 Kapitalstruktur

Die Kapitalstruktur wird auf der **Passivseite** der Bilanz dargestellt. Sie zeigt, wie die Vermögensgegenstände finanziert sind.

Die Kapitalstruktur gibt Aufschluss über Art, Fristigkeit und Sicherheit des Kapitals, um einerseits Finanzierungsrisiken und andererseits die Kreditwürdigkeit abschätzen zu können. Eine zufrieden stellende Kapitalstruktur wird je nach Branche sehr unterschiedlich sein. Bei Unternehmen mit hohem Anlagevermögen wird ein höherer Anteil des Eigenkapitals gefordert werden müssen als bei einem weniger anlageintensiven Unternehmen. Deshalb ist bei der Bewertung der Kapitalstruktur immer ein Branchenvergleich notwendig.

Abbildung 96: Analyse der Kapitalstruktur

Die Abgrenzung zwischen Eigen- und Fremdkapital hat für die Bilanzanalyse erhebliche Bedeutung: Beide Größen werden bei zahlreichen Kapitalkennziffern genutzt, die zu Analysezwecken verwendet werden.

Eigenkapitalquote

Das Eigenkapital steht typischerweise langfristig zur Verfügung, es ist das **Beteiligungskapital** der Eigentümer. Den Unternehmen ermöglicht es eine weitgehende Dispositionsfreiheit und macht – jedenfalls in bestimmtem Rahmen – von Kreditgebern unabhängig. Es hat drei Funktionen:

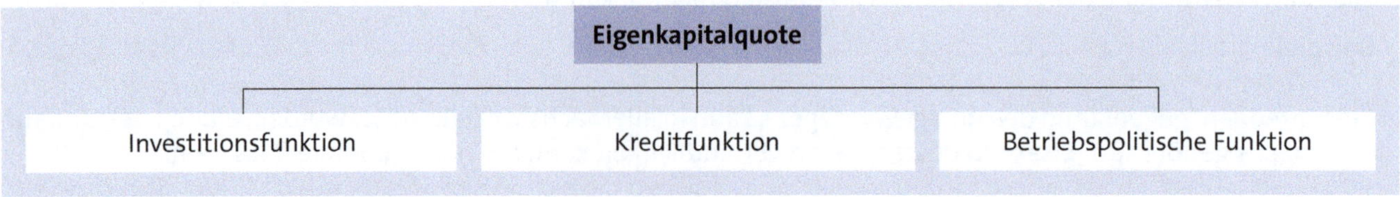

Abbildung 97: Funktionen des Eigenkapitals

- **Investitionsfunktion**
  Investitionen sollen möglichst mit Eigenkapital finanziert werden, weil sie dem Unternehmen dauerhaft zur Verfügung stehen und deshalb mit Kapital finanziert sein sollen, das ebenfalls langfristig zur Verfügung steht.
- **Kreditfunktion**
  Das Eigenkapital dient als Sicherheit bei der Aufnahme von Fremdkapital. Aus Sicht der Gläubiger stellt das Eigenkapital Haftungskapital dar. Je höher der Eigenkapitalanteil ist, desto höher ist deshalb die Kreditwürdigkeit des Unternehmens.
- **Betriebspolitische Funktion**
  In Krisenzeiten ist ein Unternehmen mit höherem Eigenkapitalanteil konkurrenzfähiger. Weil Eigenkapital grundsätzlich unbefristet zur Verfügung steht, sichert es dem Unternehmen die notwendige Flexibilität.

Die Eigenkapitalausstattung ist daher das entscheidende Untersuchungsobjekt der Kapitalstrukturanalyse. Sie wird gemessen als Anteil des Eigenkapitals an der Bilanzsumme.

$$\text{Eigenkapitalquote} = \frac{\text{Eigenkapital}}{\text{Bilanzsumme}} \cdot 100 \quad \text{bzw.} \quad \frac{\text{Eigenkapital}}{\text{Gesamtkapital}} \cdot 100$$

Die Definition des Eigenkapitals ist von der Rechtsform abhängig.

- Bei Personengesellschaften entspricht das Eigenkapital den Mitteln, die von den Eigentümern zur Verfügung gestellt worden sind, zuzüglich der nicht entnommenen Gewinne und abzüglich der Verluste.

	Einlagen
+	nicht entnommene Gewinne
-	eventuelle Verluste
=	**Eigenkapital**

- Bei Kapitalgesellschaften sieht das Handelsgesetzbuch detaillierte Regelungen vor. Danach gilt:

Gezeichnetes Kapital	Grundkapital bei der AG/Stammkapital bei der GmbH
+ Kapitalrücklagen	vgl. § 272 Abs. 2 HGB
+ Gewinnrücklagen	vgl. § 272 Abs. 3 HGB
+/- Gewinnvortrag/Verlustvortrag	Übertragung von Gewinn oder Verlust aus dem Vorjahr
+/- Jahresüberschuss/Jahresfehlbetrag	Ergebnis vor der Gewinnausschüttung
= **Eigenkapital**	

MERKE

Ziel
Die Eigenkapitalquote sollte möglichst hoch sein, damit die Funktionen des Eigenkapitals wahrgenommen werden können. Überlegungen zum Leverage-Effekt können dem aber entgegenstehen (vgl. dazu >>Kap. 3.5.2.3).

Fremdkapitalquote
Analog zur Eigenkapitalquote wird die

$$\text{Fremdkapitalquote} = \frac{\text{Fremdkapital}}{\text{Gesamtkapital}} \cdot 100 \quad \text{bzw.} \quad \frac{\text{Fremdkapital}}{\text{Bilanzsumme}} \cdot 100$$

gebildet. Weil gilt

FK-Quote = 100 % - EK-Quote

sind die beiden Quoten unmittelbar voneinander abhängig. Je höher die Fremdkapitalquote ist, desto niedriger ist die Eigenkapitalquote.

Struktur des Fremdkapitals
Für die Analyse der Zusammensetzung des Fremdkapitals sind zwei hauptsächliche Gesichtspunkte zu beachten:

- Für welchen Zeitraum steht das Fremdkapital zur Verfügung?
- Wer sind die Kapitalgeber?
  Große und mittlere Kapitalgesellschaften müssen detaillierte Angaben zu Art und Restlaufzeiten der Verbindlichkeiten machen (§§ 268 Abs. 5 und 285 HGB). Für Analysezwecke werden die Fristigkeiten üblicherweise wie folgt eingeteilt:
- „Kurzfristig" bis zu einem Jahr
- „Mittelfristig" zwischen einem und fünf Jahren
- „Langfristig" länger als fünf Jahre.

Die Quoten werden durch die Kennzahlen

$$\frac{\text{langfristiges Fremdkapital}}{\text{Fremdkapital}} \cdot 100$$

$$\frac{\text{mittelfristiges Fremdkapital}}{\text{Fremdkapital}} \cdot 100$$

$$\frac{\text{kurzfristiges Fremdkapital}}{\text{Fremdkapital}} \cdot 100$$

ermittelt. Um die bilanzpolitischen **Gestaltungsmöglichkeiten** durch Beeinflussung der Zusammensetzung der Verbindlichkeiten wenigstens etwas abzumildern, kann der Zähler als arithmetisches Mittel aus dem Bestand am Anfang und am Ende der Periode errechnet werden.

Je länger die Restlaufzeiten der Verbindlichkeiten sind, desto sicherer erscheint die Finanzierung, weil die Gefahr eines kurzfristigen **Liquiditätsabflusses** damit abnimmt. Allerdings sind langfristige Finanzierungen – abhängig von der aktuellen Situation auf dem Kapitalmarkt – oft kostspieliger als kurzfristige und weniger flexibel an den tatsächlichen Kapitalbedarf anzupassen.

Die Zusammensetzung der Verbindlichkeiten lässt Schlüsse zu über Finanzierungs- und Liquiditätsrisiken.

- Bei Verbindlichkeiten gegenüber Kreditinstituten ist nach notwendigen Anschlussfinanzierungen und Anpassung der Konditionen an den Kapitalmarkt zu fragen.
- Verbindlichkeiten aus Lieferungen und Leistungen erlauben Rückschlüsse auf die Liquiditätsverhältnisse am Bilanzstichtag, hohe Anteile können auf Finanzierungs- und Kapitalbeschaffungsprobleme hindeuten.
- Einen Hinweis zur Beurteilung der Zahlungsgewohnheiten liefert die Kennziffer

$$\text{Lieferantenziel in Tagen} = \frac{\text{Verbindlichkeiten aus LuL}}{\text{Wareneingang}} \cdot 365$$

- Anzahlungen auf Bestellungen spielen in manchen Branchen eine große Rolle. Die Analyse sollte ergeben, dass sie zur Finanzierung des Produktionsprozesses verwandt worden sind.

Eine optimale Zusammensetzung der Verbindlichkeiten lässt sich nicht angeben.

ACHTUNG

Die Fremdkapitalquote sollte möglichst niedrig sein. Langfristiges Fremdkapital ist kurzfristigem vorzuziehen.

Verschuldungsgrad

Der Verschuldungsgrad oder **Anspannungskoeffizient** eines Unternehmens wird aus dem Verhältnis des Fremdkapitals zum Eigenkapital ermittelt. Er zeigt, wie ein Unternehmen hinsichtlich Herkunft und Fristigkeit des Kapitals ausgestattet ist und gilt als Maß für die **finanzielle Solidität**. Ein Kreditgeber erhält Informationen über die Dispositionsfreiheit des Unternehmens und Hinweise auf seine **Kreditwürdigkeit**. Je nach konkretem Erkenntnisinteresse werden zu Analysezwecken unterschiedlich Kennzahlen gebildet.

$$\text{Verschuldungsgrad} = \frac{\text{Fremdkapital}}{\text{Eigenkapital}} \cdot 100$$

oder

$$\text{Verschuldungsgrad} = \frac{\text{Fremdkapital}}{\text{Gesamtkapital}} \cdot 100$$

Weil GK = EK + FK gilt, korrespondieren diese beiden Kennzahlen unmittelbar miteinander.

Neben diesem statischen Verschuldungsgrad kann mit dem dynamische Verschuldungsgrad

$$\text{Dynamischer Verschuldungsgrad in Jahren} = \frac{\text{Fremdkapital}}{\text{Cashflow}}$$

festgestellt werden, wie lange es dauern würde, das Fremdkapital zu tilgen, wenn dazu der Cashflow vollständig genutzt würde.

TIPP

Zum Cashflow vgl. >> Kap. 3.5.1.3.

Die Kennzahlen Verschuldungsgrad und Eigenkapitalquote dürfen **nie isoliert** betrachtet werden, sondern immer in Verbindung mit der Ertragslage des Unternehmens. Einem höheren Ertragsrisiko sollte durch eine höhere Eigenkapitalquote Rechnung getragen werden, weil die finanzielle Stabilität eines Unternehmens umso höher ist, je größer der Anteil des langfristigen Kapitals ist.

Obwohl aus bilanzanalytischer Perspektive prinzipiell eine hohe Eigenkapitalquote und ein niedriger Fremdkapitalanteil wünschenswert sind, kann es unter unternehmenspolitischen Gesichtspunkten und vor allem aus Renditeüberlegungen sinnvoll sein, eine niedrige Eigenkapitalquote anzustreben. Es besteht nämlich ein enger Zusammenhang zwischen der Eigenkapitalrentabilität und der Zusammensetzung des Gesamtkapitals: Solange die Gesamtkapitalrentabilität höher ist als der Fremdkapitalzins, wächst die Eigenkapitalrentabilität mit zunehmendem Fremdkapitalanteil (Leverage-Effekt).

Verschuldungsstruktur

- Die Struktur der Verbindlichkeiten kann nach ganz unterschiedlichen Gesichtspunkten dargestellt werden. Die Ansätze differenzieren u. a. nach
- Gläubigern
- Ländern und Gebieten
- fest- bzw. variabel verzinslichen Verbindlichkeiten
- Restlaufzeiten.

Um die **Abhängigkeit** von einzelnen Gläubigern darzustellen, werden die anteiligen Verbindlichkeiten gegenüber dem größten Gläubiger ermittelt.

$$\text{Verschuldungsstruktur} = \frac{\text{Verbindlichkeiten gegenüber dem größten Gläubiger}}{\text{Gesamtkapital}} \cdot 100$$

oder

$$\text{Verschuldungsstruktur} = \frac{\text{Verbindlichkeiten gegenüber dem größten Gläubiger}}{\text{Gesamte Verbindlichkeiten}} \cdot 100$$

Ein hoher Wert dieser Kennzahlen weist auf ein hohes **Risiko** hin, denn finanzielle Engpässe bis hin zur Gefährdung der Produktion und der Zahlungsfähigkeit des gesamten Unternehmens sind zu befürchten, wenn der größte Gläubiger seinen Kredit kündigt. Zudem wird ein bedeutender Fremdkapitalgeber Einfluss auf die Unternehmenspolitik nehmen wollen.

Zur Beschreibung der **Verschuldungssituation** wird auch das Lieferantenziel herangezogen, also die durchschnittliche Inanspruchnahme von Zahlungsfristen. Es kann durch die Kreditorenlaufzeit

$$\text{Kreditorenlaufzeit} = \frac{\text{Verbindlichkeiten aus Lieferungen und Leistungen}}{\text{Materialaufwand}} \cdot 365$$

ermittelt werden. Lange Lieferziele setzen Finanzmittel frei und sind daher grundsätzlich anzustreben. Allerdings können sie auch auf Liquiditätsschwierigkeiten hindeuten, wenn dem Unternehmen nicht genug flüssige Mittel zur Verfügung stehen, um die Verbindlichkeiten begleichen zu können. Lieferanten können dann einen Risiko- und Finanzierungsaufschlag in ihre Kalkulation einbeziehen.

Ein kurzes Lieferantenziel deutet darauf hin, dass das Unternehmen bemüht ist, Skonti durch frühzeitige Begleichung von Verbindlichkeiten auszunutzen.

Rücklagenquote
Die Entwicklung der Rücklagenquote ermöglicht, die **Ertragslage** eines Unternehmens rückwirkend einzuschätzen.

$$\text{Rücklagenquote} = \frac{\text{gesamte Rücklagen}}{\text{Eigenkapital}} \cdot 100$$

Bei der Betrachtung über einen Zeitraum wird erkennbar, in welchem Ausmaß Gewinnthesaurierungen oder Kapitalzuführungen vorgenommen worden sind, die das Eigenkapital erhöht und damit die Haftungsbasis verstärkt und die Aufnahme von Fremdkapital erleichtert haben.

TIPP

Die Rücklagenquote sollte möglichst hoch sein.

Selbstfinanzierungsgrad

Das Eigenkapital kann u. a. durch einbehaltene Gewinne erhöht werden. Diese Beträge werden in die **Gewinnrücklage** eingestellt. Durch den Selbstfinanzierungsgrad kann also beschrieben werden, in welchem Umfang in der Vergangenheit die Thesaurierungsmöglichkeiten ausgenutzt worden sind.

$$\text{Selbstfinanzierungsgrad} = \frac{\text{Gewinnrücklagen}}{\text{Eigenkapital}} \cdot 100$$

bzw.

$$\text{Selbstfinanzierungsgrad} = \frac{\text{Gewinnrücklagen}}{\text{Bilanzsumme}} \cdot 100$$

Diese Finanzierungsform wird als **offene** Selbstfinanzierung bezeichnet und ist der Innenfinanzierung zuzurechnen.

TIPP

Der Selbstfinanzierungsgrad soll möglichst hoch sein.

3.5.1.3 Liquiditätsanalyse

Liquidität

Liquidität bezeichnet die Fähigkeit und Bereitschaft, jederzeit bestehende **Zahlungsverpflichtungen** fristgerecht erfüllen zu können. Die dazu notwendigen „liquiden Mittel" sind Kassenbestände und Guthaben auf Girokonten. Andere Vermögensgegenstände können in kürzerer oder längerer Frist in liquide Mittel umgewandelt werden.

Wenn Zahlungen durch eine zu niedrige Liquidität nicht oder nur verspätet geleistet werden können, wirkt sich das negativ auf die Reputation aus. Dauerhaft fehlende Liquidität hat **Zahlungsunfähigkeit** zur Folge. Zu hohe Liquidität führt hingegen zu Rentabilitätseinbußen. Zahlungsverpflichtungen können dann zwar leicht erfüllt werden, aber durch fehlende Verzinsung der überschüssigen Liquidität sinkt die Rentabilität.

Beispiel

Das Hotel „Goldener Löwe" kauft regelmäßig die Lebensmittel bei denselben Händlern auf dem Großmarkt.

a) Mangelndes Liquiditätsmanagement führt dazu, dass die Rechnungen nicht pünktlich bezahlt werden können. Auf Dauer werden die Händler Vorkasse verlangen, neue Lieferanten werden nicht zu finden sein, die Kreditauskünfte werden belastet.

b) Dasselbe Hotel hat hohe Liquiditätszuflüsse durch mehrere Hochzeitsfeiern, die sich auf dem Geschäftskonto ansammeln. Diese überhöhte Liquidität könnte z. B. in eine verbesserte Geschäftsausstattung oder in verzinsliche Finanzanlagen investiert werden.

Auch ein rentabel arbeitendes Unternehmen kann zahlungsunfähig werden. Es müssen nur einige Kunden später als erwartet bezahlen oder gar ein Zahlungspflichtiger ganz ausfallen. Liquiditätsschwierigkeiten sind dann die fast unausweichliche Folge.

Voraussetzung für die Ermittlung und Sicherstellung der Liquidität ist die systematische Planung und sorgfältige Überwachung aller anfallenden Ein- und Auszahlungen. Aus der Differenz ergibt sich periodenbezogen die Liquidität, die zur Verfügung steht, um die finanziellen Verpflichtungen zu erfüllen.

Die **statische** Liquiditätsanalyse greift auf Bestandsgrößen der Aktiv- und Passivseite zurück und untersucht, in welchem Verhältnis die Bindungsfristen zueinander stehen. Wenn der Kapitalrückfluss mit berücksichtigt wird, also Stromgrößen in die Analyse einfließen, handelt es sich um eine **dynamische** Liquiditätsanalyse.

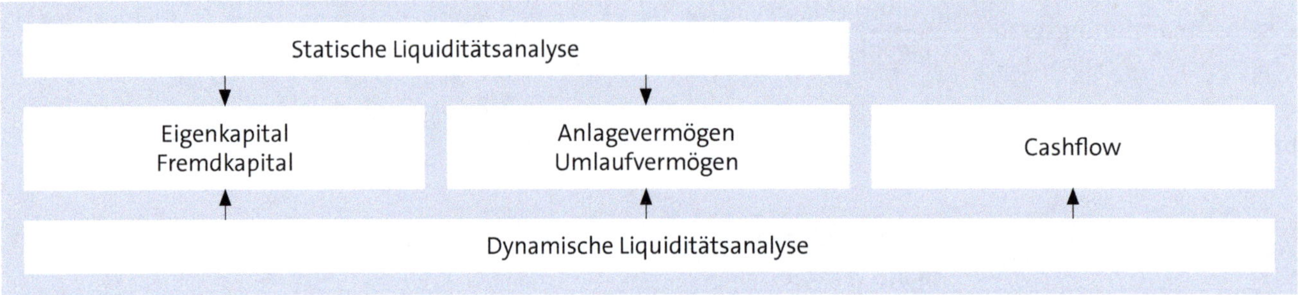

Abbildung 98: Liquiditätsanalyse

Um die Liquidität differenziert beurteilen zu können, werden Kennziffern zu Liquiditätsgraden gebildet. Sie sollen Auskunft geben über **das finanzielle Gleichgewicht** eines Unternehmens.

Liquidität 1. Grades

Die Liquidität 1. Grades (Barliquidität) gibt an, wie weit das kurzfristige Fremdkapital durch die flüssigen Mittel gedeckt ist.

Die liquiden Mittel (Kasse, Bank, Schecks, diskontierbare Wechsel, u. Ä.) werden zu den kurzfristigen Verbindlichkeiten (z. B. fällig in den nächsten drei Monaten) ins Verhältnis gesetzt:

$$\frac{\text{Liquide Mittel}}{\text{kurzfristiges Fremdkapital}} \cdot 100$$

TIPP

Die Quote müsste theoretisch 100 % betragen, damit die kurzfristigen Verbindlichkeiten jederzeit beglichen werden können. Da aber während der Laufzeit der Verbindlichkeiten auch Mittel zufließen, sind Werte weit unter 100 % üblich. Aus analytischer Sicht sind allerdings Werte unter 20 % problematisch.

Die **Aussagekraft** dieser Kennzahl ist begrenzt, hauptsächlich wegen ihrer Stichtagsbezogenheit.

Beispiel

Unmittelbar vor dem Bilanzstichtag wird ein Darlehen aufgenommen.

Unmittelbar nach dem Bilanzstichtag wird ein Darlehen getilgt.

Liquidität 2. Grades
Die liquiden Mittel zuzüglich der kurzfristigen Forderungen (fällig innerhalb der nächsten drei Monate) werden zu dem kurzfristigen Fremdkapital ins Verhältnis gesetzt.

$$\frac{\text{Liquide Mittel + kurzfristige Forderungen}}{\text{kurzfristiges Fremdkapital}} \cdot 100$$

Wenn diese Kennzahl niedriger ist als 100 % ist, wird ein Teil der kurzfristigen Verbindlichkeiten durch kurzfristig zur Verfügung stehendes Kapital **nicht gedeckt**. Es droht dann ein Liquiditätsengpass. Zusätzlich zu den Problemen der Stichtagsbezogenheit wie bei der Liquidität 1. Grades hängt die Größe dieser Kennzahl auch ab vom Stand der Debitorenbuchhaltung.

Beispiel

Durch beschleunigte Erfassung und Buchung von Warenausgängen entstehen Forderungen, gleichzeitig könnten Wareneingänge mit einigen Tagen Verzögerung erfasst und verbucht werden.

ACHTUNG

Dieser Wert sollte zwischen 100 % und 120 %, auf jeden Fall aber über 100 % liegen. Werte darunter signalisieren ein Liquiditätsproblem.

Liquidität 3. Grades
Das gesamte Umlaufvermögen wird zu dem kurzfristigen Fremdkapital ins Verhältnis gesetzt.

$$\frac{\text{Liquide Mittel + Forderungen + Vorräte}}{\text{kurzfristiges Fremdkapital}} \cdot 100$$

ACHTUNG

Der Wert hier sollte zwischen 120 % und 150 % liegen. Niedrigere Werte weisen auf ein Liquiditätsproblem hin. Bei einem Wert unter 100 % bestehen ernsthafte Zahlungsschwierigkeiten.

Weil die statischen Liquiditätskennzahlen **vergangenheits- und stichtagsbezogen** sind, ermöglichen sie keine wirklich sinnvollen Aussagen. Zudem liegen die Zahlen zu ihrer Ermittlung auch erst mit dem Jahresabschluss deutlich nach dem Bilanzstichtag vor und sind dann ohnehin nicht mehr aktuell.

Working Capital
Die Kennzahl Working Capital kann zusätzlich Aufschluss über die Liquidität geben. Sie zeigt die Differenz zwischen dem Umlaufvermögen und dem kurzfristigen Fremdkapital.

	Umlaufvermögen
-	kurzfristige Verbindlichkeiten
=	**Working Capital**

Ein positiver Wert zeigt den Teil des kurzfristig liquidierbaren Vermögens, der für laufende Finanzdispositionen zur Verfügung steht.

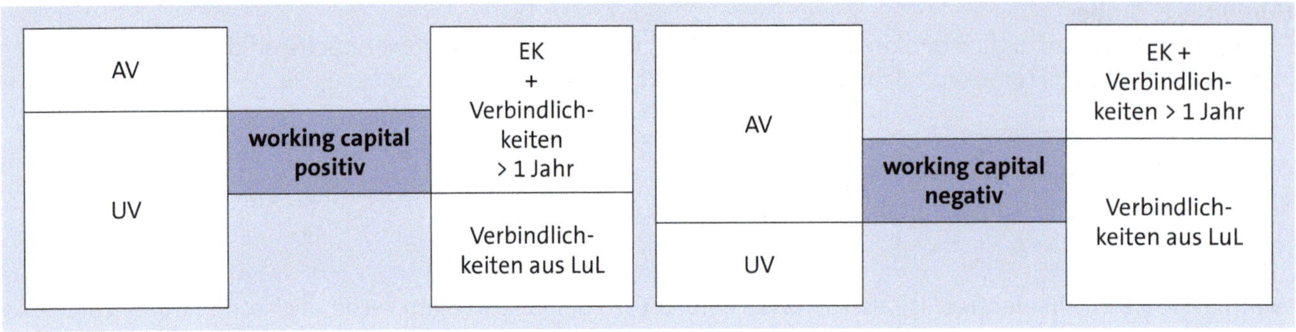

Abbildung 99: Working Capital

Die Kennzahl ist ein wichtiger Indikator für eine nahende Krisensituation, besonders wenn sie sich im Vergleich zum Umsatzwachstum verschlechtert.

Der Quotient

$$\text{Working Capital - Ratio} = \frac{\text{Umlaufvermögen}}{\text{kurzfristige Verbindlichkeiten}} \cdot 100$$

gibt in anderer Form ebenfalls Auskunft über die Liquiditätslage eines Unternehmens.

INFO

Diese Formel wird auch als „Liquiditätskoeffizient" bezeichnet.

Cashflow

Der Cashflow bietet eine zusätzliche Aussagemöglichkeit über die Finanz- und Ertragskraft eines Unternehmens, indem die tatsächlichen Einzahlungen den tatsächlichen Auszahlungen gegenübergestellt werden und so die **tatsächlichen Einzahlungsüberschüsse** festgestellt werden. Der Cashflow ist damit ein Indikator für die Selbstfinanzierungskraft und die finanzielle Unabhängigkeit eines Unternehmens.

Weil der Cashflow einen finanzwirtschaftlichen Überschuss darstellt, kann er verwendet werden zur Durchführung von Investitionen, zur Schuldentilgung, zur Gewinnausschüttung und zur Aufrechterhaltung der Liquidität.

ACHTUNG

Die Ermittlung des Cashflows und die Bezeichnungen sind nicht einheitlich. Sie hängen ab vom Erkenntnisinteresse.

Bei der direkten Ermittlung des Cashflows werden alle auszahlungswirksamen Aufwendungen von den einzahlungswirksamen Erträgen abgezogen. Der Cashflow ergibt sich aus der Differenz:

	einzahlungswirksame Erträge	z. B.	Umsatzerlöse Beteiligungserträge Zinserträge Subventionen
-	auszahlungswirksame Aufwendungen	z. B.	Personalaufwand Materialaufwand Zinsaufwand Steuern
=	**Cashflow**		

Trotz buchmäßigem Verlust kann ein positiver Cashflow vorhanden sein und umgekehrt.

Diese Berechnung auf der Basis von Ein- und Auszahlungen führt zwar zu einem **genauen Ergebnis**, kann aber nur durchgeführt werden, wenn die notwendigen Daten zur Verfügung stehen. Das ist aber bei einer externen Betrachtung nicht der Fall, weil Externen Informationen über die tatsächlichen Ein- und Auszahlungen im Normalfall nicht zur Verfügung stehen. Sie sind aus dem veröffentlichten Jahresabschluss nicht zu entnehmen.

Deshalb wird in der Praxis die **indirekten Methode** zur Ermittlung des Cashflows angewandt. Die zahlungswirksamen Erträge und Aufwendungen werden dabei auf einem „Umweg" ermittelt: Wenn vom Jahresüberschuss die einnahmeunwirksamen Erträge abgezogen und einnahmeunwirksamen Aufwendungen addiert werden, ergeben sich die gewünschten zahlungswirksamen Größen als „Rest":

	Jahresüberschuss/-fehlbetrag		
-	nicht einzahlungswirksame Erträge	z. B.	Zuschreibungen
+-	nicht auszahlungswirksame Aufwendungen	z. B.	Abschreibungen Erhöhung der langfristigen Rückstellungen Erhöhung der Rücklagen
+	Bildung von langfristigen Rückstellungen	z. B.	Pensionsrückstellungen
-	Auflösung von langfristigen Rückstellungen	z. B.	Pensionsrückstellungen
=	**Cashflow**		

Die Skizze zeigt den Unterschied der Ermittlungsmethoden:

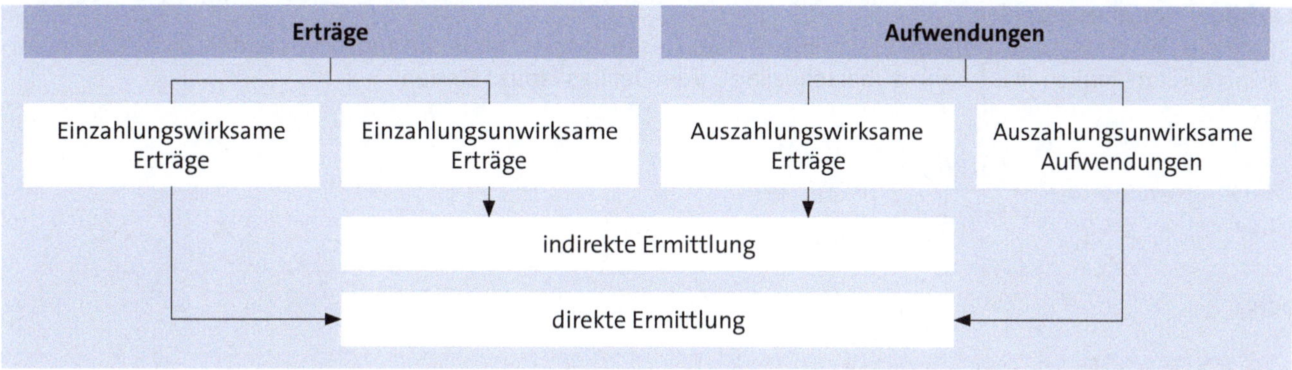

Abbildung 100: Ermittlung des Cashflows

Beide Methoden führen selbstverständlich – entsprechende Informationen vorausgesetzt – **zu demselben Ergebnis**. Der Vorteil der indirekten Methode liegt darin, dass sie eine Verbindung zum Jahresabschluss herstellt und dass bei dieser Methode ersichtlich ist, wie es gelungen ist, die erwirtschafteten Mittel im Unternehmen zu binden.

Eine vereinfachte Variante zur Ermittlung des Cashflows wird als **„Praktikermethode"** bezeichnet:

	Jahresüberschuss/-fehlbetrag
+/-	Abschreibungen/Zuschreibungen
+/-	Veränderung langfristiger Rückstellungen
=	**Cashflow**

Wenn der Cashflow angeben soll, wie viel Geld für die Auszahlung von Dividenden an die Aktionäre bzw. Gesellschafter verbleibt oder für eine Absenkung des Verschuldungsgrades zur Verfügung steht, so ist auch noch die Investitionstätigkeit zu erfassen:

	Cashflow
-	Ersatz- und Erweiterungsinvestitionen
+	Desinvestitionen
=	**Free Cashflow**

Die nachhaltige Höhe des **Free Cashflows** ist für Banken eine Kennzahl für die Fähigkeit, eingeräumte Darlehen zu bedienen und wird deshalb auch als Berechnungsgrundlage für die Finanzierungskapazität verwendet

TIPP

Die Werte aller Cashflows sollten möglichst hoch sein.

Wie bei anderen Analysen auch ist zu beachten, dass die Daten, die der Cashflow-Ermittlung zu Grunde liegen, **vergangenheitsbezogen** sind. Deshalb kann auch nur eine Aussage darüber getroffen werden, welchen Innenfinanzierungsspielraum ein Unternehmen in der Vergangenheit hatte. Eine Prognose des Cashflows ist sinnvoll, aber wegen der unvermeidlichen Unsicherheiten vorsichtig zu interpretieren. Zudem ergeben sich weitere Schwierigkeiten:

- Aufgrund der Konstruktion der Kennzahl schlagen sich Unterschiede in den Bilanzierungsmethoden nieder, die sich auf die Aussagekraft und auf die Kennzahlen auswirken.
- Eine genaue Ermittlung ist für Externe schon deshalb nahezu unmöglich, weil die sonstigen betrieblichen Aufwendungen und Erträge sowohl zahlungswirksame wie zahlungsunwirksame Vorgänge enthalten können.
- Im Umlaufvermögen können stille Reserven gebildet worden sein.
- Ein hoher Cashflow kann auch auf Schwierigkeiten hindeuten, wenn beispielsweise nur in geringem Umfang Investitionen vorgenommen worden sind.

Cashflow-Beziehungszahlen

Durch die Beziehung des Cashflows zum Eigen- oder Gesamtkapital kann ausgedrückt werden, in welchem Verhältnis die tatsächlichen Einnahmeüberschüsse zu dem Bezugskapital stehen:

$$\text{Cashflow-Rendite} = \frac{\text{Cashflow}}{\text{Gesamtkapital}} \cdot 100$$

oder

$$\text{Cashflow-Rendite} = \frac{\text{Cashflow}}{\text{Eigenkapital}} \cdot 100$$

Eine Aussage darüber, wie viel Prozent des Umsatzes über den Cashflow zugeflossen sind, ermöglicht die

$$\text{Cashflow-Umsatzrate} = \frac{\text{Cashflow}}{\text{Umsatz}} \cdot 100$$

Der **dynamische Verschuldungsgrad** errechnet sich aus der Verschuldung des Unternehmens bezogen auf den Cashflow des letzten Geschäftsjahres:

$$\text{Dynamischer Verschuldungsgrad} = \frac{\text{Effektivverschuldung}}{\text{Cashflow}} \cdot 100$$

Der dynamische Verschuldungsgrad ist eine ergänzende Kennzahl zur Beurteilung der Fähigkeit eines Unternehmens, seine Schulden zu tilgen. Er ist dynamisch, weil diese Kennzahl im Gegensatz zum statischen Verschuldungsgrad die **zeitraumbezogene Größe** Cashflow berücksichtigt. Er gibt an, in wie vielen Perioden das Unternehmen unter sonst gleichen Bedingungen seine Schulden aus den tatsächlichen Liquiditätszuflüssen vollständig tilgen kann. Eine kritische Betrachtung ist insbesondere notwendig, wenn der Cashflow-Verschuldungsgrad steigt.

ACHTUNG

Je kleiner der Wert dieser Kennzahl ist, desto schneller kann die Tilgung der Schulden erfolgen. Ein Unternehmen mit niedrigen dynamischen Verschuldungsgrad ist unabhängiger von seinen Gläubigern. Deshalb gilt ein geringer Wert als ein Indiz für die finanzielle Stabilität eines Unternehmens.

Kapitalflussrechnung

Die Kapitalflussrechnung ist bei kapitalmarktorientierten Kapitalgesellschaften Bestandteil des Jahresabschlusses (§ 264 Abs. 1 Satz 2 HGB) bzw. des Konzernabschlusses (§ 297 Abs. 1 Satz 1 HGB).

Sie zeigt die **Veränderungen des Bestandes an Zahlungsmitteln und Zahlungsmitteläquivalenten**. Für die Jahresabschlussanalyse ist sie eine wichtige Informationsquelle, weil sie direkt an die Zahlungsströme anknüpft, während die Bilanz und die GuV der Ermittlung eines periodengerechten Ergebnisses dienen. Zu ihrem Verständnis sind keine Kenntnisse über die Bilanzpolitik erforderlich.

Die Kapitalflussrechnung soll **Einblick** geben in die Möglichkeit des Unternehmens, zukünftig

- Finanzüberschüsse zu erwirtschaften.
- seinen finanziellen Verpflichtungen nachkommen zu können.
- Ausschüttungen an die Eigentümer zu leisten.

Sie zeigt für die Berichtsperiode, wie Finanzmittel aus der laufenden Geschäftstätigkeit erwirtschaftet worden sind und welche zahlungswirksamen Investitions- und Finanzierungsmaßnahmen vorgenommen wurden.

Das HGB enthält keine Vorschriften zum **Aufbau** der Kapitalflussrechnung, maßgebend ist der Deutsche Rechnungslegungsstandard Nr. 21 „Kapitalflussrechnung". Ausgangsgröße ist der Finanzmittelfonds am Anfang der Periode, anschließend werden die Cashflows

- aus laufender Geschäftstätigkeit
- aus Investitionstätigkeit und
- aus Finanzierungstätigkeit

ermittelt und addiert.

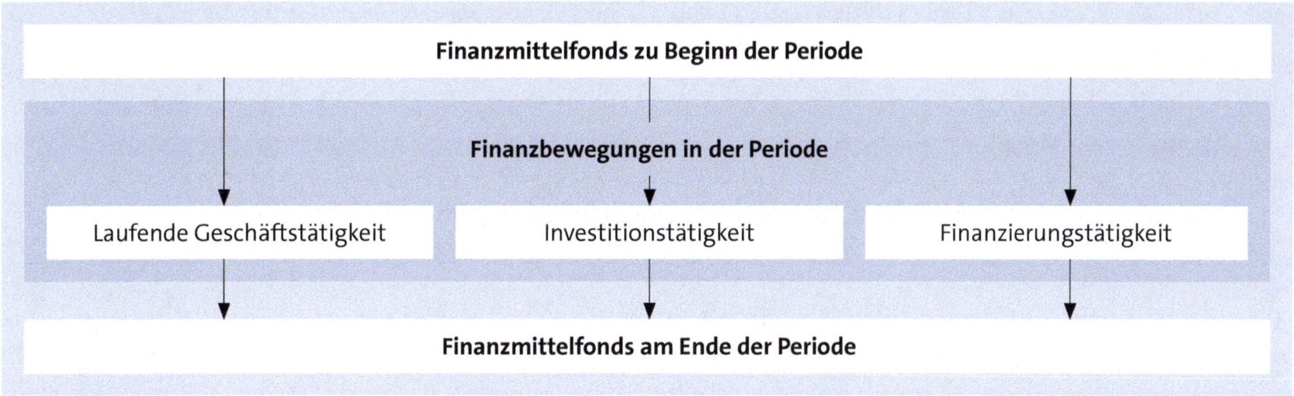

Abbildung 101: Prinzip der Kapitalflussrechnung

Daraus ergibt sich das Grundschema:

	Cashflow aus der laufenden Geschäftstätigkeit
+/-	Cashflow aus der Investitionstätigkeit
+/-	Cashflow aus der Finanzierungstätigkeit
=	Zahlungswirksame Veränderungen des Zahlungsmittelfonds
+/-	Wechselkurs- und bewertungsbedingte Veränderungen
+/-	Korrekturen aufgrund einer Veränderung des Konsolidierungskreises
+	Finanzmittelfonds am Anfang der Periode
=	**Finanzmittelfonds am Ende der Periode**

Zur Ermittlung des Cashflows aus laufender Geschäftstätigkeit kann die Berechnung direkt oder indirekt erfolgen. Für die Cashflows aus Investitionstätigkeit und Finanzierungstätigkeit ist ausschließlich eine direkte Ermittlung vorgesehen. Der DRS 21 legt jeweils Mindestgliederungen fest.

3.5.2 Erfolgswirtschaftliche Jahresabschlussanalyse

3.5.2.1 Ergebnisanalyse

Die Gewinn- und Verlustrechnung dient der Darstellung und Analyse des **Periodenerfolgs** eines Unternehmens. Weil sich der Jahreserfolg aus dem Saldo sämtlicher regel- und unregelmäßigen Aufwendungen und Erträge zusammensetzt, kann er aber isoliert keine Auskunft über den auf Dauer erzielbaren Erfolg geben.

Die **Ergebnisquellenanalyse** ist der wichtigste Teil der erfolgswirtschaftlichen Jahresabschlussanalyse. Sie soll deutlich machen, in welchen **Bereichen** der unternehmerische Erfolg entstanden ist. Die entscheidenden Erfolgsquellen sollen identifiziert und bezüglich ihrer zukünftige Bedeutung für den Unternehmenserfolg untersucht werden.

Der Analyst benötigt dazu Informationen, die ihm ermöglichen, eine Teilung des Jahresergebnisses in das ordentliche Betriebsergebnis und das Finanzergebnis vorzunehmen.

Durch die **Erfolgsspaltung** soll ermittelt werden, welches Ergebnis – bei konstanten Rahmenbedingungen – nachhaltig erzielt werden kann.

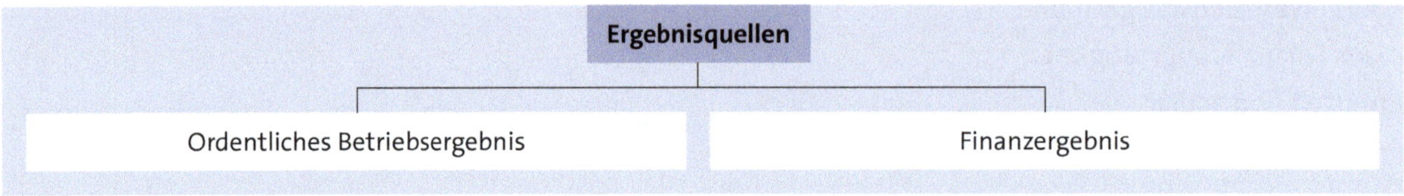

Abbildung 102: Erfolgsspaltung

TIPP

Abhängig vom Erkenntnisinteresse kann eine weitergehende Aufspaltung sinnvoll sein.

Ähnlich wie die Bilanz ist auch die Gewinn- und Verlustrechnung für eine direkte Analyse nicht geeignet. Auch sie muss zunächst in eine **analysefähige Struktur** gebracht, also aufbereitet werden.

Beispiele

Bei aktiviertem Disagio und aktivierten latenten Steuern muss der aktivierte Aufwand übernommen werden, weil die Aufwendungen tatsächlich angefallen sind.

Die Positionen Nr. 4 „Sonstige betriebliche Erträge" und Nr. 8 „Sonstige betriebliche Aufwendungen" (§ 275 Abs. 2 HGB) enthalten neutrale Erträge, die herausgerechnet werden müssen.

Ordentliches Betriebsergebnis
Das ordentliche Betriebsergebnis resultiert aus den **regelmäßig** anfallenden Aufwendungen und Erträgen, die mit dem eigentlichen Unternehmenszweck in unmittelbaren Zusammenhang stehen. Die periodenfremden, betriebszweckfremden und außerordentlichen Erfolgskomponenten werden herausgerechnet.

Während der Jahresüberschuss durch gezielte Bilanzpolitik beeinflussbar ist, sind im ordentlichen Betriebsergebnis diese Einflüsse für die Analysezwecke eliminiert.

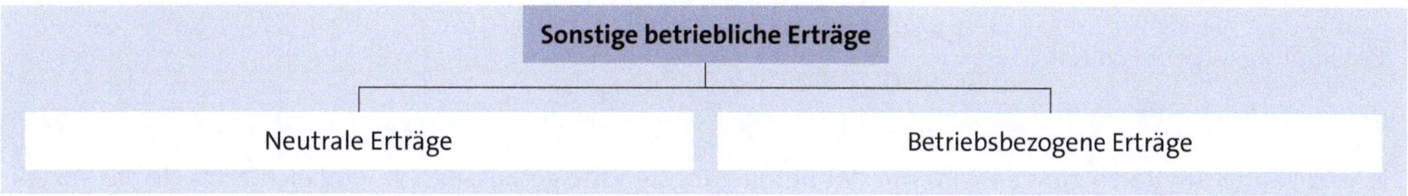

Abbildung 103: Spaltung der sonstigen betrieblichen Erträge

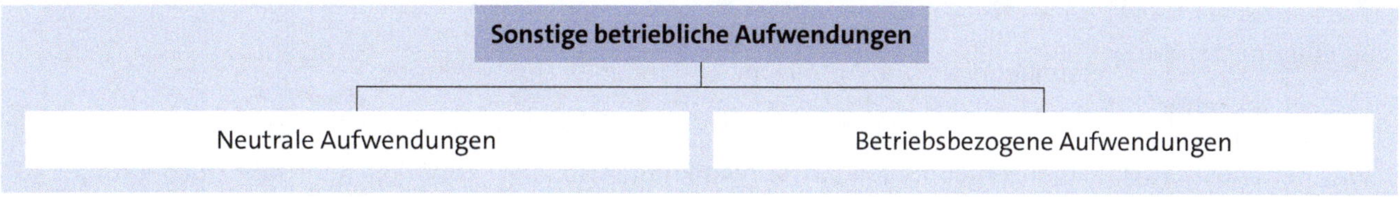

Abbildung 104: Spaltung der sonstigen betrieblichen Aufwendungen

Die Berechnung des ordentlichen Betriebsergebnisses kann dann ausgehend von den Umsatzerlösen oder alternativ ausgehend vom Jahresüberschuss nach folgendem Schema erfolgen (GKV):

Ausgehend von den Umsatzerlösen		Umsatzerlöse	
	+/-	Bestandsveränderungen	↓
	+	Aktivierte Eigenleistungen	↓
	=	Gesamtleistung	↓
	+	Sonstige betriebliche Erträge	↓
	-	Materialaufwand	↓
	-	Personalaufwand	↓
	-	Abschreibungen	↓
	-	Sonstige betriebliche Aufwendungen	↓
	-	Sonstige Steuern	↓
--	=	**Ordentliches Betriebsergebnis**	
Ausgehend vom Jahresüberschuss	-	Neutrale Erträge	↑
	+	Neutrale Aufwendungen	↑
	-	Zinserträge	↑
	+	Zinsaufwand	↑
	+	Steuern vom Einkommen und Ertrag	↑
		Jahresüberschuss	

Finanzergebnis

Das Finanzergebnis zeigt den Erfolg des Unternehmens aus seinem Engagement auf den **Geld- und Kapitalmärkten**, das stark von äußeren Einflüssen abhängt. Es setzt sich zusammen aus (beim GKV § 275 Abs. 2 Nr. 9 bis Nr. 13 HGB, beim UKV § 275 Abs. 3 Nr. 8. bis Nr. 12 HGB)

- den Erträgen bei der Anlage von Geldern (z. B. Dividenden und Zinsen),
- den Aufwendungen für die Aufnahme von Fremdkapital (z. B. Zinsen für aufgenommene Darlehen),
- den Abschreibungen auf Finanzanlagen und Wertpapiere.

Weil es nicht aus dem eigentlichen Betriebszweck resultiert, werden seine Erfolgskomponenten auch dann vom Betriebsergebnis abgegrenzt, wenn sie planmäßig und regelmäßig erwirtschaftet werden.

Zur differenzierten Beurteilung der Komponenten des Finanzergebnisses stehen verschiedene Kennzahlen zur Verfügung.

Der Beteiligungsergebnisanteil zeigt, welche Bedeutung die **Beteiligungen** haben. Die Kennzahl kann über die Diversifikation und die damit verbunden Risikostreuung informieren.

$$\text{Beteiligungsergebnisanteil} = \frac{\text{Beteiligungsergebnis}}{\text{Jahresüberschuss vor Steuern}} \cdot 100$$

Die Verzinsung der Beteiligungen wird mit der Beteiligungsrendite gemessen. Im Vergleich zeigt sie die Vorteilhaftigkeit der Anlagen in Beteiligungen.

$$\text{Beteiligungsrendite} = \frac{\text{Beteiligungsergebnis}}{\text{Beteiligungen und Anteile an verbundenen Unternehmen}} \cdot 100$$

In welchem Ausmaß das Finanzergebnis von **Zinsschwankungen** abhängt, misst die Kennzahl Zinsdeckung:

$$\text{Zinsdeckung} = \frac{\text{Betriebsergebnis}}{\text{Zinsaufwand}} \cdot 100$$

Je größer das Ergebnis, desto geringer ist die Abhängigkeit des Unternehmens von Zinsschwankungen.

Die **Aussagekraft** der Ergebnisquellenanalyse hängt entscheidend davon ab, wie genau, transparent und nachvollziehbar das ordentliche Betriebsergebnis ermittelt werden kann. Eine Abgrenzung der Ergebnisquellen kann für externe Analysten schwierig sein. Die Aussagekraft wird aber verbessert, wenn die GuV über mehrere Perioden analysiert und verglichen wird. Aus Anhang und Lagebericht können weitere Informationen entnommen werden.

Die Bedeutung der Ergebnisquellen für das Gesamtergebnis wird durch die Verhältniszahlen

$$\frac{\text{Ordentliches Betriebsergebnis}}{\text{Gesamtergebnis vor Steuern vom Einkommen und Ertrag}}$$

und

$$\frac{\text{Finanzergebnis}}{\text{Gesamtergebnis vor Steuern vom Einkommen und Ertrag}}$$

beschrieben. Die Relationen werden „vor Steuern von Einkommen und Ertrag“ ermittelt, um die Einflüsse durch

- unterschiedliche Strategien zur Gewinnverwendung,
- unterschiedliche Steuerbelastungen,
- unterschiedliche Kapitalstrukturen,
- unterschiedliche Rechtsformen,
- Steuernachzahlungen und -erstattungen,

zu neutralisieren, damit die Abschlüsse verschiedener Unternehmen **substanziell vergleichbar** werden.

Der Anteil des ordentlichen Betriebsergebnisses macht i. d. R. den größten Anteil am Gesamtergebnis vor Steuern aus. Aus **Analystensicht** ist ein gleichbleibender oder besser steigender Anteil zu fordern, weil der eigentliche Betriebszweck auch zukünftig die Basis für den Unternehmenserfolg bleiben wird.

3.5.2.2 Aufwands- und Ertragsstruktur

Alle Zahlen aus der Gewinn- und Verlustrechnung haben nur eine sehr begrenzte Aussagekraft, wenn sie lediglich für ein Jahr vorliegen. Nur wenn die Aufwendungen und Erträge über mehrere Jahre hinweg analysiert werden, kann die positive oder negative Entwicklung eines Unternehmens beurteilt werden.

Allgemeine Kostenstruktur

Bevor Kennzahlen zur GuV entwickelt und beurteilt werden, muss die Zusammensetzung der Kosten eines Unternehmens bekannt sein, um eine seriöse Einschätzung der Entwicklung vornehmen zu können.

Beispiel

Eine drastische Erhöhung der Erdölpreise hat bei Unternehmen mit geringem Energiebedarf wenig Auswirkung, wohl aber bei Raffinerien und in der Kunststoffherstellung.

Die Kostenstruktur wird sich vielfach im **Zeitablauf** ändern, einzelne Kostenarten werden einen höheren oder geringeren Anteil im Kostengefüge erreichen. Maßnahmen zur Kostensenkung werden dann einen umso größeren Effekt haben, je höher der Anteil der angesprochenen Kostenart an den gesamten Kosten ist. Auch eine Änderung der Produktionsverfahren oder der Produktpalette wird die Kostenstruktur verändern.

Materialaufwandsquote

In vielen Unternehmen stellt der Materialaufwand – absolut und im Verhältnis zur Gesamtleistung – einen erheblichen Faktor dar. Eine konsequente Analyse der

$$\text{Materialaufwandsquote} = \frac{\text{Materialaufwand}}{\text{Gesamtleistung}} \cdot 100$$

ist im Hinblick auf das Ergebnis und die Rentabilität unerlässlich, ihre Interpretation aber nur im chronologischen oder Branchenvergleich sinnvoll. Eine **erhöhte** Materialaufwandsquote zeigt die Anfälligkeit gegenüber Änderungen der Mengen- und Wertgerüste. Sie kann die verschiedensten Ursachen haben:

- Unwirtschaftlicher Materialverbrauch
- Materialintensivere Produktion
- Preiserhöhungen im Einkauf
- Preissenkungen im Absatzbereich
- Veränderung der Gesamtleistung.

Rohertragsquote

Als Rohertrag wird die Differenz zwischen Gesamtleistung und Materialaufwand verstanden.

	Gesamtleistung
-	Materialaufwand
=	**Rohertrag**

INFO

Der Rohertrag wird auch als **„Bruttomarge“** bezeichnet, im Handel entspricht er der Handelsspanne.

$$\text{Rohertragsquote} = \frac{\text{Rohertrag}}{\text{Gesamtleistung}} \cdot 100$$

Die Rohertragsquote entwickelt sich umgekehrt zu der Materialaufwandsquote. Sie soll die Möglichkeit zeigen, überhaupt einen Ertrag zu erzielen. Steigt die Materialaufwandsquote, sinkt die Rohertragsquote und umgekehrt. Ihre Erhöhung zeigt größere Chancen, ihre Verringerung zeigt ein größeres Risiko.

Personalaufwandsquote

Die Personalaufwandsquote gibt an, wie hoch der Anteil des Personalaufwandes an der Gesamtleistung ist. Er ergibt sich aus Löhnen, Gehältern und Sozialaufwand.

$$\text{Personalaufwandsquote} = \frac{\text{Personalaufwand}}{\text{Gesamtleistung}} \cdot 100$$

Eine **Veränderung** im Zeitablauf kann unterschiedliche Ursachen haben:

- Personalabbau oder -zunahme
- Veränderung der Personalstruktur
- Höhere Tarifabschlüsse
- Marktpreisschwankungen bei anteilsbasierten Vergütungsanteilen
- Rationalisierungsmaßnahmen
- Veränderung der Gesamtleistung.

Ein Vergleich mit anderen Unternehmen kann einen Hinweis darauf geben, wie weit menschliche Arbeit durch Maschinen ersetzt bzw. ergänzt werden kann. Bei Rationalisierungsmaßnahmen ist die Beurteilung aber besonders schwierig, weil Einsparungen bei den Personalkosten i. d. R. höhere Kosten an anderer Stelle, z. B. für die Finanzierung von Maschinen und Anlagen, gegenüber stehen.

Der durchschnittliche Personalaufwand pro Beschäftigtem ergibt sich, wenn der gesamte Personalaufwand durch Zahl der Mitarbeiter dividiert wird.

$$\text{Durchschnittlicher Personalaufwand} = \frac{\text{Gesamter Personalaufwand}}{\text{Durchschnittlich Beschäftigte}} \cdot 100$$

Die Aussagekraft der Personalaufwandsquote kann durch weitere Kennzahlen verbessert werden:

Die **Personalaufwandsstruktur** gibt den prozentualen Anteil einer Teilgruppe von Mitarbeitern (z. B. Frauen, Akademiker, Ingenieure, Auszubildende) am gesamten Personalaufwand an:

$$\text{Personalaufwandsstruktur} = \frac{\text{Personalaufwand für ...}}{\text{Gesamter Personalaufwand}} \cdot 100$$

Der Zähler in dieser Formel kann je nach Ziel der Untersuchung nach unterschiedlichen Gesichtspunkten gewählt werden, z. B. nach

- Art des Personalaufwandes (Löhne, Gehälter, Sozialaufwand)
- Kostenstellen (Produktion, Forschung, Vertrieb),
- örtlicher Zuordnung (Werk Nürnberg) und
- Rechtstellung der Beschäftigten (Teilzeit, Praktikanten, Leiharbeit)

variiert werden.

Die **Abwesenheitsstruktur** zeigt den Anteil der Abwesenden an der Gesamtzahl aller Beschäftigten

$$\text{Abwesenheitsstruktur} = \frac{\text{Abwesende nach Ursachen}}{\text{Gesamtzahl der Beschäftigten}} \cdot 100$$

bzw. den Anteil der Abwesenheitsstunden an der Summe aller Arbeitsstunden an.

$$\text{Abwesenheitsstruktur} = \frac{\text{Abwensenheitsstunden}}{\text{Summe aller Arbeitsstunden}} \cdot 100$$

Der Zähler kann nach den verschiedenen Abwesenheitsursachen wie Krankheit, Unfall, Urlaub, Dienstreise, usw. differenziert werden.

Die **betriebliche Lohnquote** gibt den Anteil der Personalkosten am Umsatz an.

$$\text{Lohnquote} = \frac{\text{Personalkosten}}{\text{Umsatz}} \cdot 100$$

Die **Fluktuationsziffer** zeigt den prozentualen Anteil der Mitarbeiter, die das Unternehmen verlassen haben, an der Gesamtheit der durchschnittlich Beschäftigten.

$$\text{Fluftionsziffer} = \frac{\text{Personalabgang}}{\text{Durchschnittlicher Personalbestand}} \cdot 100$$

Die Abgänge können differenziert nach Berufsgruppen, Gründen, Betriebszugehörigkeit, Lebensalter, Geschlecht, Kostenstellen oder anderen Kriterien ermittelt werden.

Die **Personalintensität** vergleicht die Kosten des Produktionsfaktors Arbeit mit dem Betriebsergebnis. Die Personalkosten können dazu nach Bereichen, Funktionen, Standorten u. v. a. m. unterschieden werden. Diese personalpolitisch besonders sensible Kennzahl wird je nach Interessenlage sehr unterschiedlich errechnet und ist nur im Branchenvergleich aussagefähig.

$$\text{Personalintensität} = \frac{\text{Personalkosten}}{\text{Betriebsergebnis}} \cdot 100$$

Zinsaufwandsquote
Die Zinsaufwandsquote setzt die Zinsaufwendungen zu der Gesamtleistung in Beziehung.

$$\text{Zinsaufwandsquote} = \frac{\text{Zinsaufwand}}{\text{Gesamtleistung}} \cdot 100$$

Der Wert dieser Kennzahl sinkt, wenn weniger Fremdkapital aufgenommen worden ist oder wenn günstigere Konditionen erreicht werden konnten.

Arbeitsproduktivität
Die Arbeitsproduktivität wird traditionell zu den Kennzahlen der GuV gezählt, obwohl dabei der Gesamtleistung kein Aufwand gegenübergestellt wird, sondern die Zahl der Beschäftigten oder der Arbeitsstunden. Sie ist ein Maß für die Leistungsfähigkeit weil sie angibt, welche **Einsatzmenge an Arbeitsleistung** zur Erstellung des Produktionsergebnisses erforderlich war.

$$\text{Arbeitsproduktivität} = \frac{\text{Gesamtleistung}}{\text{Anzahl der Beschäftigten}} \cdot 100$$

Diese Form der Arbeitsproduktivität zeigt an, welchen Beitrag ein Mitarbeiter im Durchschnitt für das erwirtschaftete Ergebnis leistet.

$$\text{Arbeitsproduktivität} = \frac{\text{Gesamtleistung}}{\text{Anzahl der Arbeitsstunden}} \cdot 100$$

Diese so genannte Stundenproduktivität ist die häufiger verwendete Variante, weil so auch Änderungen der Arbeitszeit erfasst werden können.

Es gibt mehrere Möglichkeiten, die Arbeitsproduktivität zu steigern:

- Mit leistungsfähigeren Maschinen kann durch technischen Fortschritt ein besseres Ergebnis erzielt werden.
- Eine verbesserte Aus- und Fortbildung erhöht die Effizienz der Mitarbeiter. Allerdings steigt die Arbeitsproduktivität rechnerisch auch, wenn Mitarbeiter ausscheiden.

Weil leistungsfähigere Anlagen i. d. R. auch einen höheren Kapitalbedarf haben, ist eine Produktivitätssteigerung betriebswirtschaftlich nur dann sinnvoll, wenn die höheren Kapitalkosten an anderer Stelle kompensiert werden.

Die Arbeitsproduktivität soll grundsätzlich möglichst hoch sein, aber mindestens die branchenüblichen Werte erreichen.

3.5.2.3 Rentabilität

Die Kennzahlen zu der Rentabilität lassen erkennen, welcher Erfolg durch den Einsatz finanzieller Ressourcen erzielt worden ist. Sie sind eine wesentliche **Grundlage für Entscheidungen** der Unternehmensleitung, der Anteilseigner und der Gläubiger.

Die Analyse der Rentabilität liefert eine bessere Information als die Betrachtung absoluter Größen, weil das angestrebte Erfolgsniveau prozentual ausgedrückt wird und auch im chronologischen und Branchenvergleich nur relative Werte sinnvolle Schlüsse zulassen, wenn die Berechnungsdaten unterschiedlich sind.

Das eingesetzte Kapital soll jeweils als **Durchschnittswert** erfasst werden, um ein systematisches Problem zu umgehen: Beim Jahresüberschuss handelt es sich um eine Stichtagsgröße, das Kapital steht dagegen während des gesamten Zeitraumes zur Verfügung und kann sich in dessen Verlauf ändern.

Eigenkapitalrentabilität

Die Eigenkapitalrentabilität misst den Erfolg des von den Eigentümern bereitgestellten Kapitals. Dazu wird als Ausgangsgröße der erzielte Jahresüberschuss einer Periode vor der Gewinnverwendung und vor Abzug der Ertragsteuern herangezogen. Ertragsteuern sollen wegen der Vergleichbarkeit keinen Einfluss auf die Rentabilität haben.

$$R_{EK} = \frac{\text{Jahresüberschuss vor Ertragssteuern}}{\text{Durchschnittliches Eigenkapital}} \cdot 100$$

Bei Einzelunternehmen und Personengesellschaften ist der **Unternehmerlohn** vom Jahresüberschuss abzuziehen, weil der Personalaufwand für die Leitung des Unternehmens in diesen Abschlüssen – im Gegensatz zu den Abschlüssen von Kapitalgesellschaften – nicht als Personalaufwand berücksichtigt ist. Andernfalls wäre die Vergleichbarkeit zwischen Personen- und Kapitalgesellschaften nicht möglich.

$$R_{EK} = \frac{\text{Jahresüberschuss vor Ertragssteuern - Unternehmerlohn}}{\text{Durchschnittliches Eigenkapital}} \cdot 100$$

Als **Zielgröße** für die Eigenkapitalrentabilität kann die Rendite gelten, die bei einer alternativen Anlage, etwa auf dem langfristigen Kapitalmarkt, erzielt werden könnte. Zusätzlich sollte aber ein **Risikozuschlag** erfolgen, der die Haftungsrisiken des Eigenkapitals berücksichtigt.

INFO

Die Eigenkapitalrentabilität wird auch „Unternehmerrentabilität" genannt.

Gesamtkapitalrentabilität

Die Gesamtkapitalrentabilität ist für die Beurteilung eines Unternehmens von größerer Bedeutung, weil sie die Effizienz des gesamten eingesetzten Eigen- und Fremdkapitals misst und so Unternehmensvergleiche erst ermöglicht.

Die Art der – richtigen oder falschen – Finanzierung soll dabei wegen der Vergleichbarkeit keinen Einfluss auf die Rentabilität haben. Deshalb wird der Jahresüberschuss um die Fremdkapitalzinsen (die den Jahresüberschuss gemindert haben) korrigiert.

$$R_{GK} = \frac{\text{JÜ vor Ertragssteuern - Unternehmerlohn + Fremdkapitalzinsen}}{\text{Durchschnittliches Gesamtkapital}} \cdot 100$$

Als Maßstab für die Beurteilung der Gesamtkapitalrentabilität kann der Marktzins für Fremdkapital herangezogen werden.

INFO

Die Gesamtkapitalrentabilität wird auch als „Unternehmensrentabilität“ oder „Investitionsrendite“ bezeichnet.

Leverage-Effekt

Zwischen der Eigenkapital- und der Gesamtkapitalrentabilität besteht ein enger Zusammenhang. Die Eigenkapitalrentabilität ist abhängig von der Gesamtkapitalrentabilität, nur bei ausreichender Gesamtkapitalrentabilität wird auch die Eigenkapitalrentabilität zufriedenstellend sein.

Den Zusammenhang zwischen der Eigenkapitalquote und der Eigenkapitalrentabilität beschreibt der Leverage-Effekt.

MERKE

Wenn die Gesamtkapitalrentabilität höher ist als der Fremdkapitalzins, steigt – unter sonst gleichen Bedingungen – die Eigenkapitalrentabilität mit sinkender Eigenkapitalquote.

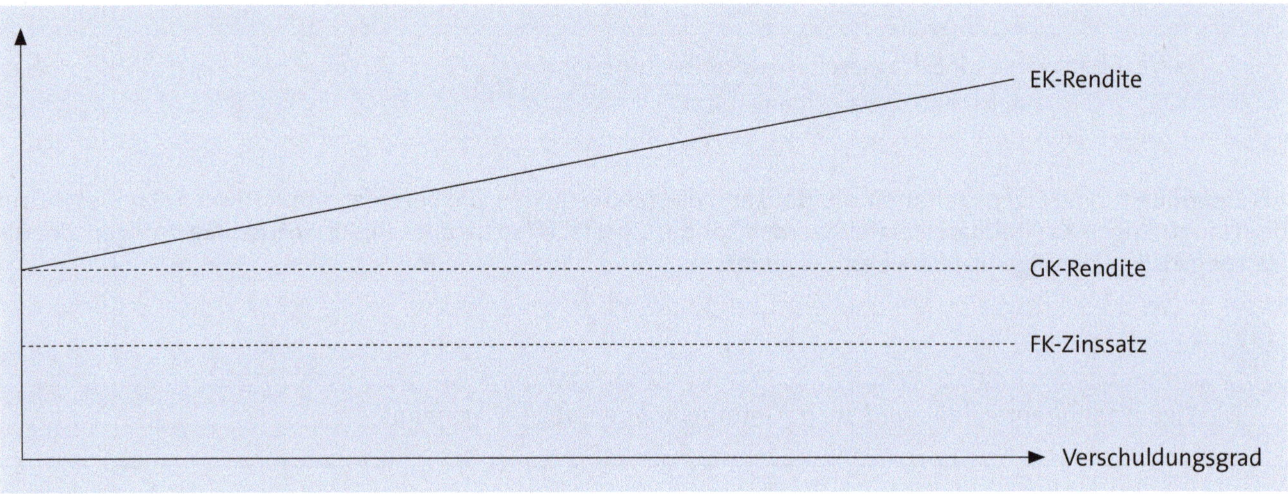

Abbildung 105: Leverage-Effekt

Wird also unter dieser Bedingung der Anteil des Fremdkapitals erhöht, so erhöht sich gleichzeitig die Eigenkapitalrentabilität. Der Effekt ist umso größer, je größer die Differenz zwischen Gesamtkapitalrentabilität und Fremdkapitalzins ist. Die rechnerische Ermittlung erfolgt mit der Formel

$$\text{EK - Rentabilität} = \text{GK - Rentabilität} + \frac{\text{FK}}{\text{EK}} \cdot (\text{GK - Rentabilität - FK - Zins})$$

Beispiel

Bei der Rabau AG soll ein Erweiterungsbau errichtet werden. Die Gesamtinvestition beträgt 10 Mio. €, die Gesamtkapitalverzinsung 10 %. Bei Aufnahme von Fremdkapital ist ein Zins von 8 % zu zahlen.

Bei alternativen Finanzierungsmodellen ergibt sich:

Eigenkapitalanteil	Fremdkapitalanteil	FK-Zinsen	Eigenkapitalrentabilität
9.000.000	1.000.000	80.000	10,22 %
8.000.000	2.000.000	160.000	10,50 %
7.000.000	3.000.000	240.000	10,86 %
6.000.000	4.000.000	320.000	11,33 %
5.000.000	5.000.000	400.000	12,00 %
...	...	...	...
1.000.000	9.000.000	560.000	44,00 %

Aus diesem Zusammenhang darf keinesfalls der Schluss gezogen werden, dass in jedem Falle eine niedrige Ausstattung mit Eigenkapital angestrebt werden sollte, denn dann könnte das Eigenkapital seine **Funktionen** nicht mehr wahrnehmen.

Ist die Gesamtkapitalrentabilität niedriger als der Fremdkapitalzins, werden die Fremdkapitalkosten nicht mehr gedeckt, die Eigenkapitalrentabilität sinkt dann (negativer Leverage-Effekt).

Umsatzrentabilität
Eine besonders aussagefähige Kennzahl ist die Umsatzrentabilität, die vielfach zur Beurteilung von Unternehmen eingesetzt wird, weil sie bei der **Entstehung des Erfolges** ansetzt. Sie zeigt, welcher prozentuale Anteil der Umsatzerlöse im Unternehmen verbleibt. In manchen Fällen ist diese Kennzahl aussagefähiger als die Kapitalrentabilitäten.

$$R_U = \frac{\text{Jahresüberschuss}}{\text{Umsatz}} \cdot 100 \quad \text{oder} \quad \frac{\text{Ordentliches Betriebsergebnis}}{\text{Umsatz}} \cdot 100$$

Die Umsatzrentabilität ist besonders geeignet, im **Vergleich** Aussagen zu machen über eine positive oder negative Entwicklung des Unternehmens. Ihre Vorteile aus analytischer Sicht sind eindeutig:

- Die Umsatzrenrentabilität wird kaum durch bilanzpolitische und steuerlich Maßnahmen beeinflusst.
- Sie wird sowohl von der Marktseite (Absatzmengen, Preise) her als auch durch betriebsinternen Größen (Erträge, Aufwendungen) beeinflusst.
- Sie reagiert deutlich, Entwicklungen können daher frühzeitig erkannt werden.
- Wegen der allgemeinen Größen ist sie besonders für Betriebs- und Branchenvergleiche geeignet.

TIPP

Die Umsatzrendite soll grundsätzlich möglichst hoch sein.

Eine Veränderung der Umsatzrendite muss vorsichtig interpretiert werden. Sie könnte u. a. auf

- ein anderes Fertigungsverfahren
- ein anderes Produktionsprogramm
- eine Veränderung der Kundenstruktur
- eine neue Konkurrenzsituation
- die allgemeine Wirtschaftsentwicklung
- eine veränderte Geschäftspolitik

zurückzuführen sein.

Betriebsrentabilität
Der Aussagewert der Betriebsrentabilität

$$R_B = \frac{\text{Ordentliches Betriebsergebnis}}{\text{Betriebsnotwendiges Vermögen}} \cdot 100$$

liegt darin, dass betriebsfremde Einflüsse weitgehend unberücksichtigt bleiben. Sie zeigt die Rentabilität, die durch den Produktions- und Umsatzprozess erwirtschaftet wird. Zufällige Schwankungen im Finanz- und Beteiligungsbereich bleiben bei der Beurteilung weitgehend unberücksichtigt. Für den chronologischen und den Betriebsvergleich stehen dadurch aussagefähigere Daten zur Verfügung.

Ein Problem liegt in der Ermittlung des **betriebsnotwendigen** Vermögens, weil es von einem externen Analytiker aus dem Jahresabschluss nicht eindeutig festgestellt werden kann. Hilfsweise kann gerechnet werden

	Gesamtvermögen
-	Finanzanlagen
-	Wertpapiere des UV
-	eigene Anteile
-	Sonstige Vermögensgegenstände
=	**Betriebsnotwendiges Vermögen**

3.5.2.4 Wertschöpfungsanalyse

Die Wertschöpfung ist der betriebswirtschaftliche Wertezuwachs, der von dem Unternehmen über die Vorleistungen hinaus erwirtschaftet wird.

	Gesamtleistung
-	Vorleistungen
=	**Wertschöpfung**

Beispiel

Die Wolf AG veröffentlicht folgende Gewinn- und Verlustrechnung:

	Umsatzerlöse	500.000 €
-	Bestandsverminderungen	6.000 €
+	sonstige betriebliche Erträge	25.000 €
-	Materialaufwand	140.000 €
-	Personalaufwand	200.000 €
-	Abschreibungen	60.000 €
-	sonstige betriebliche Aufwendungen	35.000 €
-	Zinsen und ähnliche Aufwendungen	20.000 €
=	Ergebnis vor Steuern	64.000 €
-	Steuern vom Einkommen und Ertrag	15.000 €
=	**Jahresüberschuss**	**49.000 €**

Daraus errechnet sich die Wertschöpfung mit der additiven Methode

	Jahresüberschuss	49.000 €
+	Steuern vom Einkommen und Ertrag	15.000 €
+	Personalaufwand	200.000 €
+	Zinsen und ähnliche Aufwendungen	20.000 €
=	**Wertschöpfung**	**284.000 €**

oder alternativ mit der subtraktiven Methode

	Umsatzerlöse	500.000 €
+	sonstige betriebliche Erträge	25.000 €
-	Bestandsminderung	6.000 €
-	Materialaufwand	140.000 €
-	Abschreibungen	60.000 €
-	sonstige betriebliche Aufwendungen	35.000 €
=	**Wertschöpfung**	**284.000 €**

Unter sozialen Gesichtspunkten ist interessant, wie die Wertschöpfung verteilt worden ist, welchen Anteil

- die Kapitalgeber (z. B. Zinsen und Dividenden)
- die Mitarbeiter (z. B. Löhne und Gehälter)
- die öffentliche Hand (z. B. Steuern)

erhalten haben.

Kennzahlen zum Vergleich der Wertschöpfung sind die

$$\text{Arbeitsproduktivität} = \frac{\text{Wertschöpfung}}{\text{Durchschnittliche Beschäftigtenzahl}}$$

die

$$\text{Kapitalproduktivität} = \frac{\text{Wertschöpfung}}{\text{Durchschnittliches Kapital}}$$

die

$$\text{Personalproduktivität} = \frac{\text{Wertschöpfung}}{\text{Personalaufwand}}$$

und die

$$\text{Wertschöpfungsquote} = \frac{\text{Wertschöpfung}}{\text{Umsatz}}$$

3.5.3 Formen der Betriebswirtschaftlichen Auswertung

Die Betriebswirtschaftliche Auswertung (BWA) von Daten aus der Finanzbuchhaltung soll – insbesondere bei kleinen und mittleren Unternehmen – eine zeitnahe Aussage über die aktuelle wirtschaftliche Lage und die **Leistungsfähigkeit** eines Unternehmens ermöglichen. Sie liefert einen Überblick über die Aufwands- und Ertragssituation und über die Vermögens- und Schuldverhältnisse. Sie ist eine wertvolle Informationsquelle und ein wichtiges **Entscheidungsinstrument**. Grundlage bilden die betriebswirtschaftlichen Kennzahlen.

Die Daten aus der Buchhaltung werden – meistens monatlich – analysiert und unterschiedlich aufbereitet. Häufig genutzte Formen sind

- die kurzfristige Erfolgsrechnung
- die Bewegungsbilanz, die Veränderungen von Vermögen und Kapital zeigt
- die statische Liquidität, die Hinweise zur Zahlungsfähigkeit gibt.

MERKE

Der Informationswert der BWA ist entscheidend davon abhängig, dass aktuelle Daten einfließen, also zeitnah erfasst und gebucht wird.

Bei sinnvoller Gestaltung und Analyse bietet die BWA zahlreiche Reportmöglichkeiten, z. B.

- **Kurzfristige Erfolgsrechnung**
  Sie zeigt das vorläufige Ergebnis der Geschäftstätigkeit in der aktuellen Buchungsperiode.
- **Vorjahresvergleich**
  Abweichungen von den Vorjahrswerten sind leicht erkennbar, die Veränderung der Situation gegenüber der Vorjahrsperiode lässt sich ermitteln.
- **Branchenvergleich**
  Im Vergleich mit anderen Unternehmen der Branche können Stärken und Schwächen des Unternehmens erkannt und analysiert werden.
- **Controlling-Report**
  Die BWA wird genutzt, um z. B. Informationen über die Liquiditätslage, die umsatzstärksten Kunden, die umsatzstärksten Lieferanten u. Ä. zu erhalten.
- **Individuelle BWA**
  Durch eine Erweiterung der Standard-BWA können zusätzliche wichtige Informationen erlangt werden.
- **Plan-BWA**
  Die zukunftsgerichtete Auswertung legt Ziele fest und untersucht, wie negative Entwicklungen verhindert und positive verstärkt werden können.

Die BWA wird von vielen Buchhaltungsprogrammen automatisch mitgeliefert und häufig von Banken verlangt. Weil die Finanzbuchhaltung den rechtlichen Erfordernissen für die ordnungsmäßige Rechnungslegung nach Handels- und Steuerrecht folgt, ist die BWA unter betriebswirtschaftlichen Aspekten **oft unvollständig** und damit nur von begrenztem Informationswert. Ihre Aussagekraft kann aber verbessert werden durch eine rechtsformenneutrale Gestaltung, einen Branchen- und Zeitvergleich und grafische Elemente.

INFO

Hinweis
Eine sinnvolle Auswertung durch eine BWA ist nur möglich, wenn das Erkenntnisziel festgelegt ist. Die automatische Übernahme von Ergebnissen aus einer Standardsoftware ist i. d. R. wenig aussagefähig. Erforderlich ist eine Anpassung an die konkreten Fragestellungen des Unternehmens. Dazu wird es erforderlich sein, die standardisiert angebotenen Ergebnisse einerseits um unternehmensspezifische Angaben zu ergänzen und andererseits auf die notwendigen entscheidungsrelevanten Daten zu reduzieren

---

3.6 Grenzen der Jahresabschlussanalyse

Bei noch so sorgfältig und zielbezogen eingesetzten Instrumenten und Methoden der Jahresabschlussanalyse muss deutlich sein, wo ihre Grenzen liegen und ihre Aussagefähigkeit zu relativieren ist.

- **Vergangenheitsbezug** der Daten. Die Zahlen des Jahresabschlusses beziehen sich auf eine abgeschlossene vergangene Periode. Zusätzlich wird eine Veröffentlichung und damit der Zugang für externe Analysten erst zu einem Zeitpunkt stattfinden können, der längere Zeit nach dem Stichtag liegt.
- Alle Daten sind **stichtagsbezogen**. Unmittelbar vor oder nach dem Stichtag kann sich die Situation erheblich anders darstellen.
- Der Jahresabschluss enthält nicht alle für eine Beurteilung **relevanten Daten**. Wichtige Angaben zu qualitativen Aspekten wie Marktstellung, Managementqualität, Rating u. v. a. m. fehlen. Sie sind allenfalls durch Auswertung anderer Informationsquellen zu beschaffen.
- Die **konkreten Inhalte** einzelner Positionen können nicht festgestellt werden. Besonders deutlich wird das bei den Positionen „Sonstige betriebliche Erträge" bzw. „Sonstige betriebliche Aufwendungen" in der Gewinn- und Verlustrechnung.
- Durch bilanzpolitische Maßnahmen kann das vermittelte Bild **interessenbezogen** verzerrt dargestellt sein.
- Die Rechnungslegungssysteme beruhen auf jeweils **spezifischen Prinzipien**. Der Vergleich von Unternehmen, die ihre Abschlüsse nach unterschiedlichen Rechnungslegungssystemen erstellen, ist schwer möglich.
- Externe Analysten können nur öffentlich zugängliche Informationen nutzen, sie müssen also stets von einem eingeschränkten Informationsstand ausgehen.
- Kennzahlen können nicht die Fakten selbst beschreiben, sondern verbinden verfügbare Daten zu **Indikatoren**.
- Probleme können miteinander verbunden sein. Einzelne Kennzahlen können diese **Vernetzung** nicht abbilden.

Es erscheint vordergründig sinnvoll, für die Kennzahlen **Sollwerte** vorzugeben. Eine Bestimmung ist jedoch schwierig, denn es gibt keine empirisch haltbaren Vorgaben, auf deren Grundlage bestimmte Kennzahlen ein Urteil über die künftige Lage eines Unternehmens ermöglichen würden.

Kontrollfragen

Wodurch wird die Aussagefähigkeit der Jahresabschlussanalyse grundsätzlich eingeschränkt?

Welche Nachteile hat eine Einzelanalyse des Jahresabschlusses?

Warum muss vor einer Bilanzanalyse die vorgelegte Bilanz aufbereitet werden?

Welche Aufbereitungsmaßnahmen kennen Sie?

Welche Arten von Kennzahlen gibt es?

Welche Funktionen haben Kennzahlen?

Wie sieht die Formel zur Ermittlung der Eigenkapitalquote aus?

Wie lautet die Formel zur Ermittlung der Anlagenintensität?

Welche Vorteile hat – tendenziell – ein hohes Anlagevermögen?

Worauf kann eine steigende Vorratsintensität hindeuten?

Welche Kennzahl zeigt, wie lange Vorräte im Durchschnitt im Unternehmen lagern?

Wie wird die Aufbereitung der GuV für Analysezwecke bezeichnet?

Welche Gründe könnten vorliegen, wenn sich die Personalaufwandsquote gegenüber dem Vorjahr verändert hat?

Welche Arten von Rentabilitäten kennen Sie?

Warum wird bei der Ermittlung der Gesamtkapitalrentabilität der Jahresüberschuss um die Fremdkapitalzinsen erhöht?

Welche Funktionen hat das Eigenkapital?

Wie werden die statischen Liquiditätskennzahlen errechnet?

Welche Informationen sollen durch die Ermittlung des Cashflows gewonnen werden?

In welche Abschnitte ist eine Kapitalflussrechnung gegliedert?

Übungsaufgaben

Aufgabe 33

Welche Aufbereitungsmaßnahmen müssen bei den folgenden Bilanzpositionen vorgenommen werden? Kreuzen Sie an.

	Saldieren	Umgliedern	Umwerten	Keine
Geschäfts- oder Firmenwert				
Aktive latente Steuern				
Vorräte				
Kasse				
aRAP (ohne Disagio)				
aRAP (mit Disagio)				
Bilanzgewinn				
Passive latente Steuern				
Steuerrückstellungen				

Lösung s. Seite 194

Aufgabe 34

Die Wagner Fahrradwerke AG veröffentlicht zum 31.12.2018 folgende Bilanz (in Tsd. €):

AKTIVA			PASSIVA		
Anlagevermögen			Eigenkapital		
Firmenwert		8	Grundkapital		240
Sachanlagen		240	Kapitalrücklage		80
Finanzanlagen		30	Gewinnrücklage		40
Umlaufvermögen			Bilanzgewinn		6
Vorräte		504	Rückstellungen		
Forderungen aus LuL		252	Pensionsrückstellungen		174
Kasse, Bank		4	Verbindlichkeiten		502
RAP		4	mit einer Restlaufzeit < 1 Jahr	182	
davon Disagio	2		mit einer Restlaufzeit > 5 Jahre	216	
		1.042			1.042

a) Entwickeln Sie die Strukturbilanz der Wagner Fahrradwerke AG zum 31.12.2018.

b) Ermitteln Sie die Liquiditäten ersten und zweiten Grades.

c) Beurteilen Sie Ihre Ergebnisse zu den Liquiditätskennzahlen.

d) Beurteilen Sie die Aussagekraft des Anlagendeckungsgrades A. Im Vorjahr hatte er 120 % betragen.

Lösung s. Seite 194

Aufgabe 35

Die Pine AG plant eine Kapitalerhöhung. Sie legt dazu potenziellen Investoren unter anderem die HGB-Bilanz zum 31.12.2018 vor. Alle Bilanzpositionen sind korrekt nach den Vorschriften des HGB ermittelt worden.

Nennen Sie vier Bilanzpositionen, bei denen die potenziellen Investoren vermuten, dass sie durch Bilanzpolitik beeinflusst sein könnten. Begründen Sie Ihre Auswahl.

Lösung s. Seite 195

Aufgabe 36

Aus der Bilanz der XYZ GmbH zum 31.12.2018 liegen folgende Daten vor:

Gezeichnetes Kapital	600.000 €
Gewinnrücklagen	200.000 €
Jahresüberschuss	208.000 €
Fremdkapital	1.000.000 €

Laut GuV betrugen die Zinsaufwendungen im Jahr 2018 80.000 €.

Das Eigenkapital hatte zu Beginn des Jahres 2018 den gleichen Wert wie am 31.12.2018. Anfang 2019 wird der Jahresüberschuss 2018 vollständig ausgeschüttet.

Für das Jahr 2019 ist geplant, Investitionen i. H. v. 1.000.000 € durchzuführen und mit einem Darlehen zu finanzieren. Der Zinssatz, das Eigenkapital und die Rendite des Gesamtkapitals ändern sich nicht.

1. Ermitteln Sie für das Jahr 2018
   a) die Rentabilität des Eigenkapitals
   b) die Rentabilität des Gesamtkapitals.
2. Prüfen Sie rechnerisch, ob sich die Finanzierung der Investitionen im Jahre 2019 aus Sicht der Eigenkapitalgeber lohnt.

Lösung s. Seite 195

Aufgabe 37

Durch einen EDV-Fehler sind bei der ABC AG Daten der bereits erstellten Strukturbilanz verloren gegangen:

AKTIVA			**PASSIVA**
Anlagevermögen		Eigenkapital	30
Umlaufvermögen		Fremdkapital	
Mittel 1. Grades		langfristig	
Mittel 2. Grade	45	mittelfristig	80
Mittel 3. Grades		kurzfristig	60

Vor dem EDV-Fehler waren folgende Kennzahlen ermittelt worden:

Anlagendeckungsgrad I	25 %
Eigenkapitalquote	10 %
Fremdkapitalquote	90 %
Liquidität 1. Grades	25 %
Liquidität 3. Grades	300 %

Rekonstruieren Sie die Strukturbilanz für die ABC-AG.

Lösung s. Seite 196

Aufgabe 38

Die Adler AG legt folgende GuV vor (angaben in €):

1.	Umsatzerlöse	108.000
2.	Erhöhung oder Verminderung des Bestandes an fertigen und unfertigen Erzeugnissen	10.000
3.	andere aktivierte Eigenleistungen	0
4.	sonstige betriebliche Erträge	2.000
5.	Materialaufwand	
	a) Aufwendungen für Roh-, Hilfs- und Betriebsstoffe und für bezogene Waren	30.000
	b) Aufwendungen für bezogene Leistungen	6.000
6.	Personalaufwand	
	a) Löhne und Gehälter	24.000
	b) soziale Abgaben und Aufwendungen für die Altersversorgung	6.000
7.	Abschreibungen	
	a) auf immaterielle Vermögensgegenstände des Anlagevermögens und Sachanlagen	30.000
	b) auf vermögensgegenstände des Umlaufvermögens	2.000
8.	sonstige betriebliche Aufwendungen	16.000
9. - 11.		0
12.	Abschreibungen auf Finanzanlagen und Wertpapiere des Umlaufvermögens	2.000
13.	Zinsen und ähnliche Aufwendungen	10.000
	Ergebnis der gewöhnlichen Geschäftstätigkeit	- 6.000
14.	Steuern vom Einkommen und Ertrag	8.000
15.	Ergebnis nach Steuern	- 14.000
16.	sonstige Steuern	2.000
17.	Jahresfehlbetrag	- 16.000

Sonstige Angaben stehen nicht zur Verfügung.

Ermitteln Sie den Cashflow nach der direkten und nach der indirekten Methode.

Lösung s. Seite 196

D. Datenschutzbestimmungen

In praktisch allen Geschäftsfeldern ist die Kommunikation über elektronische Medien selbstverständlich geworden. Dabei werden regelmäßig zahlreiche personenbezogene Daten ausgetauscht. Auch bei den steuerberatenden Berufen werden **hochsensible Daten** mit den Mandanten und mit der Finanzverwaltung **ausgetauscht**. Sie werden fast ausnahmslos entweder beim Steuerberater selbst oder extern gespeichert und verarbeitet.

Der Datenschutz soll in der vernetzten Informationsgesellschaft staatliche Überwachungsmaßnahmen und die private Sammlung von persönlichen Daten **einschränken**. Der Begriff wird in ganz unterschiedlichen Zusammenhängen genutzt und mit unterschiedlicher Intention benutzt als

- Schutz der Privatsphäre
- Schutz vor missbräuchlicher Datenverarbeitung
- Schutz des Rechts auf informationelle Selbstbestimmung
- Schutz des Persönlichkeitsrechts bei der Datenverarbeitung.
  Nach der Rechtsprechung des Bundesverfassungsgerichts ist der Datenschutz ein Grundrecht. Jeder kann grundsätzlich **selbst entscheiden**, wem er welche persönlichen Daten überlässt (Informationelle Selbstbestimmung).

MERKE

Datenschutz soll nicht die Daten schützen, sondern die Person, auf die sich die Daten beziehen.

1. Rechtliche Grundlagen

Das deutsche Datenschutzrecht ist extrem unübersichtlich, die Regelungen finden sich in zahlreichen Gesetzen und Vorschriften, z. B.:

- Das **Bundesdatenschutzgesetz** (BDSG) ergänzt, konkretisiert und modifiziert die Datenschutzgrundverordnung (DS-GVO)
- Bei den Sicherheitsbehörden richtet sich der Datenschutz für die Fahndung nach Straftätern nach der **Strafprozessordnung** (StPO), bei der Gefahrenabwehr nach den Polizeigesetzen der Länder, bei den Nachrichtendiensten nach den Nachrichtendienstgesetzen
- Der Datenschutz im Internet ist im **Telemediengesetz (TMG)** geregelt
- Der Datenschutz für Beschäftigte ist in Art. 88 DS-GVO genannt, die Umsetzung ist aber den Mitgliedstaaten überlassen. Damit wird er z. B. durch Richterrecht und Betriebsvereinbarungen geprägt
- Die Zulässigkeit von Direktmarketing richtet sich nach BDSG und § 7 UWG (Unzumutbare Belästigungen)
- Das Geldwäschegesetz (GwG) enthält Regelungen zur Erhebung von – auch personenbezogenen – Daten bei Geschäftsbeziehungen und Transaktionen
- Die Verschwiegenheitspflicht von medizinischem Personal ist im Strafgesetzbuch geregelt
- Das Sozialgesetzbuch V enthält Bestimmungen zum Umgang mit Gesundheitsdaten bei Versicherungen

Die speziellen Gesetze haben Vorrang vor den allgemeinen Regelungen des BDSG, müssen aber mit der höherrangigen DS-GVO vereinbar sein.

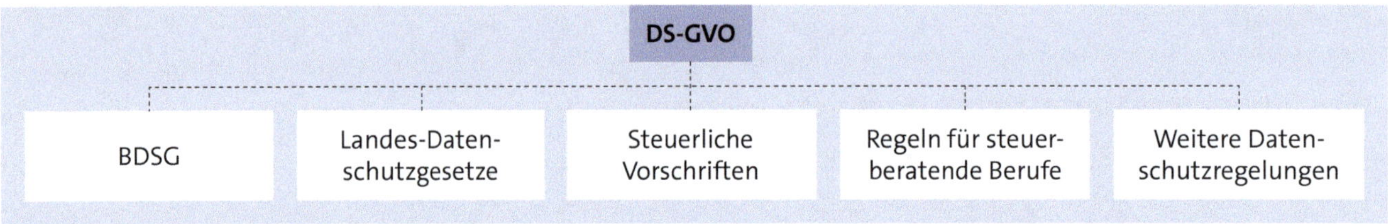

Abbildung 106: Datenschutzrechtliche Regelungen

1.1 Datenschutzgrundverordnung

Seit Mai 2018 gilt die europäische Datenschutz-Grundverordnung (DS-GVO) **unmittelbar in allen Mitgliedstaaten der Europäischen Union**, eine eigene Umsetzung durch die jeweiligen nationalen Gesetzgeber ist nicht erforderlich (Art. 288 AEUV). Mit der DS-GVO soll das Datenschutzrecht in allen Mitgliedstaaten aufgewertet werden, um einen **gleichwertigen Schutz** für die Rechte und Freiheiten von natürlichen Personen bei der Verarbeitung von Daten sicherzustellen. Die Mitgliedstaaten dürfen die festgeschriebenen Standards weder abschwächen noch verstärken.

Die DS-GVO verfolgt folgende wesentliche **Grundsätze:**

- Personenbezogene Daten dürfen nur erhoben, verarbeitet und gespeichert werden, wenn der Betroffene ausdrücklich seine **Einwilligung** erteilt hat.

ACHTUNG

Bei gesetzlichen Pflichten, die z. B. der Steuerberater unmittelbar zu erfüllen hat, ist eine besondere Einwilligungserklärung nicht erforderlich.

Beispiele

Aufbewahrungspflicht von Handakten gem. § 66 StBerG, Übermittlungspflichten nach § 139b Abs. 2 AO, Aufbewahrungspflichten nach § 147 AO.

- Es dürfen nur Daten gespeichert und verarbeitet werden, die tatsächlich gebraucht werden.
- Die Daten dürfen nur für den Zweck genutzt werden, zu dem sie erhoben wurden.
- Personenbezogene Daten müssen auf rechtmäßige Weise, nach Treu und Glauben und in einer für die betroffene Person nachvollziehbaren Weise verarbeitet werden.
- Betroffene müssen auf ihre Daten zugreifen können. Auf ihren Wunsch müssen ihre Daten umgehend gelöscht werden.
- Personenbezogene Daten müssen sicher aufbewahrt und gelöscht werden, wenn sie nicht mehr benötigt werden.

Die DS-GVO gilt für alle Verarbeiter von Daten mit Niederlassung in der Europäischen Union. Sie ist rechtsformneutral und tätigkeitsneutral konzipiert, sie muss damit auch in der Steuerberaterpraxis in jedem Falle zur Anwendung kommen. Verantwortlicher ist die natürliche oder juristische Person, Behörde oder Einrichtung oder andere Stelle, die über die Verarbeitung personenbezogener Daten entscheidet (Art. 4 Nr. 7 DS-GVO).

Zentraler Begriff der Verordnung sind die „personenbezogenen Daten". Das sind alle Informationen, die sich auf eine identifizierte oder identifizierbare natürliche Person beziehen. Identifizierbar wird eine Person durch Zuordnung einer Kennung, z. B. durch

- Name
- eine Kennnummer
- Standortdaten
- Online-Kennung
- ein oder mehrere besonderen Merkmale, die Ausdruck der physischen, physiologischen, genetischen, psychischen, wirtschaftlichen, kulturellen oder sozialen Identität dieser natürlichen Person sind.

Personenbezogene Daten sind **in der Steuerberaterpraxis** konkret z. B.

- Daten der Mandanten wie Adresse, Geburtsdatum, Mailadresse, Steuernummer, Einkunftsarten
- Daten der Ansprechpartner in der Finanzverwaltung
- Daten von Dritten, die im Rahmen der Steuererklärung bekannt werden
- Angaben zu Kindern von Mandanten
- Bankdaten wie Kontonummer und Wertpapierdepots
- Daten von Rechnungen
- Daten über Beteiligungen an Kapital- oder Personengesellschaften.

MERKE

Personenbezogene Daten sind bei den steuerberatenden Berufen praktisch nahezu alle Daten, die gespeichert, übermittelt oder auf andere Weise verarbeitet werden.

INFO

Personenbezogene Daten können auch Annahmen oder Vermutungen sein.

Bestimmte Daten sind besonders geschützt, für die i. d. R. in der Steuerberatungspraxis eine Rechtfertigung für eine Verarbeitung **nicht** vorliegt:

RECHTSGRUNDLAGEN

„Die Verarbeitung personenbezogener Daten, aus denen die rassische und ethnische Herkunft, politische Meinungen, religiöse oder weltanschauliche Überzeugungen oder die Gewerkschaftszugehörigkeit hervorgehen, sowie die Verarbeitung von genetischen Daten, biometrischen Daten zur eindeutigen Identifizierung einer natürlichen Person, Gesundheitsdaten oder Daten zum Sexualleben oder der sexuellen Orientierung einer natürlichen Person ist untersagt." (Art. 9 Abs. 1 DS-GVO)

Systematisch stellt die DS-GVO ein „Verbot mit **Erlaubnisvorbehalt**" dar: Für eine rechtmäßige Datenverarbeitung ist immer eine Erlaubnis erforderlich, ansonsten wäre sie rechtswidrig. An die Einwilligung werden hohe Anforderungen gestellt:

- Die datenschutzrechtliche Einwilligung muss **freiwillig** erteilt werden. Dabei besteht ein ausdrückliches „Kopplungsverbot": Die Leistung darf nicht von einer Einwilligung abhängig gemacht werden, die sich nicht auf Datenverarbeitungen bezieht, die zur Leistungserbringung erforderlich sind
- Auch bei sozialen und wirtschaftlichen **Abhängigkeitsverhältnissen**, wie sie z. B. zwischen Arbeitgeber und Arbeitnehmer bestehen, kann eine Einwilligung ausgeschlossen sein
- Für die Einwilligung von **Minderjährigen** gelten besondere Pflichten, z. B. eine Überprüfung des Alters.

Unternehmen müssen jederzeit den Nachweis erbringen können, dass sie bei der Verarbeitung von personenbezogenen Daten die Anforderungen und die Grundsätze der DS-GVO einhalten. Das ist eine **Beweislastumkehr**, denn nicht die Aufsichtsbehörde muss beweisen, dass ein Verstoß vorliegt, sondern das Unternehmen muss beweisen, dass kein Verstoß vorliegt.

1.2 Bundesdatenschutzgesetz

Der deutsche Gesetzgeber hat ergänzend zur europäischen Datenschutz-Grundverordnung eine Neufassung des Bundesdatenschutzgesetzes verabschiedet, in dem auch spezifische nationale Regelungen enthalten sind. Dazu werden die Öffnungsklauseln der DS-GVO für die nationalen Belange genutzt und konkretisiert.

Ergänzende Bestimmungen zur DS-GVO betreffen unter anderem

- die Verarbeitung besonderer Kategorien personenbezogener Daten
- die Weiterverarbeitung zu anderen Zwecken
- die Datenübermittlungen durch öffentliche Stellen.

Beispiele

Die Sonderregelungen im BDSG betreffen z. B. den Datenschutz im Beschäftigungsverhältnis, Strafvorschriften und die Benennung eines Datenschutzbeauftragten.

Das BDSG regelt u. a.,

- welche Daten zu welchem Zweck gespeichert werden dürfen,
- welche Einschränkungen öffentliche und private Stellen bei der Datenverarbeitung beachten müssen,
- welche Sicherheitsvorkehrungen getroffen werden müssen, damit die Daten geschützt sind,
- dass jeder Betroffene das Recht auf Auskunft über die gespeicherten Daten hat und
- welche Strafen und Bußgelder bei einem Verstoß gegen diese Regeln verhängt werden können.

Das BDSG gilt für öffentliche und auch nichtöffentliche Stellen, also auch für Unternehmen.

1.3 Regelungen im Steuerrecht

In § 2a Abs. 3 AO ist ausdrücklich festgelegt, dass die DS-GVO allgemeine Geltung hat und im Steuerrecht in allen Teilen verbindlich ist.

- Die Regelungen der DS-GVO sind auch in **Verwaltungsverfahren** in Steuersachen anzuwenden. Dazu gehören die Ermittlung der Steuerpflichtigen und der steuerrelevanten Sachverhalte, die Festsetzung und Erhebung von Steuern, Steuererstattungen und steuerlichen Nebenleistungen.
- Die Verarbeitung personenbezogener Daten in Steuersachen ist nach der AO nur rechtmäßig, wenn die Verarbeitung zur Erfüllung einer **rechtlichen Verpflichtung** erforderlich ist oder bei einer Aufgabe erforderlich ist, die im öffentlichen Interesse liegt oder in Ausübung öffentlicher Gewalt erfolgt.

RECHTSGRUNDLAGEN

„Die Verarbeitung ist nur rechtmäßig, wenn mindestens eine der nachstehenden Bedingungen erfüllt ist ... (Die) Verarbeitung ist für die Wahrnehmung einer Aufgabe erforderlich, die im öffentlichen Interesse liegt oder in Ausübung öffentlicher Gewalt erfolgt, die dem Verantwortlichen übertragen wurde" (Art. 6 Abs. 1 Satz 1 DS-GVO)

- Wenn die verantwortliche Finanzbehörde personenbezogene Daten erhebt oder beabsichtigt sie weiterzuverarbeiten, besteht eine **Informationspflicht** gegenüber der betroffenen Person (Art. 13 und 14 DS-GVO). Die hat ein Auskunftsrecht darüber, ob die betreffenden personenbezogenen Daten von der Finanzbehörde verarbeitet werden.
- Bei der Verarbeitung personenbezogener Daten zur Verhütung, Ermittlung, Aufdeckung, Verfolgung oder Ahndung von **Steuerstraftaten** oder Steuerordnungswidrigkeiten gilt nicht die DS-GVO, sondern das BDSG.

Darüber hinaus gelten nach § 2a Abs. 1 AO bei der Verarbeitung personenbezogener Daten im Anwendungsbereich der Abgabenordnung (soweit die AO nicht ausdrücklich auf die Bestimmungen des BDSG verweist) ausschließlich die datenschutzrechtlichen Vorschriften der Abgabenordnung und der Steuergesetze.

1.4 Regelungen für steuerberatende Berufe

Neben den allgemeinen datenschutzrechtlichen Regelungen der DS-GVO und des BDSG gilt für Steuerkanzleien die standesrechtliche Verschwiegenheitspflicht aus § 203 StGB, § 57 Abs. 1 und den §§ 62, 62a StBerG.

RECHTSGRUNDLAGEN

„Steuerberater ... haben ihren Beruf unabhängig, eigenverantwortlich, gewissenhaft, verschwiegen und unter Verzicht auf berufswidrige Werbung auszuüben." (§ 57 Abs. 1 StBerG)

„ Steuerberater ... haben die von ihnen beschäftigten Personen in schriftlicher Form zur Verschwiegenheit zu verpflichten ..." (§ 62 StBerG)

„ Steuerberater ... dürfen Dienstleistern den Zugang zu Tatsachen eröffnen, auf die sich die Verpflichtung zur Verschwiegenheit gemäß § 57 Absatz 1 bezieht, soweit dies für die Inanspruchnahme der Dienstleistung erforderlich ist." (§ 62a Abs. 1 StBerG)

1.5 Aufsicht über den Datenschutz

Jeder Mitgliedstaat der EU muss eine oder mehrere Datenschutz-Aufsichtsbehörden schaffen, damit die Grundrechte und Grundfreiheiten natürlicher Personen bei der Verarbeitung geschützt werden und der freie Verkehr personenbezogener Daten in der Union erleichtert wird (Art. 51 Abs. 1 DS-GVO).

Die **Aufsicht** über den Datenschutz wird in Deutschland von unterschiedlichen Stellen wahrgenommen:

- Der Bundesbeauftragte für den Datenschutz und die Informationsfreiheit (BfDI) überwacht die öffentlichen Stellen des Bundes (Bundesbehörden, Bundesministerien), auch wenn sie als öffentlich-rechtliche Unternehmen am Wettbewerb teilnehmen.
- Der BfDI ist auch für die datenschutzrechtliche Aufsicht über die Finanzbehörden hinsichtlich der Verarbeitung personenbezogener Daten im Anwendungsbereich der AO zuständig.

RECHTSGRUNDLAGEN

„Die oder der Bundesbeauftragte für den Datenschutz und die Informationsfreiheit nach § 8 des Bundesdatenschutzgesetzes ist zuständig für die Aufsicht über die Finanzbehörden hinsichtlich der Verarbeitung personenbezogener Daten im Anwendungsbereich dieses Gesetzes." (§ 32 h BDSG)

- Die Landesbeauftragten für den Datenschutz (LfD) überwachen und beraten die jeweiligen Landesbehörden in Fragen des Datenschutzes. Ihre Aufgaben und Befugnisse sind in Landesgesetzen geregelt.
- Einzelne Behörden können oder müssen eigene behördliche Datenschutzbeauftragte ernennen. Die Kontrolle durch den übergeordneten Beauftragten wird dadurch nicht berührt.
- Körperschaften, Anstalten und Stiftungen des öffentlichen Rechtes bestellen eigene Datenschutzbeauftragte.
- Für Post- und Telekommunikationsunternehmen ist ein eigener Bundesbeauftragter für den Datenschutz zuständig.
- Im nicht-öffentlichen Bereich ist die Aufsicht für den Datenschutz landesrechtlich geregelt. Zuständig sind (je nach Bundesland) die Bezirksregierung, das Innenministerium oder der Landesbeauftragte für Datenschutz. Für überregional tätige Unternehmen ist – unabhängig von der Zahl der Niederlassungen – nur eine federführende Aufsichtsbehörde zuständig.

2. Auswirkungen auf die Praxisorganisation

Zuständig für die Einhaltung der datenschutzrechtlichen Vorschriften bei steuerberatenden Berufen ist die Kanzleileitung.

RECHTSGRUNDLAGEN

„Jeder Verantwortliche und gegebenenfalls sein Vertreter führen ein Verzeichnis aller Verarbeitungstätigkeiten, die ihrer Zuständigkeit unterliegen.“ (§ 30 Abs. 1 Satz 1 DS-GVO)

INFO

Mitarbeiter dürfen Daten ausschließlich auf Weisung des Verantwortlichen verarbeiten.

2.1 Datenschutzbeauftragte

Datenschutzbeauftragte sollen die rechtssichere Anwendung der DS-GVO und des Bundesdatenschutzgesetzes gewährleisten. Sie **schützen** damit die Unternehmen vor Bußgeldern und Auseinandersetzungen mit den Aufsichtsbehörden. Art. 37 DS-GVO regelt, dass ein Datenschutzbeauftragter bestellt werden muss, wenn

- die hauptsächlich verarbeiteten Informationen zu den besonderen Kategorien personenbezogener Daten gehören, die besonders schutzwürdig sind.
- die Art der Verarbeitung von Daten eine umfangreiche Überwachung der betroffenen Personen erforderlich macht.

Im deutschen Datenschutzrecht konkretisiert § 38 BDSG, dass ein Datenschutzbeauftragter bestellt werden muss, wenn

- mindestens zehn Personen ständig mit der automatisierten Verarbeitung personenbezogener Daten beschäftigt sind.

ACHTUNG

Diese Personen sind neben den Arbeitnehmern und dem Kanzleiinhaber auch freie Mitarbeiter.

- die Datenverarbeitungen eine Datenschutz-Folgenabschätzung gem. Art. 35 DS-GVO erfordert.
- geschäftsmäßig personenbezogene Daten zur Übermittlung verarbeitet werden.
- geschäftsmäßig personenbezogene Daten zur Markt- oder Meinungsforschung verarbeitet werden.

Der Datenschutzbeauftragte muss mindestens folgende Aufgaben wahrnehmen:

- Unterrichtung und **Beratung** des Verantwortlichen oder des Auftragsverarbeiters oder der Beschäftigten
- Überwachung der Einhaltung der DS-GVO
- Sensibilisierung und **Schulung** der Mitarbeiter, die an Verarbeitungsvorgängen beteiligt sind
- Beratung im Rahmen der Datenschutz-Folgenabschätzung
- **Zusammenarbeit** mit der Aufsichtsbehörde.

Der Datenschutzbeauftragte kann Mitarbeiter der Kanzlei sein, es kann aber auch ein externer Dienstleister mit den Aufgaben betraut werden.

2.2 Datenübermittlung

Daten, die in den Steuerberatungskanzleien vorliegen, werden auf elektronischem Wege mit Mandanten, Finanzbehörden und externen Dienstleistern ausgetauscht.

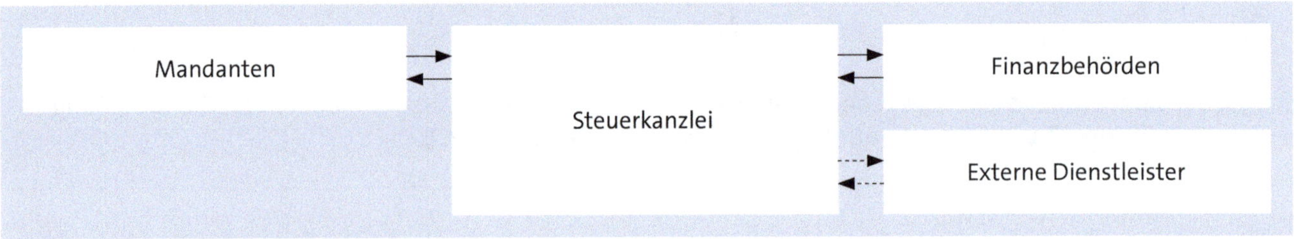

Abbildung 107: Datenübermittlung

2.2.1 Finanzbehörden

Die AO und die Steuergesetze enthalten spezifische Regelungen zur Verarbeitung und Weiterverarbeitung personenbezogener Daten durch Finanzbehörden sowie andere öffentliche oder nicht-öffentliche Stellen (§ 2a Abs. 1 Satz 1 AO). Die Regelungen der DS-GVO gelten auch für

- Bundes- und Landesfinanzbehörden, soweit sie bundesgesetzlich geregelte Steuern verwalten (§ 1 Abs. 1 Satz 1 AO bzw. § 2a Abs. 2 AO) und
- Gemeinden, soweit sie Realsteuern verwalten (§ 1 Abs. 2 Nr. 1 AO).

Zu den Rechten von Personen, die von der Datenverarbeitung betroffen sind, und den Pflichten, die von den Verantwortlichen zu erfüllen sind, hat der deutsche Gesetzgeber die von der DS-GVO eingeräumte Regelungsbefugnis in den §§ 32a bis 32f AO genutzt.

- Transparente Information, Kommunikation und Modalitäten für die Ausübung der Rechte der betroffenen Person (§ 32d AO)
- Informationspflicht bei Erhebung von personenbezogenen Daten
- Auskunftsrecht der betroffenen Person (§ 32c AO)
- Auskunfts- und Informationsrechte nach dem Informationsfreiheitsgesetz (IFG) oder entsprechenden Landesgesetzen (§ 32e AO)
- Recht auf Berichtigung (§ 32f Abs. 1 AO)
- Recht auf Löschung (§ 32f Abs. 2 AO)
- Recht auf Einschränkung der Verarbeitung
- Mitteilungspflicht der verantwortlichen Finanzbehörde im Zusammenhang mit der Berichtigung oder Löschung personenbezogener Daten oder der Einschränkung der Verarbeitung
- Recht auf Datenübertragbarkeit
- Widerspruchsrecht (§ 32f Abs. 5 AO)
- Automatisierte Entscheidungen im Einzelfall.

INFO

Einzelheiten dazu nennt das BMF-Schreiben vom 12.01.2018 „Datenschutz im Steuerverwaltungsverfahren ab dem 25. Mai 2018; Neuregelungen durch die Datenschutz-Grundverordnung und Änderungen der AO durch das Gesetz zur Änderung des Bundesversorgungsgesetzes und anderer Vorschriften vom 17. Juli 2017"

2.2.2 Mandanten

Die Transparenz der Datenverarbeitung wird einerseits durch **Auskunftsrechte** der betroffenen Person und andererseits durch die Informationspflichten des Steuerberaters gesichert. Wenn ein Mandant Auskunft verlangt über die Verarbeitung der ihn betreffenden personenbezogenen Daten, muss er informiert werden über

- die Herkunft der personenbezogenen Daten.
- den Verarbeitungszweck.
- die Kategorien der personenbezogenen Daten (z. B. Steuernummer, Einkunftsquellen).
- etwaige Empfänger seiner personenbezogenen Daten (z. B. Finanzverwaltung, externe Speicherung).
- die geplante Dauer der Speicherung.
- das Recht zur Berichtigung und Löschung.
- das Recht auf Beschwerde bei der Aufsichtsbehörde.

Der Mandant hat das Recht auf eine Kopie seiner personenbezogenen Daten, die Gegenstand der Verarbeitung sind.

2.2.3 Auftragsverarbeitung

Zur Durchführung bestimmter Tätigkeiten können Steuerberatungskanzleien externe natürliche oder juristische Personen, Behörden, Einrichtungen oder andere Stellen beauftragen, die dazu personenbezogene Daten der Kanzlei erheben, verarbeiten oder nutzen. Dabei werden das Arbeitsergebnis und die Vorgehensweise bei der Auftragsverarbeitung vertraglich festgelegt, der Auftragnehmer hat nur geringe Gestaltungsmöglichkeiten. Grundvoraussetzung für eine solche Auftragsverarbeitung ist die **Weisungsgebundenheit**. Der Dienstleister darf die personenbezogenen Daten nur zweckgebunden verwenden.

Beispiele

für Auftragsverarbeitung

- Rechenzentren, Copyshops
- Externe EDV-Dienstleister, die Wartungsverträge oder Softwarepflege durchführen
- Externe Dienstleister, die Drucker, Scanner, Kopiergeräte pflegen
- Entsorger von Akten und anderen Geschäftsunterlagen
- Internet-Provider
- Anbieter von Fremdsoftware wie DATEV, Addison, Systempartner.

Eine Abgrenzung nach Berufsgruppen erscheint dabei nicht sachgerecht.

Bei der Datenübertragung in Länder außerhalb der EU muss ein angemessenes Datenschutzniveau sichergestellt werden.

2.3 Schutz der Beschäftigten

Art. 88 der DS-GVO erlaubt den Mitgliedstaaten, für die Verarbeitung von Arbeitnehmerdaten durch Rechtsvorschriften oder Kollektivvereinbarungen spezifische Regelungen zu treffen. Dabei darf die Qualität des Datenschutzes nicht verändert werden, einzelne Sachverhalte können aber **konkreter** als in der DS-GVO geregelt werden. Davon hat der deutsche Gesetzgeber in § 32 BDSG Gebrauch gemacht.

- Personenbezogene Daten von Beschäftigten dürfen verarbeitet werden, wenn das für die Entscheidung zur Begründung, Durchführung oder Beendigung des **Beschäftigungsverhältnisses** erforderlich ist.
- Die Verarbeitung personenbezogener Daten von Beschäftigten ist erlaubt, wenn sie zur Erfüllung der Rechte und Pflichten der **Interessenvertretung** der Beschäftigten erforderlich ist. Das kann sich aus einem Tarifvertrag oder einer Betriebs- bzw. Dienstvereinbarung ergeben.

Beispiel

Personenbezogene Daten von Arbeitnehmern können unter bestimmten Voraussetzungen an Betriebsräte weitergegeben werden.

- In besonderen Fällen darf der Arbeitgeber personenbezogene Daten zur Aufklärung von **Straftaten** verarbeiten.

2.4 Verarbeitungsverzeichnis

Die Datenschutz-Grundverordnung sieht vor, dass (schriftlich oder elektronisch) ein Verzeichnis der Verarbeitungstätigkeiten geführt werden muss. Auch bei weniger als 250 Mitarbeitern (grundsätzliche Befreiung gem. Art. 30 Abs. 5 DS-GVO) muss in Steuerkanzleien ein Verarbeitungsverzeichnis geführt werden, weil die Verarbeitung der Daten ein Risiko für die Rechte und Freiheiten der betroffenen Personen birgt, nicht nur gelegentlich erfolgt oder besondere Datenkategorien verarbeitet werden (Art. 30 Abs. 5 DS-GVO).

Das Verarbeitungsverzeichnis soll eine **Übersicht über alle Verarbeitungsvorgänge** in der Kanzlei geben, die personenbezogene Daten betreffen, weil notwendige und sinnvolle Maßnahmen im Datenschutz nur getroffen werden können, wenn bekannt ist, in welchen Arbeitsprozessen welche personenbezogenen Daten verarbeitet werden. Das Verzeichnis soll einerseits eine strukturierte **Datenschutzdokumentation** sicherstellen und andererseits den Nachweis sichern, dass der Verantwortliche seiner **Rechenschaftspflicht** nachkommt. Davon erfasst sind z. B. personenbezogene Daten

- in der Personaldatenverwaltung.
- in den Mandantendatenbanken.
- in den E-Mail-Systemen.
- bei Internetanschlüssen.
- im Rahmen von Videoüberwachungssystemen.

Das Verarbeitungsverzeichnis muss der zuständigen Aufsichtsbehörde auf Anfrage zur Verfügung gestellt werden. Es muss nach Art. 30 Abs. 1 DS-GVO folgende Angaben enthalten:

- Namen und die Kontaktdaten des Verantwortlichen
- Zweck der Verarbeitung
- Beschreibung der Kategorien betroffener Personen und der Kategorien personenbezogener Daten
- die Kategorien von Empfängern, gegenüber denen die personenbezogenen Daten offengelegt worden sind oder noch offengelegt werden
- gegebenenfalls die Übermittlungen von personenbezogenen Daten an ein Drittland oder an eine internationale Organisation
- wenn möglich, die vorgesehenen Fristen für die Löschung
- wenn möglich, eine allgemeine Beschreibung der technischen und organisatorischen Maßnahmen

Weil in einer Steuerberatungskanzlei in praktisch allen Vorgängen personenbezogene Daten vorkommen, sind im Grunde alle Verarbeitungen in dem Verzeichnis zu dokumentieren. Es ist regelmäßig zu überprüfen und bei Veränderungen anzupassen.

Die Dokumentation der **Löschungen** erfolgt in einem gesonderten Dokument.

2.5 Datenschutz-Folgenabschätzung

Wenn die Art der Datenverarbeitung aufgrund ihrer Art, ihres Umfangs, der Umstände und dem Zweck der Verarbeitung voraussichtlich ein hohes Risiko für die Rechte und Freiheiten natürlicher Personen zur Folge hat, muss der Verantwortliche zunächst eine Abschätzung der Folgen der vorgesehenen Verarbeitungsvorgänge für den Schutz personenbezogener Daten durchführen. Risikoreiche Verarbeitungsvorgänge sind z. B.

- das **Profiling**, also die Bildung von Interessenprofilen, z. B. zur Prognose des Kaufverhaltens
- das **Scoring**, also die Bewertung der Bonität, insbesondere bei Darlehensverträgen
- die Nutzung sensibler Daten wie Gesundheit oder Religionszugehörigkeit
- die Nutzung von Daten zu **Straftaten**
- die Nutzung von Daten aus der **Videoüberwachung** öffentlich zugänglicher Bereiche.

Ein hohes Risiko ist gegeben, wenn die Auswirkungen bei einem Schaden voraussichtlich erheblich sein werden. Dann muss der Verantwortliche

- die Verarbeitungsvorgänge von personenbezogenen Daten beschreiben,
- die Notwendigkeit und die Verhältnismäßigkeit prüfen,
- eine Risikoabschätzung vornehmen und
- Sicherheits- und Schutzmaßnahmen beschreiben und bewerten.

2.6 Datensicherung

Viele der Ursachen für Datenverluste lassen sich durch technisch-organisatorische Maßnahmen vermeiden. Das Risiko kann durch Redundanz von Datenträgern und Speichersystemen und durch den Einsatz von leistungsfähigen Back-up-Systemen verringert werden.

Eindeutige Sicherheitsrichtlinien, Firewalls, sichere Übertragungswege, Gerätesicherungen und Regelungen zur Nutzugseinschränkung sind dabei unverzichtbar. Vor allem aber ist eine permanente und effektive **Sensibilisierung der Mitarbeiter** für diese – in vielen Fällen durchaus existenziellen – Probleme erforderlich.

Grundsätzlich stehen drei unterschiedliche Verfahren zur Datensicherung zur Verfügung:

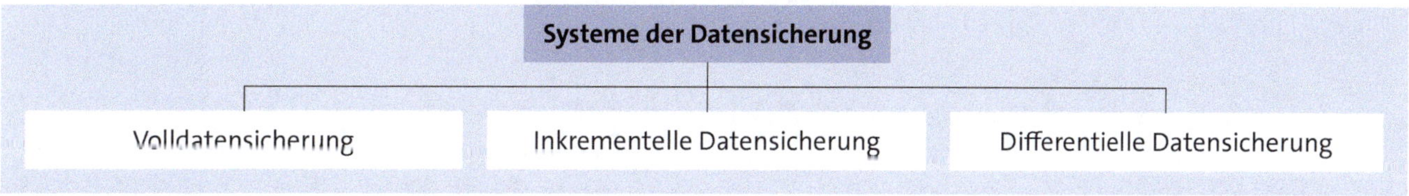

Abbildung 108: Systeme der Datensicherung

- Bei der **Volldatensicherung** werden alle zu sichernden Dateien auf einem Datenträger gespeichert. Die Daten stehen dann vollständig zur Verfügung, die Sicherung nimmt aber vergleichsweise viel Zeit und auch viel Speicherplatz in Anspruch.
- Bei einer **inkrementellen Datensicherung** werden – ergänzend zu einer vorhandenen Volldatensicherung – nur die Daten gesichert, die sich seit der letzten Sicherung verändert haben. Dafür wird deutlich weniger Zeit und auch weniger Speicherplatz benötigt.
- Bei einer **differentiellen Datensicherung** werden jeweils alle Daten gespeichert, die sich seit der letzten inkrementellen verändert haben.

Selbstverständlich ist jede Datensicherung nur dann sinnvoll, wenn sie **regelmäßig** durchgeführt wird. Die Daten müssen an einem **sicheren Ort** aufbewahrt werden und regelmäßig auf Vollständigkeit, Wiederherstellbarkeit und Korrektheit überprüft werden. Zu jedem Zeitpunkt muss eine aktuelle Information über die gespeicherten Daten verfügbar sein.

2.7 Sanktionen

Bei Verstößen gegen die DS-GVO können die Aufsichtsbehörden empfindliche Bußgelder verhängen, je nach Art, Schwere und Dauer des Verstoßes bis zu 20 Mio. Euro oder 4 % des Konzernumsatzes (Art. 83 Abs. 5 DS-GVO).

Verstöße können sich z. B. aus

- einer fehlenden notwendigen Dokumentation,
- einer Verarbeitung ohne Rechtsgrundlage,
- einer Nichtgewährung der Rechte der Betroffenen und
- Verstößen gegen allgemeine Grundsätze der Datenverarbeitung

ergeben. Bei einem Verstoß muss zwingend ein Bußgeld verhängt werden, die Aufsichtsbehörden haben insofern keinen Ermessensspielraum.

Zudem können Mandanten oder Dritte zivilrechtlich materielle oder immaterielle Schäden gegenüber dem Verantwortlichen geltend machen, wenn er gegen die DS-GVO verstoßen hat (Art. 82 Abs. 3 DS-GVO).

Kontrollfragen

Durch welche Vorschriften ist in Deutschland der Datenschutz geregelt?

Wer führt die Aufsicht über den Datenschutz?

Wer ist in einer Steuerkanzlei zuständig für die Einhaltung der datenschutzrechtlichen Vorschriften?

Welche datenschutzrechtlichen Regelungen im Steuerrecht kennen Sie?

Welche Regelungen im StBerG betreffen den Datenschutz?

Welche Verfahren zur Datensicherung sind Ihnen bekannt?

Warum stellt die DS-GVO ein „Verbot mit Erlaubnisvorbehalt“ dar?

Welche Aufgaben hat ein Datenschutzbeauftragter?

Was versteht man unter einem „Verarbeitungsverzeichnis“? Wer muss es führen?

Welche Beispiele für „Auftragsverarbeitung“ können Sie nennen?

Was versteht man unter einer „Datenschutz-Folgeabschätzung“?

Übungsaufgaben

Aufgabe 39

Wer muss einen Datenschutzbeauftragten ernennen? Kreuzen Sie an.

	richtig	falsch
Der Verantwortliche in Unternehmen, wenn mindestens zehn Personen ständig mit der automatisierten Verarbeitung personenbezogener Daten beschäftigt sind.		
Alle Unternehmen, wenn mehr als 9 Arbeitnehmer ständig mit der automatisierten Verarbeitung personenbezogener Daten beschäftigt sind.		
Alle öffentlichen Stellen, wenn personenbezogene Daten verarbeitet werden.		
Alle öffentlichen Stellen.		
Grundsätzlich alle Unternehmen, in denen mit Computern gearbeitet wird.		
Grundsätzlich alle Organisationen mit mehr als 250 Mitarbeitern.		

Lösung s. Seite 197

Aufgabe 40

In einer Steuerkanzlei liegen folgende Angaben zu einem Mandanten vor. Welche davon sind personenbezogene Daten? Kreuzen Sie an.

Mailadresse	
Stille Beteiligung an einer KG	
Familienstand	
Mitgliedschaft in einer politischen Partei	
Telefonnummer	

Lösung s. Seite 197

Aufgabe 41

Ihre Vorgesetze bittet Sie, die grundsätzlichen Möglichkeiten zur Datensicherung kurz darzustellen.

Lösung s. Seite 197

Aufgabe 42

In welchen Fällen handelt es sich um eine Auftragsdatenverarbeitung? Kreuzen Sie an.

	richtig	falsch
Verbuchung von Eingangsrechnungen in der Finanzbuchhaltung.		
Verbuchung von Eingangsrechnungen durch eine selbstständige Bilanzbuchhalterin.		
Kopieren einer Steuererklärung in einem Copy-Shop.		
Vernichtung von Akten durch ein zertifiziertes Entsorgungsunternehmen.		
Lieferung von Kaffee und belegten Brötchen durch einen Party-Service.		

Lösung s. Seite 197

Aufgabe 43

Der Geschäftsführer der Lang GmbH beauftragt die Personalabteilung, die Geburtstage aller Mitarbeiter im internen Intranet zu veröffentlichen. Er möchte dadurch zur Verbesserung des Betriebsklimas beitragen. Aus Datenschutzgründen soll das Geburtsjahr nicht angegeben werden. Erläutern Sie, welche datenschutzrechtlichen Überlegungen angestellt werden müssen.

Lösung s. Seite 198

E. Prüfung

1. Zulassungsvoraussetzungen

Zur Fortbildungsprüfung zum/zur „Fachassistenten / -in Rechnungswesen und Controlling" ist zuzulassen, wer

- mit Erfolg die Abschlussprüfung als „Steuerfachangestellte / Steuerfachangestellter" abgelegt hat und danach mindestens zwei Jahren bei mindestens 16 Wochenstunden praktisch tätig gewesen ist.
- ein mindestens dreijähriges Hochschulstudium mit betriebswirtschaftlichem Schwerpunkt erfolgreich abgeschlossen hat und danach eine praktische Tätigkeit von mindestens zwei Jahren im Umfang von mindestens 16 Wochenstunden nachweisen kann.
- nachweist, dass er nach erfolgreichem Abschluss einer gleichwertigen Berufsausbildung (z. B. Bankkaufmann, Industriekaufmann, Groß- und Außenhandelskaufmann) mindestens vier Jahre, davon mindestens drei Jahre bei einem Steuerberater, Steuerbevollmächtigten, Wirtschaftsprüfer, vereidigten Buchprüfer, Rechtsanwalt, einer Steuerberatungsgesellschaft, Rechtsanwaltsgesellschaft oder einem Verein gemäß § 4 Nr. 8 StBerG praktisch tätig gewesen ist.
- keine gleichwertige Berufsausbildung nachweisen kann, aber mindestens sechs Jahre, davon mindestens vier Jahre bei einem Steuerberater, Steuerbevollmächtigten, Wirtschaftsprüfer, vereidigten Buchprüfer, Rechtsanwalt, einer Steuerberatungsgesellschaft, Rechtsanwaltsgesellschaft oder einem Verein gemäß § 4 Nr. 8 StBerG praktisch tätig gewesen ist.
- in besonderen Fällen durch Vorlage von Zeugnissen und Nachweisen über seine Vorbildung und den beruflichen Werdegang darlegt, dass seine Qualifikationen den Anforderungen entsprechen.

Die Fristen müssen zum Ende des Monats, der dem schriftlichen Teil der Prüfung vorausgeht, erfüllt sein.

2. Zuständigkeit

Die Steuerberaterkammern haben für die Prüfung zum „Fachassistenten/zur Fachassistentin für Rechnungswesen und Controlling" Prüfungsverbünde gebildet. Einzelne Steuerberater-Kammern führen die Prüfung für mehrere Bezirke durch.

Prüfungsverbund	Für Kandidaten aus ...
Berlin	Berlin Brandenburg Mecklenburg-Vorpommern Sachsen-Anhalt
Hamburg	Hamburg Schleswig-Holstein Bremen
Nürnberg	Nürnberg Hessen Köln München Thüringen
Niedersachsen	Eigenständige Prüfungen
Nordbaden	
Südbaden	
Stuttgart	

Abbildung 109: Prüfungsverbünde

Die Prüfung besteht aus einem schriftlichen und einem mündlichen Teil.

2.1 Schriftliche Prüfung

In der schriftlichen Prüfung ist eine Klausur zu den Prüfungsgebieten „Externes Rechnungswesen" (Buchführung, Jahresabschluss nach Handels- und Steuerrecht), „Internes Rechnungswesen" (Kosten- und Leistungsrechnung, Controlling, Jahresabschlussanalyse) und „Datenschutzbestimmungen" zu schreiben. Die Bearbeitungszeit beträgt vier Zeitstunden, wobei die Prüfungsgebiete unterschiedlich gewichtet werden:

		Gewichtung	Punkte
A.	Externes Rechnungswesen	ca. 35 %	35 Punkte
B.	Internes Rechnungswesen	ca. 60 %	60 Punkte
C.	Datenschutzbestimmungen	ca. 5 %	5 Punkte
		100 %	100 Punkte

Abbildung 110: Prüfungsklausur

Neben dem Schreibmaterial sind als Hilfsmittel die Gesetzestexte und ein nicht programmierbarer Taschenrechner zugelassen.

2.2 Mündliche Prüfung

Zur mündlichen Prüfung wird zugelassen, wer im schriftlichen Prüfungsteil mindestens ausreichende Leistungen erbracht hat. Der Prüfungsteilnehmer soll nachweisen, dass er in der Lage ist, sein Fachwissen in betriebstypischen Situationen anzuwenden und sachgerechte Lösungen zu entwickeln.

Die Prüfungsteilnehmer können einzeln oder in Gruppen geprüft werden.

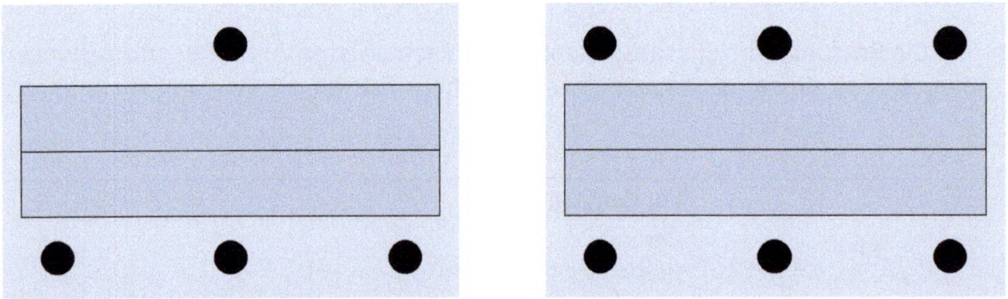

Abbildung 111: Sitzordnung in der mündlichen Prüfung

3. Bestehen der Prüfung

Zum Bestehen der Prüfung müssen sowohl in der schriftlichen wie in der mündlichen Prüfung mindestens ausreichende Leistungen erbracht werden. Die Bewertung erfolgt nach einem 100-Punkte-Schema.

Punkte	Note	Beschreibung
92 - 100	sehr gut	Eine den Anforderungen in besonderem Maße entsprechende Leistung
81 - 91	gut	Eine den Anforderungen voll entsprechende Leistung
67 - 80	befriedigend	Eine den Anforderungen im Allgemeinen entsprechende Leistung
50 - 66	ausreichend	Eine Leistung, die zwar Mängel aufweist, aber im Ganzen den Anforderungen noch entspricht
30 - 49	mangelhaft	Eine Leistung, die den Anforderungen nicht entspricht, jedoch erkennen lässt, dass die notwendigen Grundkenntnisse vorhanden sind
0 - 29	ungenügend	Eine Leistung, die den Anforderungen nicht entspricht und bei der selbst die Grundkenntnisse lückenhaft sind

Abbildung 112: Bewertungsskala

Bei der Ermittlung des Gesamtergebnisses werden beide Prüfungsteile gleich gewichtet, die Punktzahl wird als arithmetisches Mittel aus beiden Prüfungsleistungen ermittelt.

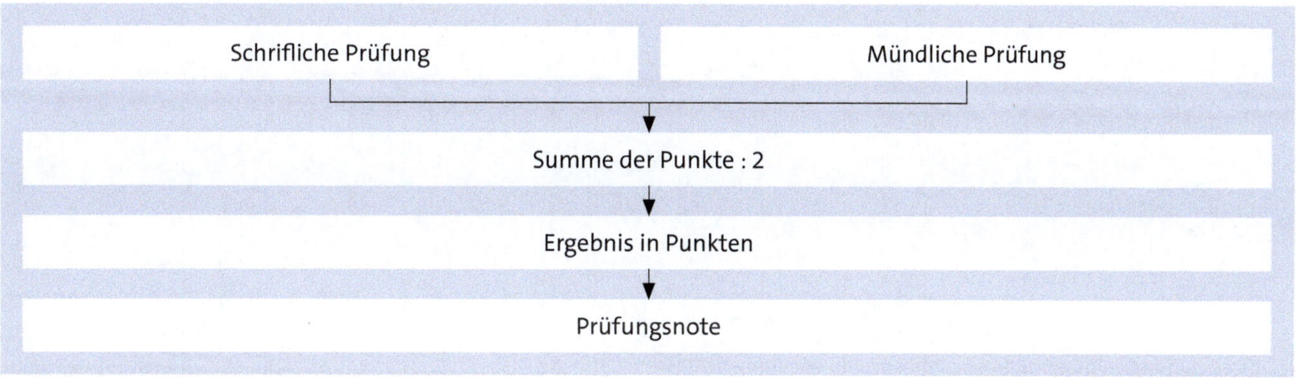

Abbildung 113: Ermittlung des Prüfungsergebnisses

Eine nicht bestandene Prüfung kann wiederholt werden.

Lösung 1

		richtig	falsch
a)	Im Hauptbuch werden die Geschäftsfälle auf Erfolgskonten in chronologischer Reihenfolge erfasst.		X
b)	Das Hauptbuch erfasst nur die Personenkonten.		X
c)	Das Hauptbuch erfasst die Geschäftsfälle in sachlicher Ordnung auf Sachkonten.	X	

Lösung 2

		richtig	falsch
a)	Steuerliche Wahlrechte dürfen in der Steuerbilanz unabhängig von den handelsrechtlichen Regelungen ausgeübt werden.	X	
b)	Steuerliche Wahlrechte dürfen nicht ausgeübt werden, wenn dadurch das Ergebnis niedriger wird.		X
c)	Steuerbilanz und Handelsbilanz werden völlig unabhängig voneinander aufgestellt.		X
d)	Steuerliche Wahlrechte haben niemals Einfluss auf die Handelsbilanz.		X
e)	Wegen des Maßgeblichkeitsprinzips müssen alle Positionen der Handelsbilanz in die Steuerbilanz übernommen werden.		X

Lösung 3

a)
- Jeder Kaufmann unterliegt der Pflicht, Bücher zu führen (§ 238 Abs. 1 HGB).
- Jeder Kaufmann muss ein Inventar aufstellen (§ 240 Abs. 1 HGB).
- Jeder Kaufmann muss einen Jahresabschluss aufstellen (§ 242 HGB).

b) Gemäß § 241a HGB betragen die Schwellenwerte für Einzelkaufleute
- Umsatzerlöse 600.000 €,
- Jahresüberschuss 60.000 €.

Liegen **beide** Schwellenwerte an ***zwei*** **aufeinander folgenden** Geschäftsjahren **unter** den o. g. Werten, ist Herr Schneider von den Rechnungslegungspflichten befreit. Danach ergibt sich

Jahr	01	02	03	04	05
Umsatzerlöse	625.000 €	585.000 €	622.000 €	580.000 €	582.000 €
Jahresüberschuss	65.000 €	61.000 €	56.000 €	55.000 €	57.000 €
Schwelle Umsatzerlöse	überschritten	nicht überschritten	überschritten	nicht überschritten	nicht überschritten
Schwelle Jahresüberschuss	überschritten	überschritten	nicht überschritten	nicht überschritten	nicht überschritten
Ergebnis	nicht befreit	nicht befreit	nicht befreit	nicht befreit	befreit

Herr Schneider wäre nur im Jahr 05 von den Rechnungslegungspflichten befreit, weil nur in 04 und 05 beide Schwellenwerte unterschritten sind.

c) § 241a HGB bezieht sich nur auf Einzelkaufleute. Für die Personengesellschaft OHG ist eine Befreiung nicht möglich.

Lösung 4

	Externes Rechnungswesen	Internes Rechnungswesen
Anlagenbuchhaltung	X	
Planungsrechnung		X
Statistik		X
Finanzbuchhaltung	X	
Kostenrechnung		X
Debitorenbuchhaltung	X	
Kreditorenbuchhaltung	X	

Lösung 5

Buchführungspflicht bedeutet die gesetzliche Pflicht zur Erfassung von Gewinnen eines Unternehmens nach den Grundsätzen der doppelten Buchführung.

Frau Dr. Schmidt übt (wie auch z. B. Ärzte und Steuerberater) einen freien Beruf aus (vgl. § 18 Abs. 1 Nr. 1 EStG). Freiberufler sind nicht buchführungspflichtig, weil sie sind nach dem Handelsrecht keine Kaufleute und nach dem Steuerrecht auch keine Gewerbetreibenden sind. Selbstständige, die nicht der Buchführungspflicht unterliegen, sind aber zu einer Gewinnermittlung durch die Gegenüberstellung von Einnahmen und Ausgaben verpflichtet. Sie müssen ihre Betriebseinnahmen und -ausgaben aufzeichnen und ihr Betriebsergebnis mit einer Einnahmen-Überschussrechnung (§ 4 Abs. 3 EStG) ermitteln.

Lösung 6

1. Umsätze aus dem Jahr 2019 dürfen erst im Jahresabschluss 2019 ausgewiesen werden. Herr Müller verstößt gegen das Realisationsprinzip (§ 252 Abs. 1 Nr. 4 HGB) und gegen das Stichtagsprinzip.
2. Weil der Hersteller für Schäden haftet, die durch die Nutzung seines Produkts entstehen, müsste Herr Müller eine Rückstellung bilden. Er verstößt gegen das Vollständigkeitsgebot (§ 246 Abs. 1 Satz 1 HGB)
3. Der Jahresabschluss muss in deutscher Sprache und in Euro aufgestellt werden. Herr Müller verstößt gegen § 244 HGB.

Lösung 7

Beim Gesamtkostenverfahren werden die gesamten Aufwendungen der Rechnungsperiode den gesamten betrieblichen Erträgen gegenübergestellt. Weil nicht alle in einer Periode gefertigten Erzeugnisse auch in derselben Periode verkauft werden, müssen Bestandsveränderungen an fertigen und unfertigen Erzeugnissen und andere aktivierte Eigenleistungen berücksichtigt werden.

Beim Umsatzkostenverfahren werden die Aufwendungen und Erträge der abgesetzten Erzeugnisse gegenübergestellt. Bestandsveränderungen werden nicht berücksichtigt. Es ist eine qualifizierte Kostenrechnung erforderlich.

Lösung 8

Die Bildung eines Festwertes ist zulässig:

- Es handelt sich um Vermögensgegenstände des Sachanlagevermögens.
- Die erfassten Güter werden regelmäßig ersetzt.
- Die Werkzeugkästen sind für die Sanitär GmbH von nachrangiger Bedeutung.
- Eine Überprüfung hat nach drei Jahren stattgefunden.

Weil sich der Wert der im Festwert erfassten Wirtschaftsgüter zum 31.12.2018 um mehr als 10 % gegenüber dem alten Festwert erhöht hat, ist der neue Festwert maßgeblich. Der bisherige Festwert ist so lange um die Anschaffungs- und Herstellungskosten der im Festwert erfassten und nach dem Bilanzstichtag des vorangegangenen

Wirtschaftsjahres angeschafften oder hergestellten Wirtschaftsgüter aufzustocken, bis der neue Festwert erreicht ist (R. 5.4 Abs. 3 EStR).

Lösung 9

- Durchschnittsmethode:
  16.627 € : 16.300 Liter = 1,02 € je Liter. 2.000 Liter • 1,02 € = 2.040 €
- Lifo-Methode. Der Anfangsbestand ist fiktiv noch vorhanden:
  1.800 Liter • 1,094 € + 200 Liter • 0,95 € = 1.882 €
- Fifo-Methode. Der zuletzt angeschaffte Dieselkraftstoff ist fiktiv noch vorhanden:
  900 Liter • 1,10 € + 1.100 Liter • 1,10 € = 2.200 €

Lösung 10

Das Gartentor ist zu den Herstellungskosten, also mit 500 €, zu bewerten.

Lösung 11

Sowohl in der Handel- wie in der Steuerbilanz sind mindestens die Herstellungskosten anzusetzen.

Die allgemeinen Verwaltungskosten dürfen (Wahlrecht) sowohl in der Handel- wie in der Steuerbilanz angesetzt werden.

Die Vertriebskosten dürfen weder in der Handels- noch in der Steuerbilanz einbezogen werden.

Daraus folgt: Mindestansatz 300 €, Höchstansatz 420 € in beiden Bilanzen.

Lösung 12

Die Meise GmbH ist eine kleine Kapitalgesellschaft.

Das Merkmal „Bilanzsumme" liegt in allen Geschäftsjahren unter 6.000.000 €.

Das Merkmal „Umsatzerlöse" liegt nur 2018 über 12.000.000 €, also nicht in zwei aufeinanderfolgenden Jahren.

Das Merkmal „Durchschnittlich beschäftigte Arbeitnehmer" liegt zwar in allen Jahren über 50, erforderlich für eine mittelgroße Kapitalgesellschaft wäre aber, dass mindestens zwei Merkmale in zwei aufeinanderfolgenden Jahren überschritten wären.

Lösung 13

	Kaufpreis			48.000 €
	Transportkosten		850 €	
	Transportversicherung	850 € • 12 %	102 €	
	Fundament		1.500 €	
+	Anschaffungsnebenkosten			2.452 €
-	Anschaffungspreisminderung (Skonto)	40.000 € • 2 %		800 €
+	Anschaffungsnebenkosten (Bohrfutter)			240 €
=	Anschaffungskosten			49.892 €

Lösung 14

Berechnung:

$$\frac{\text{Anschaffungskosten} \cdot \text{Jahresleistung}}{\text{Gesamtleistung}}$$

$$\frac{750.000\,€ \cdot 60.000\ \text{Stück}}{80.000 \cdot 4} = 750.000\,€ \cdot \frac{60.000\ \text{Stück}}{360.000\ \text{Stück}} = 750.000\,€ \cdot \frac{1}{6} = 125.000\,€$$

Bei linearer Abschreibung ergäbe sich: $\frac{750.000\,€}{4\ \text{Jahre}} = 187.500\,€$

Lösung 15

a)

	Anzahl der Essen	Kosten
November	70.000	200.000 €
Oktober	60.000	180.000 €
Differenz	**10.000**	**20.000 €**

10.000 zusätzliche Essen kosten zusätzlich 20.000 €, also 2,00 € je Essen.

Da sich die Fixkosten (z. B. Herd, Personal) nicht verändern, sind die zusätzlichen Kosten allein variable Kosten.

b)

	Variable Kosten		**Gesamtkosten**	**Fixkosten**	
70.000 Essen:	70.000 • 2 €	140.000 €	200.000 €	200.000 € -140.000 €	60.000 €
60.000 Essen:	60.000 • 2 €	120.000 €	180.000 €	180.000 € - 120.000 €	60.000 €

Lösung 16

	Kosten	**Hinweise**	**Raum 30m²**	**Raum 60m²**	**Raum 90m²**	**Verwaltung**
Hausmeister	21.120 €	8 Räume	2.640,00 €	2.640,00 €	2.640,00 €	13.200 €
Heizkosten	5.760 €	auf 360m²	480,00 €	960,00 €	1.440,00 €	2.880 €
Wasser	7.008 €	5.840 • 1,2 €	876,00 €	876,00 €	1.752,00 €	3.504 €
Pkw	8.982 €	: 3 : 2 = 1.497	499,00 €	499,00 €	499,00 €	7.485 €
Abschreibungen	12.000 €		1.500,00 €	1.500,00 €	1.500,00 €	7.500 €
Gesamtkosten	54.870 €		5.995,00 €	6.475,00 €	7.831,00 €	34.569 €
je Veranstaltung		: Zahl der Vermietungen	133,22 €	161,88 €	783,10 €	
Reinigung			100,00 €	200,00 €	300,00 €	
Bestuhlung			100,00 €	100,00 €	100,00 €	
Preisuntergrenze			**333,22 €**	**461,88 €**	**1.183,10 €**	

INFO

Weil die kurzfristige Preisuntergrenze ermittelt werden soll, können die Gemeinkosten (Verwaltung) bei dem Angebot unberücksichtigt bleiben.

Lösung 17

a) Ermittlung der Fixkosten

Fertigungsgemeinkosten	40 % von 50.000 €	20.000 €	
Verwaltungsgemeinkosten	100 %	20.000 €	
Vertriebsgemeinkosten	20 % von 160.000 €	32.000 €	
			72.000 €

Ermittlung der variablen Stückkosten

Selbstkosten		280.000 €	
Fixkosten		72.000 €	
		208.000 €	
	je Stück		10,40 €

Ermittlung des Deckungsbeitrags

Verkaufspreis je Stück	360.000 € : 20.000 Stück	18,00 €	
Variable Kosten je Stück		10,40 €	
			7,60 €

Ermittlung der Gewinnschwelle

$$\frac{\text{Fixkosten}}{\text{Deckungsbeitrag}} = \frac{72.000\text{ €}}{7{,}60\text{ €}} = \mathbf{9.473{,}7\ Stück}$$

Die Gewinnschwelle ist erreicht, wenn 9.474 Stück verkauft werden.

b) Es müssen die Fixkosten gedeckt sein und zusätzlich 50.000 € erwirtschaftet werden.

72.000 € + 50.000 € = 122.000 €

$$\frac{122.000\text{ €}}{\text{Deckungsbeitrag}} = \frac{122.000\text{ €}}{7{,}60\text{ €}} = 16.052{,}63$$

Es müssen 16.053 Küchenmaschinen verkauft werden, um das gewünschte Ergebnis zu erreichen.

c) Zunächst müssen die neuen variablen Kosten ermittelt werden:

10,40 € • 1,1 (Steigerung um 10 %) = 11,44 €

Um dasselbe Ergebnis erreichen zu können, muss auch derselbe Deckungsbeitrag erreicht werden:

Neuer Verkaufspreis = 11,44 € + 7,60 € = 19,04 €

Probe: $$\frac{122.000\text{ €}}{19{,}04\text{ €} - 11{,}44\text{ €}} = 16.052{,}63\text{ Stück}$$

Der Verkaufspreis muss um 1,04 € auf 19,04 € angehoben werden.

Lösung 18

Die Formel lautet

$$X_{BE} = \frac{K_f}{p - k_v}$$

Ermittlung der Fixkosten

Gesamtkosten = Fixkosten + variable Kosten

Fixkosten = Gesamtkosten - variable Kosten

= 250.000 € - (1.000 • 200 €)

= 250.000 € - 200.000 €

= 50.000 €

Berechnung der Break-even-Menge

$$X_{BE} = \frac{K_f}{p - k_v}$$

$$= \frac{50.000\ €}{280\ € - 200\ €}$$

$$= \frac{50.000\ €}{80\ €}$$

= 625 Stück

Die Break-even-Menge liegt bei genau 625 Industrieleuchten.

Lösung 19

$$\frac{\text{Fixkosten}}{\text{Deckungsbeitrag}} = x$$

$$\frac{10.000\ €}{\text{Deckungsbeitrag}} = 1.000$$

10.000 € = 1.000 • Deckungsbeitrag

$$\frac{10.000\ €}{1.000} = \text{Deckungsbeitrag}$$

$$\frac{10.000\ €}{1.000} = 10\ €$$

Der Deckungsbeitrag muss 10 € betragen.

Lösung 20

a)

	Listeneinkaufspreis		30,00 €
-	Mengenrabatt	10 %	3,00 €
=	Zieleinkaufspreis		27,00 €
-	Skonto	2 %	0,54 €
=	Bareinkaufspreis		26,46 €
+	Handlungskosten	50 %	13,23 €
=	Selbstkostenpreis		36,69 €
+	Gewinnaufschlag	20 %	7,94 €
=	Barverkaufspreis		47,63 €
+	Nachlass	6 %	3,04 €
=	**Listenverkaufspreis**		**50,67 €**

b) $\frac{\text{Nettoverkaufspreis - Bareinkaufspreis}}{\text{Bareinkaufspreis}} \cdot 100 = \frac{47{,}63\ € - 26{,}46\ €}{26{,}46\ €} \cdot 100 = 80{,}0\ \%$

Die Handelsspanne beträgt 80,0 %.

Lösung 21

<table>
<tr><td colspan="3">Aufwand</td><td></td></tr>
<tr><td>Neutraler Aufwand</td><td colspan="2">Zweckaufwand</td><td></td></tr>
<tr><td></td><td rowspan="2">Grundkosten</td><td>Anderskosten</td><td>Zusatzkosten</td></tr>
<tr><td></td><td colspan="2">Kalkulatorische Kosten</td></tr>
<tr><td></td><td colspan="3">Kosten</td></tr>
</table>

Lösung 22

	A			B			gesamt	
	Berechnung	Sorte	je Stück	Berechnung	Sorte	je Stück		
Fertigungsmaterial	90 € • 750	67.500 €	90 €	45 € • 800	36.000 €	45 €	103.500 €	
Materialgemeinkosten	67.500 € • 0,8	54.000 €	72 €	36.000 € • 0,8	28.800 €	36 €	82.800 €	= 80 % von 103.500 €
Fertigungslöhne	80 € • 750	60.000 €	80 €	180 € • 800	144.000 €	180 €	204.000 €	
Fertigungsgemeinkosten ohne Maschinenlaufzeitkosten	60.000 € • 0,7	42.000 €	56 €	144.000 € • 0,7	100.800 €	126 €	142.800 €	= 70 % von 204.000 €
Fertigungsgemeinkosten Anteil Maschinenlaufzeitkosten	$\frac{23.400\ €}{975} \cdot 0{,}5 \cdot 750$	9.000 €	12 €	$\frac{23.400\ €}{975} \cdot 0{,}5 \cdot 800$	18 €		23.400 €	
Herstellkosten der Produktion		232.500 €	310 €		324.000 €	405 €	556.500 €	
Herstellkosten des Umsatzes	310 € • 600	186.000 €		405 € • 800	324.000 €		510.000 €	
Verwaltungs- und Vertriebs-gemeinkosten	310 € • 0,15		46,50 €	405 € • 0,15		60,75 €	76.500 €	= 15 % von 510.000 €
Selbstkosten			356,50 €			465,75 €		

Lösung 23

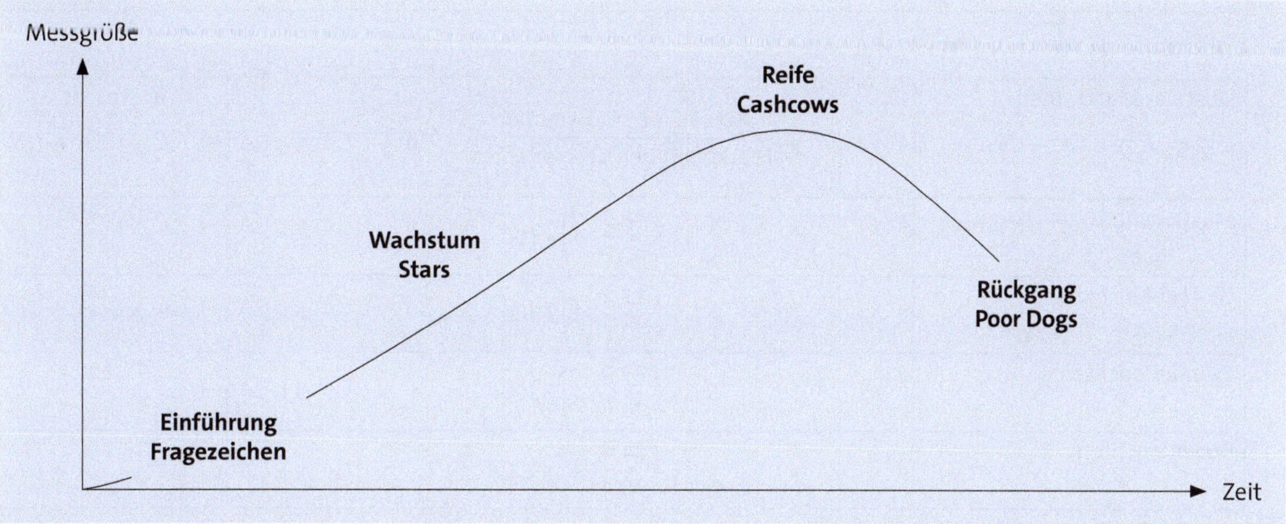

Lösung 24

Beispielsweise

a)	**Informations-anforderungen**	Relevanz	Es sollen nur solche Informationen zur Verfügung gestellt werden, die der Adressat auch beeinflussen kann.
		Aufbereitung	Die Informationen müssen für die jeweiligen Empfänger entscheidungs- und problemorientiert aufbereitet sein.
		Verdichtung	Die Informationen sollen – z. B. durch Zusammenfassungen und die Bildung von Kennzahlen – zusammengeführt sein.
		Erkenntnis	Durch sinnvolle Kombinationen sollen neue und zusätzliche Entscheidungsgrundlagen gewonnen werden.
b)	**System-anforderungen**	Reichweite	Sämtliche Unternehmensbereiche müssen einbezogen werden können.
		Integration	Einbindung in die bestehende DV-Umgebung muss gesichert sein.
		Aktualität	Daten müssen im erforderlichen zeitlichen Rhythmus verfügbar sein.
		Flexibilität	Die Auswertungen müssen an die Informationserfordernisse angepasst werden können.
c)	**Benutzer-freundlichkeit**	Komfort	Problemlose Zugriffsmöglichkeiten für alle Berechtigten
		Schnelligkeit	Keine Wartezeiten auch bei aktuellen Zugriffen

Lösung 25

1. Ermittlung der relativen Marktanteile

Relativer Marktanteil	$\frac{\text{Eigener absoluter Marktanteil}}{\text{Absoluter Marktanteil des größten Konkurrenten}}$	in Prozent
Mastleuchten	$\frac{14\,\%}{33\,\%}$	42,4 %
Glockenleuchten	$\frac{20\,\%}{32\,\%}$	62,5 %
Zylinderleuchten	$\frac{12\,\%}{40\,\%}$	30,0 %
Bodenleuchten	$\frac{40\,\%}{27\,\%}$	148,1 %

2. Ermittlung des relativen Marktwachstums

Relativer Marktanteil	$\frac{\text{Aktuelles Marktvolumen}}{\text{Marktvolumen des Vorjahres}} - 100\,\%$	in Prozent
Mastleuchten	$\left(\frac{48{,}5}{42{,}2} - 1\right) \cdot 100$	14,9 %
Glockenleuchten	$\left(\frac{17{,}2}{18{,}5} - 1\right) \cdot 100$	-7,0 %
Zylinderleuchten	$\left(\frac{23{,}0}{20{,}5} - 1\right) \cdot 100$	12,2 %
Bodenleuchten	$\left(\frac{34{,}4}{30{,}4} - 1\right) \cdot 100$	13,2 %

3. Grafische Darstellung

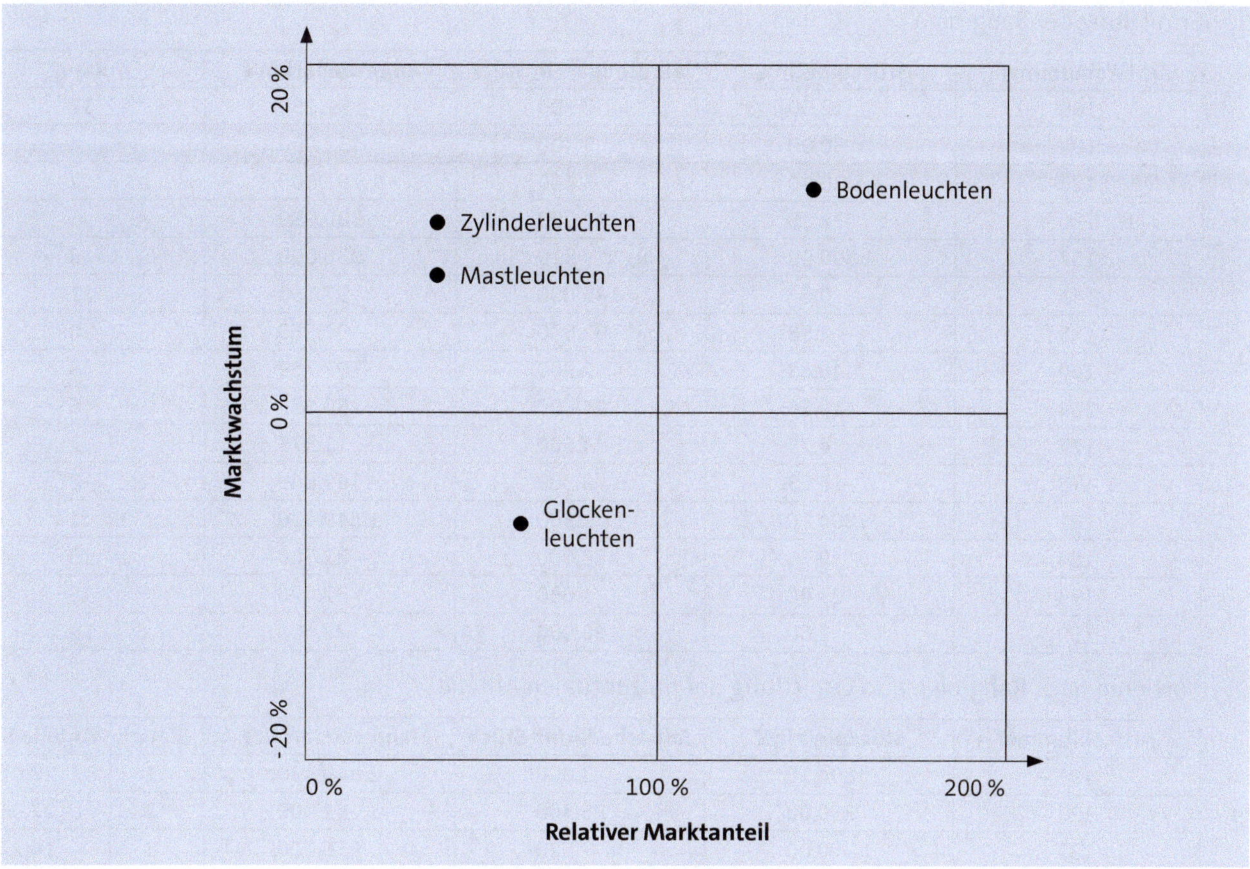

Lösung 26

a)

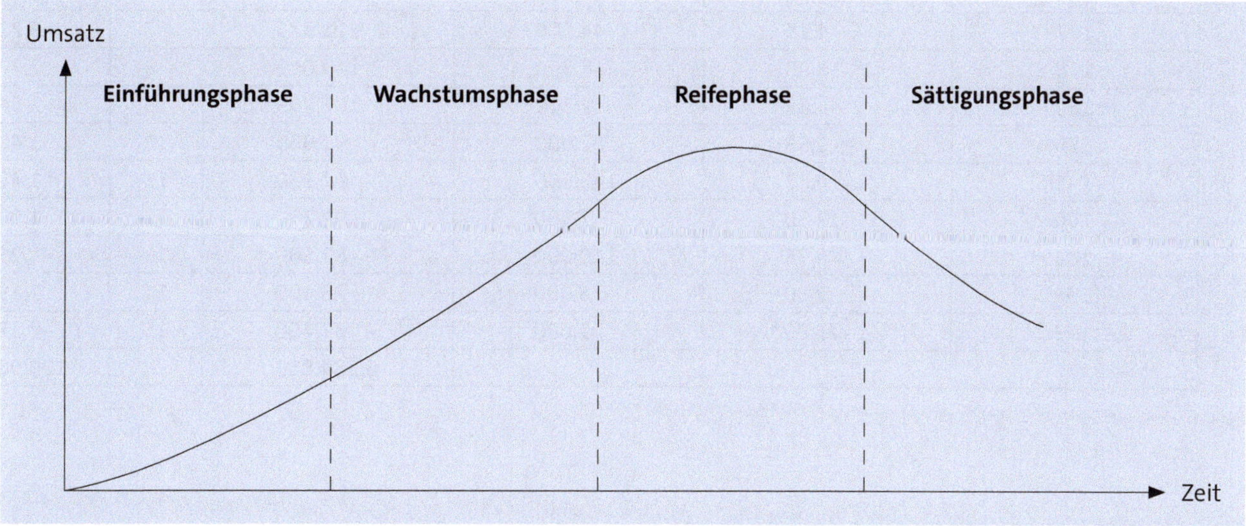

Der Produktlebenszyklus beschreibt die Veränderung des Umsatzes bzw. des Gewinns eines Produktes im Zeitablauf. Er stellt den Prozess von der Markteinführung eines Gutes bis zu seiner Herausnahme aus dem Markt dar. Die „Lebensdauer" eines Produktes am Markt wird in Phasen unterteilt.

b)

Phase im Produktlebenszyklus	Einführungsphase	Wachstumsphase	Reifephase	Sättigungsphase
Portfoliofeld	Fragezeichen	Star	Cash Cow	Poor Dog

Lösung 27

1. Ermittlung der Rangfolge

Artikelnummer	Stückpreis in €	Jahresbedarf in Stück	Jahresbedarf in €	Rang
100	12,50	7.300	91.250	12
102	80,00	5.400	432.000	4
123	330,00	5.400	1.782.000	2
136	22,15	17.200	380.980	5
137	1.800,00	520	936.000	3
141	0,67	145.000	97.150	11
155	1,58	62.000	97.960	10
160	46,83	2.300	107.709	9
164	10,20	24.600	250.920	6
177	4,75	44.500	211.375	7
178	18,03	8.300	149.649	8
181	804,10	2.300	1.849.430	1
184	0,75	110.000	82.500	13
193	23,00	1.630	37.490	15
199	2,80	28.000	78.400	14

2. Sortieren nach Rangfolge und Ermittlung der prozentualen Anteile

Artikelnummer	Stückpreis in €	Jahresbedarf in Stück	Jahresbedarf in €	Rang	Anteile in %
181	804,10	2.300	1.849.430	1	28,09
123	330,00	5.400	1.782.000	2	27,06
137	1.800,00	520	936.000	3	14,21
102	80,00	5.400	432.000	4	6,56
136	22,15	17.200	380.980	5	5,79
164	10,20	24.600	250.920	6	3,81
177	4,75	44.500	211.375	7	3,21
178	18,03	8.300	149.649	8	2,27
160	46,83	2.300	107.709	9	1,64
155	1,58	62.000	97.960	10	1,49
141	0,67	145.000	97.150	11	1,48
100	12,50	7.300	91.250	12	1,39
184	0,75	110.000	82.500	13	1,25
199	2,80	28.000	78.400	14	1,19
193	23,00	1.630	37.490	15	0,57
			6.584.813		100,00

3. Zuordnung zu den Klassen

Artikelnummer	Stückpreis in €	Jahresbedarf in Stück	Jahresbedarf in €	Rang	Anteile in %		Klasse
181	804,10	2.300	1.849.430	1	28,09		A
123	330,00	5.400	1.782.000	2	27,06		A
137	1.800,00	520	936.000	3	14,21	69,36	A
102	80,00	5.400	432.000	4	6,56		B
136	22,15	17.200	380.980	5	5,79		B
164	10,20	24.600	250.920	6	3,81		B
177	4,75	44.500	211.375	7	3,21		B
178	18,03	8.300	149.649	8	2,27	21,64	B
160	46,83	2.300	107.709	9	1,64		C
155	1,58	62.000	97.960	10	1,49		C
141	0,67	145.000	97.150	11	1,48		C
100	12,50	7.300	91.250	12	1,39		C
184	0,75	110.000	82.500	13	1,25		C
199	2,80	28.000	78.400	14	1,19		C
193	23,00	1.630	37.490	15	0,57	9,00	C
			6.584.813		100,00		

Lösung 28

1.	Erfassung von Belegen für das interne Rechnungswesen.	
2.	Aufbau von strategischen und operativen Informationssystemen.	X
3.	Kontrolle der Mitarbeiter im Rechnungswesen.	
4.	Durchführung von Abweichungsanalysen.	X

Lösung 29

	Operatives Controlling	Strategisches Controlling
Zeithorizont	kurzfristig	langfristig
Ziel	Gewinnmaximierung	Existenzsicherung
Instrumente	z. B. ► ABC-Analyse ► Break-even-Analyse	z. B. ► SWOT-Analyse ► Balanced Score Card
Primäre Orientierung	intern	extern
Gegenstand	Teilbereiche	Unternehmen insgesamt
Messbarkeit	konkret	beschreibend

Lösung 30

„Controlling unterstützt den Managementprozess bei der Zielfindung, Planung und Steuerung."

Lösung 31

Beispielsweise: Produktlebenszyklus-Analyse, GAP-Analyse, Balanced Scorecard, SWOT-Analyse

Lösung 32

Bereich	Inhalt	Typische Kennzahlen zu
Finanzen	Klassische finanzielle Kennzahlen	► Umsatz ► Auftragseingänge ► Lagerbestände ► Forderungen
Markt und Kunden	Kundenbeurteilungen Kundeneinstellungen	► Kundenzufriedenheitsindex ► Kundenneugewinnungsrate ► Kundenrentabilität
Prozesse	Beschreibung der internen Abläufe bezüglich Zeit, Qualität und Kosten	► Durchlaufzeiten ► Lieferzeiten ► Erreichbarkeit ► Prozessinnovationen
Innovation	Offenheit gegenüber zukünftigen Entwicklungen Reaktionen auf neue Entwicklungen Vorbereitung der Mitarbeiter auf neue Herausforderungen	► Mitarbeiterzufriedenheit ► Mitarbeiterqualifizierung ► Patentanmeldungen

Lösung 33

	Saldieren	Umgliedern	Umwerten	Keine
Geschäfts- oder Firmenwert	X			
Aktive latente Steuern	X			
Vorräte				X
Kasse				X
aRAP (ohne Disagio)		X		
aRAP (mit Disagio)	X	X		
Bilanzgewinn		X		
Passive latente Steuern		X		
Steuerrückstellungen				X

Lösung 34

a)

AKTIVA					PASSIVA
Anlagevermögen	240 + 30	270	Eigenkapital	240 + 80 + 40 - 8 - 2	350
Umlaufvermögen	760 + 2	762	Fremdkapital	174 + 502 + 6	682
		1.032			1.032

b) Liquidität 1. Grades:

$$\frac{4}{182} \cdot 100 = 2{,}2\ \%$$

Liquidität 2. Grades:

$$\frac{256}{182} \cdot 100 = 140{,}66\ \%$$

c) Die Kennzahl Liquidität 1. Grades ist sehr niedrig. Obwohl die Kennzahl nur eine geringe Aussagefähigkeit hat, muss sie verbessert werden.

Die Kennzahl Liquidität 2. Grades ist dagegen hoch, in jedem Falle ausreichend.

d) Der Anlagendeckungsgrad A soll > 1 bzw. > 100 % sein.

Der Anlagendeckungsgrad beträgt

$$\frac{\text{Eigenkapital}}{\text{Anlagevermögen}} \cdot 100 = \frac{350}{270} = 129{,}63\ \%$$

Die Bedingung ist erfüllt > positiv

Beurteilung der Veränderung:

- Erhöhung des Eigenkapitals > positiv
- AV weiter abgeschrieben, keine Neuinvestitionen > negativ
- AV kann geleast sein
- Wertschöpfungskette kann verändert sein
- usw.

Lösung 35

Bilanzpolitik kann nur betrieben werden, wenn Wahlrechte vorliegen. Reine Aufbereitungsmaßnahmen (z. B. bei Firmenwert, Bilanzgewinn) stellen keine Bilanzpolitik dar.

Beispiel	Begründung
Immaterielle Vermögensgegenstände	Für selbst geschaffene immaterielle VG besteht ein Ansatzwahlrecht.
Grundstücke	Grundstücke enthalten oft stille Reserven.
Wertpapiere des Anlagevermögens	Bei vorübergehender Wertminderung kann auf den niedrigeren Stichtagswert abgeschrieben werden.
Fertige und unfertige Erzeugnisse	Bewertung zu den Herstellungskosten. Es besteht ein Wahlrecht bei Zinsen und anteiligen Gemeinkosten der Verwaltung.
Aktiver Rechnungsabgrenzungsposten	ARAP kann ein Disagio enthalten.
Latente Steuern	Aktive und passive latente Steuern können saldiert werden.

Lösung 36

1. Eigenkapitalrentabilität

$$\frac{\text{Jahresüberschuss}}{\text{Eigenkapital}} = \frac{208.000\ €}{800.000\ €} \cdot 100 = \mathbf{26\ \%}$$

Gesamtkapitalrentabilität

Gesamtkapital 1.800.000 €

JÜ + Zinsaufwand 208.000 € + 80.000 €

$$\frac{288.000\ €}{1.800.000\ €} \cdot 100 = \mathbf{16\ \%}$$

2. FK 1.000.000, 8 % Zinsen wie 2018, 80.000 €

Neues Gesamtkapital 2.800.000 €

16 % Rendite	448.000 €
Zinsaufwendungen neu	160.000 €
Jahresüberschuss	288.000 €

$$\text{Rentabilität } \frac{288.000\ €}{400.000\ €} \cdot 100 = \mathbf{72\ \%}$$

Die Investition ist lohnend, weil die Eigenkapitalgeber eine höhere Rendite erzielen.

Lösung 37

$$\text{Anlagendeckungsgrad I} = \frac{EK}{AV} \cdot 100 = 25\ \% \rightarrow \frac{30}{AV} \cdot 100 = 25\ \% \rightarrow AV = 120$$

$$\text{Eigenkapitalquote} = \frac{EK}{GK} \cdot 100 = 10\ \% \rightarrow \frac{30}{GK} \cdot 100 = 10\ \% \rightarrow GK = 300$$

$$\text{Fremdkapital} = GK - EK \rightarrow 300 - 30 = 270$$

$$\text{Fremdkapitalquote} = \frac{FK}{GK} \cdot 100 = 90\ \% \rightarrow \frac{270}{300} \cdot 100 = 90\ \%$$

$$\text{Liquidität 1. Grades} = \frac{\text{Mittel 1. Grades}}{\text{kurzf. Verbindlk.}} \cdot 100 = 25\ \% \rightarrow \frac{\text{Mittel 1. Grades}}{60} \cdot 100 = 25\ \% \rightarrow \text{Mittel 1. Grades} = 15$$

$$\frac{\text{Mittel 1. Grades}}{60} \cdot 100 = 25\ \% \rightarrow \text{Mittel 1. Grades} = 15$$

$$\text{Liquidität 3. Grades} \cdot \frac{UV}{\text{kurzfristige Verbindlichkeiten}} \cdot 100 = 300\ \% \rightarrow \frac{300 - 120}{60} \cdot 100 = 300\ \%$$

AKTIVA		PASSIVA	
Anlagevermögen	120	Eigenkapital	30
Umlaufvermögen		Fremdkapital	
Mittel 1. Grades	15	langfristig	130
Mittel 2. Grade	45	mittelfristig	80
Mittel 3. Grades	120	kurzfristig	60
	300		300

Lösung 38

Direkte Methode			
Zahlungsgleiche Erträge			
	Umsatzerlöse	108.000	
	sonstige betriebliche Erträge	2.000	110.000
Zahlungsgleiche Aufwendungen			
	Materialaufwand	36.000	
	Personalaufwand	30.000	
	Zinsen	10.000	
	Steuern	10.000	
	sonstige betriebliche Aufwendungen	16.000	102.000
Cashflow			8.000

Indirekte Methode			
Jahresfehlbetrag		- 16.000	-16.000
+	Zahlungsungleicher Aufwand		
	Abschreibungen SAV	30.000	
	Abschreibungen UV	2.000	
	Abschreibungen auf Finanzanlagen	2.000	34.000
-	Zahlungsungleiche Erträge		
	Bestandserhöhungen	10.000	10.000
Cashflow			8.000

Trotz eines Jahresfehlbetrages ergibt sich ein positiver Cashflow.

Lösung 39

	richtig	falsch
Der Verantwortliche in Unternehmen, wenn mindestens zehn Personen ständig mit der automatisierten Verarbeitung personenbezogener Daten beschäftigt sind.	X	
Alle Unternehmen, wenn mehr als 9 Arbeitnehmer ständig mit der automatisierten Verarbeitung personenbezogener Daten beschäftigt sind.	X	
Alle öffentlichen Stellen, wenn personenbezogene Daten verarbeitet werden.	X	
Alle öffentlichen Stellen.		X
Grundsätzlich alle Unternehmen, in denen mit Computern gearbeitet wird.		X
Grundsätzlich alle Organisationen mit mehr als 250 Mitarbeitern.		X

Lösung 40

Mailadresse	X
Stille Beteiligung an einer KG	X
Familienstand	X
Mitgliedschaft in einer politischen Partei	X
Telefonnummer	X

Lösung 41

- **Volldatensicherung:** Alle zu sichernden Dateien, die gesichert werden sollen, werden auf einem Datenträger gespeichert
- **Inkrementelle Datensicherung:** Es werden nur die Daten gesichert, die sich seit der letzten Sicherung verändert haben
- **Differentielle Datensicherung:** Es werden alle Daten gespeichert, die sich seit der letzten inkrementellen Sicherung verändert haben.

Lösung 42

	richtig	falsch
Verbuchung von Eingangsrechnungen in der Finanzbuchhaltung.		X
Verbuchung von Eingangsrechnungen durch eine selbstständige Bilanzbuchhalterin.	X	
Kopieren einer Steuererklärung in einem Copy-Shop.	X	
Vernichtung von Akten durch ein zertifiziertes Entsorgungsunternehmen.	X	
Lieferung von Kaffee und belegten Brötchen durch einen Party-Service.		X

Lösung 43

Der Geburtstag gehört zu den personenbezogenen Daten. Eine Veröffentlichung ist deshalb nur mit Einwilligung der Betroffenen möglich oder wenn das Interesse des Unternehmens an der Verwendung der Daten überwiegt (Interessenabwägung).

- Eine Einwilligung der Betroffenen liegt i. d. R. nicht vor, weil typischerweise weder in den Arbeitsverträgen noch in einer Betriebsvereinbarung dazu Regelungen existieren.
- Das Unternehmen hat ein überwiegendes Interesse, das Betriebsklima auch durch die Möglichkeit eines Geburtstagsgrußes zu verbessern. Um Zweifel an der Rechtmäßigkeit auszuräumen, sollte jedem Mitarbeiter mindestens die Möglichkeit eingeräumt werden, der Veröffentlichung zu widersprechen. Eindeutiger wäre aber, alle Mitarbeiter um ihre Einwilligung zu bitten.

Alter, R., Strategisches Controlling, Berlin 2019

Baetge/Kirsch/Thiele, Bilanzen, 15. Aufl., Düsseldorf 2019

Baum, M., Datenschutz im Steuerverwaltungsverfahren ab dem 25.5.2018, in: NWB, 41 - 45/2017

Bieg, H., Buchführung, 9. Aufl., Herne 2017

Coenenberg, A. G., Jahresabschluss und Jahresabschlussanalyse, 24. Aufl., Stuttgart 2016

Coenenberg/Fischer/Günther, Kostenrechnung und Kostenanalyse, 9. Aufl., Stuttgart 2016

Erichsen, J., Liquiditätsplanung und -sicherung: Grenzen der Aussagekraft von Liquiditätskennziffern, in: BC, 5/2007, S. 137

Falterbaum/Bolk/Reiß/Kirchner, Buchführung und Bilanz, 22. Aufl., Achim 2015

Golland, A., Ein Überblick: Umsetzung der Datenschutz-Grundverordnung

Gräfer/Wengel, Jahresabschlussanalyse, in: Endriss (Hrsg.), Bilanzbuchhalter-Handbuch, 11. Aufl., Herne 2017

Greulich/Riepolt, Digitalisierung von Geschäftsprozessen im Rechnungswesen: Kompakter Einstieg in die rechtlichen Grundlagen - Vom Beleg bis zur Betriebsprüfung, Nürnberg 2016

Hamminger, A., Auswirkungen des neuen Datenschutzrechts auf die Praxisorganisation, in: NWB, 31/217, S. 2364 ff.

Hufnagel/Burgfeld-Schächer, Einführung in die Buchführung und Bilanzierung, Herne, 9. Aufl. 2018

Küting/Weber, Die Bilanzanalyse, 11. Aufl., Stuttgart 2015

Müller, A., Grundzüge eines ganzheitlichen Controlling, 2. Aufl., Berlin 2014

Nicolini/Quilling, Berichterstattung und Präsentation, München 2014

Olfert, K., Kompakt-Training Kostenrechnung, 8. Aufl., Herne 2016

Wenzel, Chr., Digitalisierung in steuerberatenden Kanzleien: Eine empirische Analyse zur digitalen Buchführung, Norderstedt 2017

Wickert/Potthoff, Das neue Datenschutzrecht in der Steuerberaterkanzlei, Herne 2018

Wöhe, G., Einführung in die Allgemeine Betriebswirtschaftslehre, 26. Aufl., München 2016

QUELLENVERZEICHNIS

BMF-Schreiben vom 12.01.2018, Datenschutz im Steuerverwaltungsverfahren ab dem 25. Mai 2018, Neuregelungen durch die Datenschutz-Grundverordnung und Änderungen der AO durch das Gesetz zur Änderung des Bundesversorgungsgesetzes und anderer Vorschriften vom 17. Juli 2017, GZ IV A 3 - S 0030/16/10004-07, DOK 2018/0002690

BMF-Schreiben vom 14.11.2014, Grundsätze zur ordnungsmäßigen Führung und Aufbewahrung von Büchern, Aufzeichnungen und Unterlagen in elektronischer Form sowie zum Datenzugriff (GoBD), GZ IVA4-S 0316/13/10003, DOK 2014/0353090

Die Bundesbeauftragte für den Datenschutz und die Informationsfreiheit, Liste von Verarbeitungsvorgängen gemäß Artikel 35 Abs. 4 DSGVO, o. O. (Bonn), 2018

https://unternehmensrecht.jura.uni-leipzig.de (Bilanzierung)

https://welt-der-bwl.de

Prüfungsordnung für die Fortbildung zum/zur Fachassistenten/-in Rechnungswesen und Controlling, Steuerberaterkammer Nürnberg, Nürnberg 2018

Schulenburg, K., Externes und bankinternes Rating im Vergleich, www.dialog-im-mittelpunkt.de/pdf/Schulenburg.pdf

Stiftung Datenschutz (Hrsg.), Datenschutz im Betrieb, o. O. (Leipzig), 2018

www.aws-institut.de (Predictive Analytics)

www.buechhaltig.ch (Kennzahlen)

www.controllingportal.de

www.drsc.de (Kapitalflussrechnung)

www.rechnungswesen-portal.de/Fachinfo/Grundlagen/Uebereinstimmungen-und-Unterschiede-zwischen-Handels-und-Steuerbilanz-nach-BilMoG.html

www.softselect.de (Big Data)

www.stiftungdatenschutz.org

Symbole

A

B

C

D

E

F

G

H

I

J

K

L

M

N

O

P

Q

R

S

T

U

V

W

Z